职业院校增材制造技术应用专业系列教材

3D 打印一体化设计与制造

主　编　王英博　陆玉姣
副主编　高志凯　陈　琛　林雪冬　马长辉
参　编　何宇飞　艾　亮　陈秋霞　姜　军　徐善瑞　樊　静
　　　　董文启　陈　剑　段晓霞　金　磊　梁思夏　董梦莹
　　　　李广娟　杨清林　刘振伟　李鑫东　李　婷　汪名兴
主　审　付宏生　梁建和

机械工业出版社

本书根据行业、企业的岗位需求，依据岗位对技能、知识及综合职业能力的要求，选取真实产品3D打印制造的典型工作任务编写而成。

本书为3D打印领域一体化设计与制造教材，共有7个项目，包括吹风机支架一体化设计、手机支架一体化设计、后视镜与支架一体化设计、手摇风扇一体化设计、势能小车一体化设计、手摇多功能切菜器一体化设计、手摇转笔刀一体化设计。每个项目下有若干学习任务，每个学习任务由学习目标、任务描述、任务分析、相关知识、任务实施、任务评价、知识广角等环节组成，具有清晰的工作过程，涵盖了完成学习任务需要掌握的知识、活动步骤以及明确而具体的成果展示和评价。

本书可作为高等职业院校、技师学院、中等职业学校增材制造技术、模具设计与制造、机械设计与制造、机械制造及自动化、数字化设计与制造技术、工业设计等专业的教材；还可以作为从事3D打印一体化造型设计与制造人员的培训教材或参考书。

图书在版编目（CIP）数据

3D打印一体化设计与制造/王英博，陆玉姣主编.—北京：机械工业出版社，2024.2（2025.11重印）

职业院校增材制造技术应用专业系列教材

ISBN 978-7-111-74535-8

Ⅰ. ①3… Ⅱ. ①王… ②陆… Ⅲ. ①快速成型技术－职业教育－教材 Ⅳ. ①TB4

中国国家版本馆 CIP 数据核字（2024）第 030516 号

机械工业出版社（北京市百万庄大街22号 邮政编码100037）
策划编辑：陈玉芝 王晓洁 责任编辑：陈玉芝 王晓洁 关晓飞
责任校对：孙明慧 牟丽英 封面设计：张 静
责任印制：郜 敏
河北虎彩印刷有限公司印刷
2025年11月第1版第2次印刷
184mm×260mm · 13.5印张 · 365千字
标准书号：ISBN 978-7-111-74535-8
定价：59.80 元

电话服务 网络服务
客服电话：010-88361066 机 工 官 网：www.cmpbook.com
010-88379833 机 工 官 博：weibo.com/cmp1952
010-68326294 金 书 网：www.golden-book.com
封底无防伪标均为盗版 机工教育服务网：www.cmpedu.com

职业院校增材制造技术应用
系列教材编委会

前　言

3D 打印（增材制造）技术出现在 20 世纪 90 年代中期，它与普通打印的原理基本相同，打印机内装有液体或粉末等“打印材料”，与计算机连接后，通过计算机控制把“打印材料”一层层叠加起来，最终把计算机上的设计图变成实物。近年来，增材制造已成为我国制造领域发展最快的技术方向之一。国家“十四五”规划明确了发展增材制造在提升制造业核心竞争力和智能制造技术方面的重要性，并将增材制造作为未来规划发展的重点领域。与此同时，教学和实际 3D 打印中，很难找到一本容易上手、边学边练、教学一体化的 3D 打印一体化设计与制造方面的图书。为了更好地适应实际 3D 打印一体化设计与制造要求，同时满足院校与 3D 爱好者的需求，特组织学校教师和企业技术人员一起编写了本书。

本书全面落实党的二十大报告关于“实施科教兴国战略，强化现代化建设人才支撑”“深入实施人才强国战略”重要论述，明确把培养大国工匠和高技能人才作为重要目标，大力弘扬劳模精神、劳动精神、工匠精神。深入产教融合，校企合作，为全面建设技能型社会提供有力人才保障。

本书以工作任务的形式编写，以项目为载体，每个项目由建模、切片输出、打印及后处理典型工作过程组成，过程中以任务为牵引，设置学习目标、任务描述、任务分析、相关知识、任务实施、任务评价、知识广角等环节，详细阐述任务实施过程、步骤及相关理论，融理论教学于实践中，做中学、学中做，符合学生的一般认知规律。每个项目附上了相关设计图样和操作视频，扫描二维码即可观看，所有设计图均由设计软件导出，部分标注与国家标准略有不同。本书主要特点如下：

1. 校企共同开发

教材的难度和深度与实际生产密切结合，根据技术领域和职业岗位的要求，参照职业技能标准要求进行编写。书中的案例绝大部分来自生产实际，部分素材由企业直接提供，并由全国技术能手指导。

2. “课程思政”贯穿全过程

教材将新时代中国特色社会主义思想有效融入，引入“知识广角”，发挥育人功能，注重学生实践创新能力的培养。

3. 一体化教学

教材以职业活动为导向、以综合职业能力培养为核心，构建理论教学与技能操作融会贯通的课程体系。根据典型工作任务和工作过程设计课程体系和内容，按照工作过程的顺序安排教学活动，实现理论教学与实践教学融通合一、能力培养与工作岗位对接合一。

4. 引入 COMET 职业能力测评

通过引入 COMET 职业能力测评的方法，培养读者的自我评价能力。

本书由王英博、陆玉姣任主编，高志凯、陈琛、林雪冬、马长辉任副主编，何宇飞、艾亮、陈秋霞、姜军、徐善瑞、樊静、董文启、陈剑、段晓霞、金磊、梁思夏、董梦莹、李广娟、杨清林、刘振伟、李鑫东、李婷、汪名兴参加编写。

本教材由资深专家清华大学基础训练中心顾问付宏生教授和广西机械工程学会副理事长梁建和教授担任主审，并对本教材的编写提出了宝贵的建议和意见。参加本教材编写的院校和企业有：德州职业技术学院、重庆工程职业技术学院、南京工程学院、徐州技师学院、聊城市技师学院、北京科技高级技术学校、徐州技师学院、四平职业大学、鞍山职业技术学院，中国航发沈阳黎明航空发动机有限责任公司。

由于本书涉及的内容较为广泛，但收集的资料有限，书中难免有不足和欠妥之处，恳请广大读者批评指正。

编　者

二维码清单

名称	图形	名称	图形
吹风机支架-工程图		手摇转笔刀-工程图	
手机支架-工程图		Cura 软件的使用方法	
后视镜与支架-工程图		Cura 软件参数说明	
手摇风扇-工程图		光固化打印机打印参数	
势能小车-工程图		金属打印机打印参数	
手摇多功能切菜机-工程图			

目 录

项目1　吹风机支架一体化设计

任务1　创建吹风机支架模型特征

【学习目标】

素质目标：

（1）具有一定的审美力。

（2）具有自我管理的能力。

（3）具有产品的质量意识。

知识目标：

（1）掌握零部件的结构特点，进行数字化设计。

（2）掌握根据零部件的结构，选择合适的造型方法。

（3）掌握根据3D打印机打印参数，选择零部件装配间隙。

能力目标：

（1）能够使用NX 12.0【草图】命令绘制零件截面图形。

（2）能够使用NX 12.0【拉伸】命令进行零件实体建模。

（3）能够使用NX 12.0【网格曲面】命令进行零件曲面建模。

（4）能够使用NX 12.0【有界平面】、【缝合】等命令进行零件实体建模。

【任务描述】

设计一款吹风机支架，要求结构简单、强度足够、体积适当、便于收纳，且能适用于大多数吹风机。通过学习讨论，完成工作任务，并填写工作任务学习卡。

根据功能需求，该吹风机支架由支架底座、风筒架、转轴等主要部分组成，其固定方式不限。本次任务是根据零部件结构特点选择合适的建模方法及步骤，进行一体化设计，并根据3D打印机的特性，选择合适的装配间隙。

【任务分析】

本任务需要设计一款吹风机支架，设计时需考虑一体化设计，且该吹风机支架可通过旋转收纳，减少所占用的空间。风筒架可绕连接轴旋转90°，完成折叠。吹风机支架可免打孔安装，也可打孔通过螺钉紧固在墙壁上，其结构简单，使用方便，稳定性好。根据设计思路，选择 NX 12.0 造型软件，通过使用【拉伸】、【网格曲面】等命令，创建数字模型，并选择合适的打印参数。

【相关知识】

（1）NX 12.0 软件【拉伸】、【旋转】、【网格曲面】等命令的使用方法。

（2）识读吹风机支架底座模型图样。

吹风机支架-工程图

【任务实施】

一、吹风机支架主体（风筒架）建模

步骤 1　创建“草图 1”

单击快捷菜单上的【草图】命令，弹出【创建草图】对话框，【草图类型】选择【在平面上】，平面方法选择【自动判断】，单击【确定】，进入 *XY* 平面。或者在【自动判断】下移动鼠标至 *XZ* 平面或者 *YZ* 平面，当平面线框颜色变成红色时，单击选取相应平面，然后单击【确定】，进入相应平面开始草图绘制。本例中选取 *XY* 平面作为草图绘制平面。

关闭【更多】选项下【草图工具】中的【连续自动标注尺寸】复选按钮（颜色“显白”）。单击【直接草图】命令集中的【圆】命令，选择坐标原点为圆心，快速绘制 2 个圆，并保持两圆同心。【快速尺寸】标注 2 个圆直径分别为 80mm、88mm。“草图 1”如图 1-1 所示。

步骤 2　创建“拉伸实体 1”

单击快捷菜单上的【拉伸】命令，弹出对话框，【选择曲线】为“草图 1”，【限制-结束-距离】为 30mm，【布尔】选择【无】，单击【确定】按钮，得到“拉伸实体 1”，如图 1-2 所示。

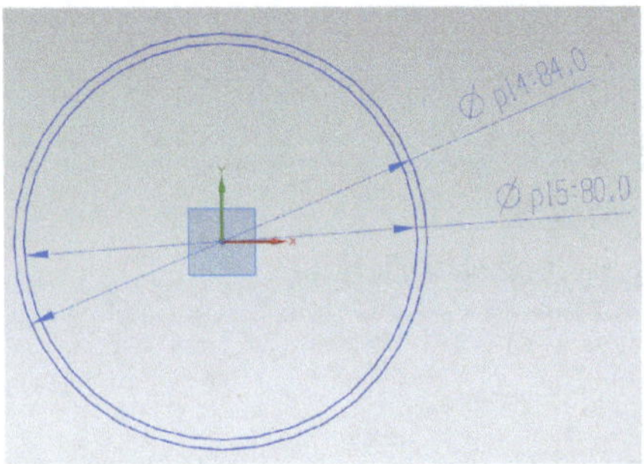

图 1-1　“草图 1”

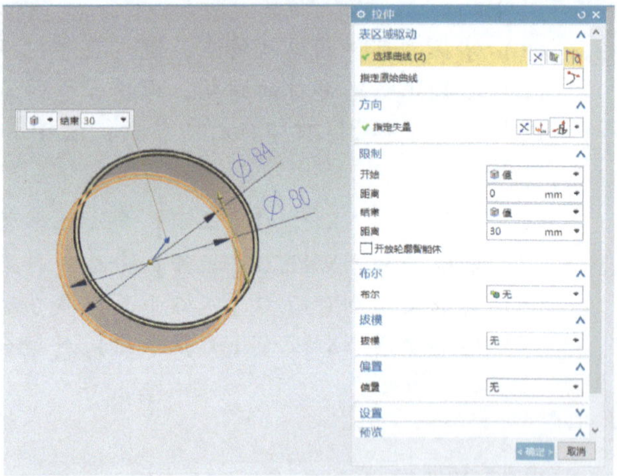

图 1-2　“拉伸实体 1”

步骤 3　创建“草图 2”

选择步骤 2 创建的“拉伸实体 1”的拉伸结束面（距离 *XY* 平面 30mm）为新的草绘平面。单击【圆弧】命令，以坐标原点为圆心，画 1 段圆弧，【快速尺寸】标注其半径为 32mm。以圆心为起点，分别绘制 2 条直线，并标注 2 条直线间夹角为 60°。

单击【角焊】命令，依次选择圆和直线，进行倒圆角处理，并标注圆角半径为 2.5mm，使用【几何约束】中的【等半径】，单击【自动选择递进】复选按钮，先绘制 1 个半径

2.5mm 圆角，再绘制另一圆角，使两圆角半径相等。使用【快速修剪】，删除多余直线。

约束圆弧端点对称。选择【几何约束】中的【点在直线上】，选中【自动选择递进】复选按钮，先选中圆弧中点（移动鼠标至圆弧中央处并停留 2~3s，待出现小圆点的图标后单击即可选择中点），再单击 *Y* 轴，使圆弧两端点关于 *Y* 轴对称，创建“草图 2”，如图 1-3 所示。

步骤 4　创建“拉伸片体 1”

单击【拉伸】命令，弹出对话框，【选择曲线】为“草图 2”，【限制-结束-距离】为 30mm，单击【方向】中的【反向】命令，选择-Z 方向，【布尔】选择【无】或者【自动判断】，【体类型】选择【片体】，得到“拉伸片体 1”，如图 1-4 所示。

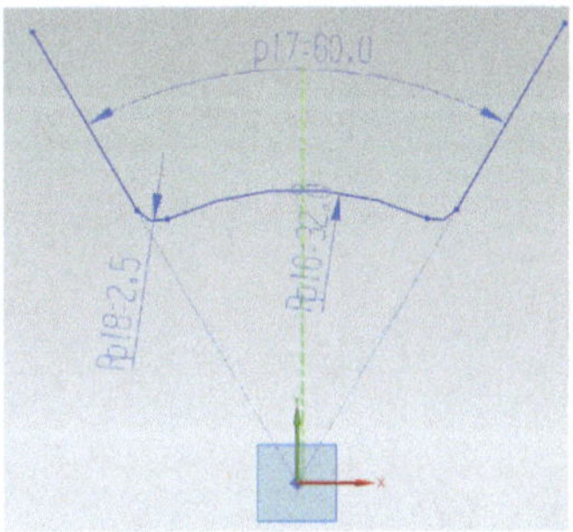

图 1-3　“草图 2”

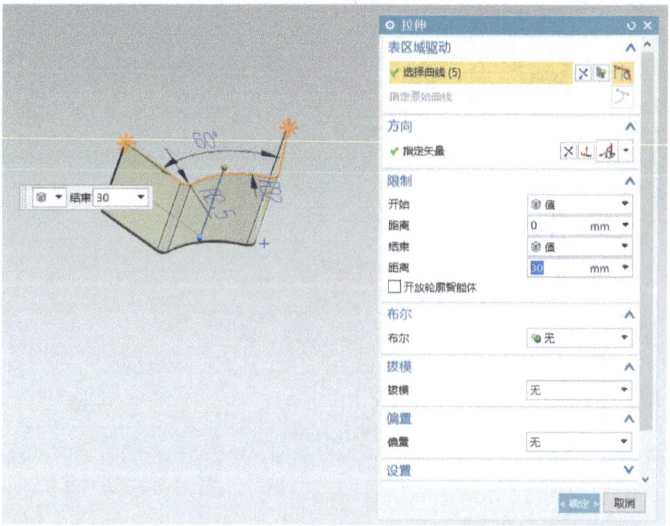

图 1-4　“拉伸片体 1”

步骤 5　创建相交曲线

单击【曲线】选项卡下的【相交曲线】命令，【第一组】选择“拉伸片体 1”，【第二组】选择“拉伸实体 1”，单击【确定】按钮，创建相交曲线，如图 1-5 所示。

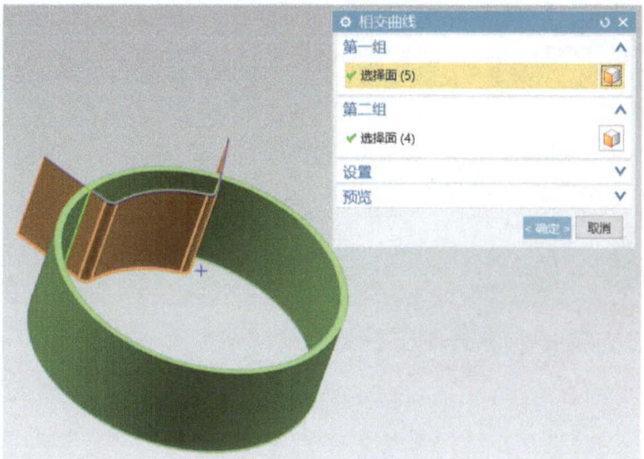

图 1-5　相交曲线

步骤 6　创建“曲面 1”

选择【菜单】→【插入】→【网格曲面】→【通过曲线网格】，或者【曲面】→【艺术曲面】→

【通过曲线网格】，在弹出的对话框中，【主曲线】选择为第 1 步，先选择“拉伸实体 1”的部分圆弧，如图 1-6a 所示。选择曲线时过滤器设为【单条曲线】，并单击【在相交处停止】命令，第 2 步单击【添加新集】，第 3 步选择第 2 条截面曲线，选择方法同上。主曲线选择完成后，第 4 步单击【交叉曲线】选项，第 5 步选择图 1-5 中的 1 条相交曲线为“交叉曲线 1”，第 6 步单击【添加新集】，第 7 步选择图 1-5 中的另一条相交曲线为“交叉曲线 2”。单击【确定】按钮，并隐藏“拉伸片体 1”，得到“曲面 1”，如图 1-6b 所示。

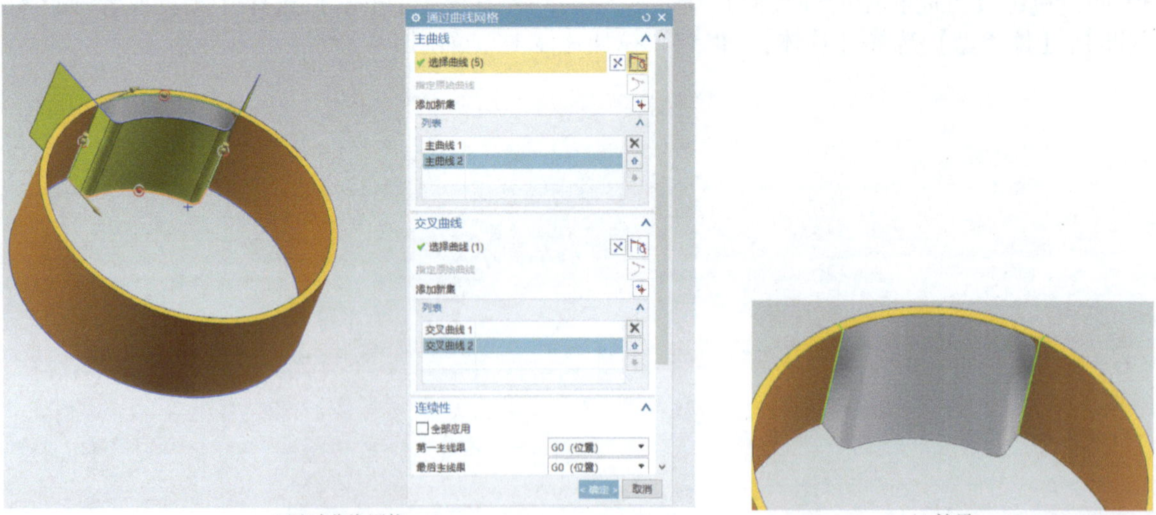

a) 通过曲线网格　　b) 效果

图 1-6 “曲面 1”

步骤 7　创建“曲面 2”

依次选择【主页】→【同步建模】→【更多】→【复制面】，弹出的对话框中，【选择面】为“拉伸实体 1”的圆柱内表面，【距离】为 0mm，【角度】为 0°。单击【确定】按钮，创建“曲面 2”，如图 1-7 所示。

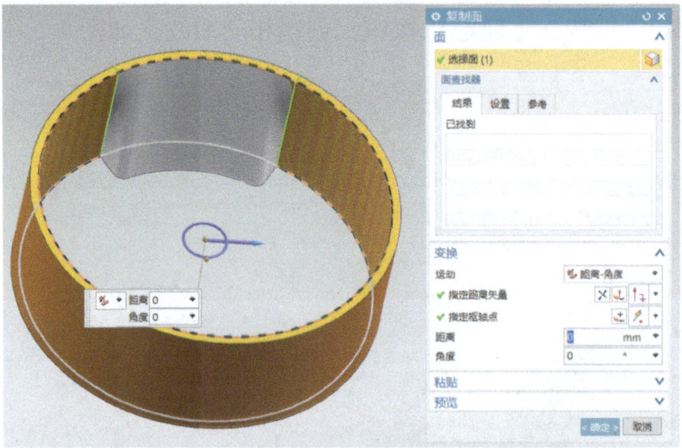

图 1-7 “曲面 2”

步骤 8　创建“曲面 3”

单击【修剪体】命令 修剪体，【选择体】为复制面（“曲面 2”），【工具】为“曲面 1”，并选择【反向】，创建“曲面 3”，如图 1-8a 所示。只显示片体，则观察到图 1-8b 所示效果。

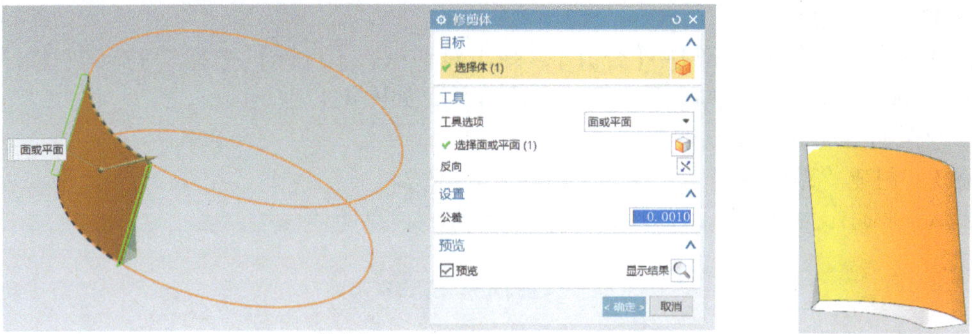

a) 修剪体　　　　b) 只显示片体

图 1-8 “曲面 3”

步骤 9　创建“曲面 4”

依次选择【曲面】→【更多】→【有界平面】，弹出对话框，依次选择图 1-9 中所示两条曲线。单击【确定】按钮，得到“曲面 4”，如图 1-9 所示。

步骤 10　创建“缝合实体 2”

依次选择【主页】→【更多】→【组合】→【缝合】，弹出的对话框后，依次单击“曲面 1”“曲面 3”“曲面 4”，单击【确定】按钮，完成片体缝合，创建“缝合实体 2”，如图 1-10 所示。

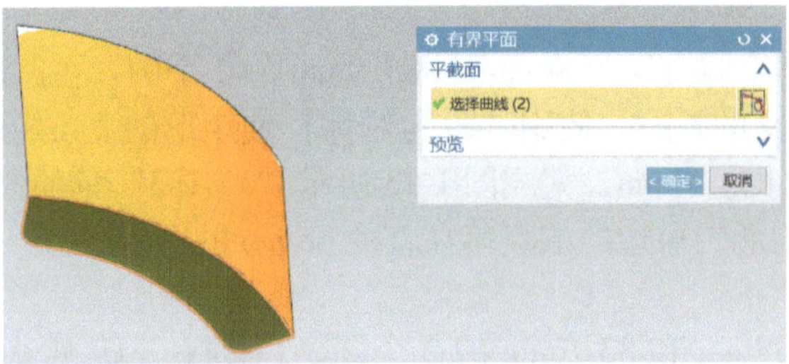

图 1-9 “曲面 4”

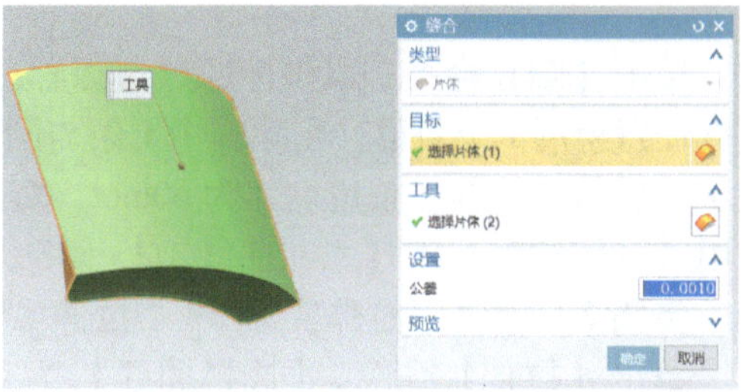

图 1-10 “缝合实体 2”

步骤 11　阵列“缝合实体 2”

依次选择【菜单】→【插入】→【关联复制】→【阵列几何特征】，弹出对话框，【选择对象】为“缝合实体 2”，【布局】选择【圆形】，【旋转轴-指定矢量】为 *Z* 轴，【指定点】为坐标原点，【间距】选择【数量和跨距】，【数量】为 3，【跨角】为 360°，如图 1-11 所示，完成“缝合实体 2”的阵列。

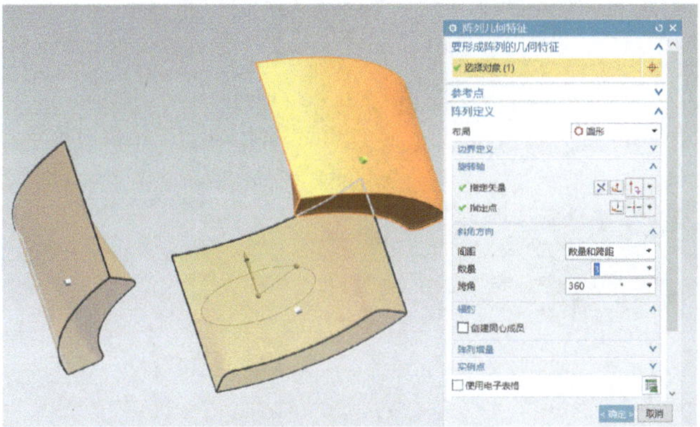

图 1-11 阵列“缝合实体 2”

步骤 12　合并操作

依次选择【主页】→【特征】→【合并】，弹出对话框，【目标】选择“拉伸实体 1”，【工具】选择“缝合实体 2”及其阵列特征，完成合并，如图 1-12 所示。

二、吹风机支架转轴及支架底座建模

步骤 1　创建“草图 3”

选择 *XY* 平面作为草绘平面，绘制如图 1-13 所示“草图 3”。

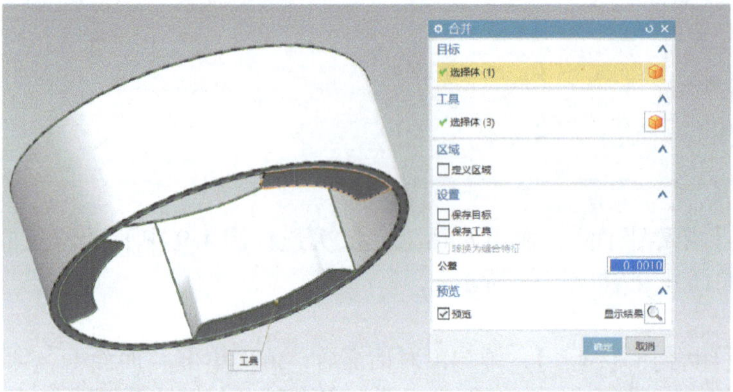

图 1-12　合并

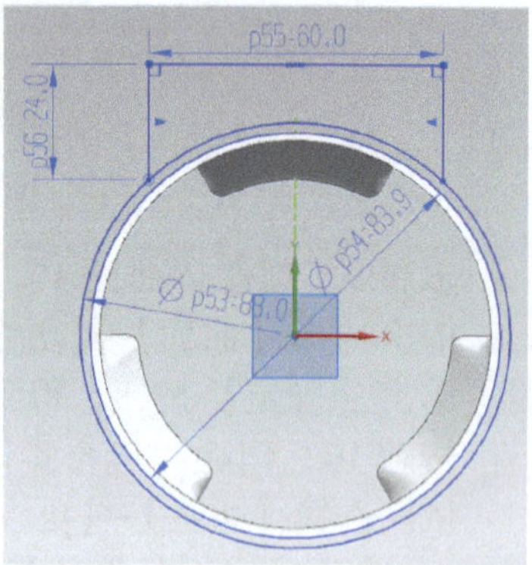

图 1-13　“草图 3”

单击【圆】命令，以坐标原点为圆心，分别绘制直径为 88mm 和 83.9mm 的 2 个圆。在圆的上方任意绘制 1 个矩形，删除其中 1 条与圆弧相交的长边。使用【设为对称】使矩形的 2 条短边关于 *Y* 轴对称。标注长边尺寸为 60mm，短边尺寸为 24mm，完成图 1-13 所示“草图 3”的绘制。使用【几何约束】中【点在曲线上】命令，使矩形的短边的端点落在直径 88mm 的圆上。

步骤 2　创建“拉伸实体 3”“拉伸实体 4”

单击【拉伸】命令，【选择曲线】为直径 88mm 和 83.9mm 的 2 个圆，【限制-开始-距离】为 0mm，【限制-结束-距离】为 30mm，【布尔】选择【合并】，单击【确定】按钮，完成“拉伸实体 3”。

单击【拉伸】命令，选择如图 1-14 所示的拉伸曲线，【方向】为自动判断或+ZC 方向，【限制-开始-距离】为 13mm，【限制-结束-距离】为 30mm，【布尔】选择【无】，单击【确定】按钮，完成“拉伸实体 4”。

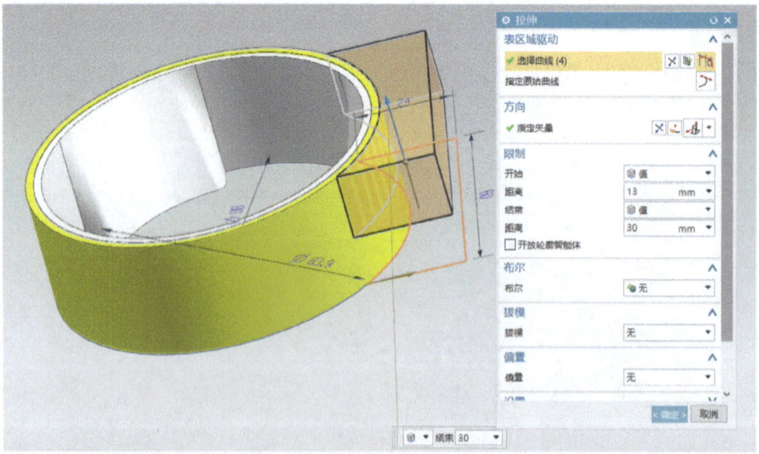

图 1-14　“拉伸实体 3”“拉伸实体 4”

选择“拉伸实体 4”的两条边进行边倒圆，【半径 1】为 8.5mm，如图 1-15 所示。

步骤 3　创建支架底座主体

创建“草图 4”选择 *XY* 平面作为草绘平面，绘制如图 1-16 所示“草图 4”，如图 1-16 所示。

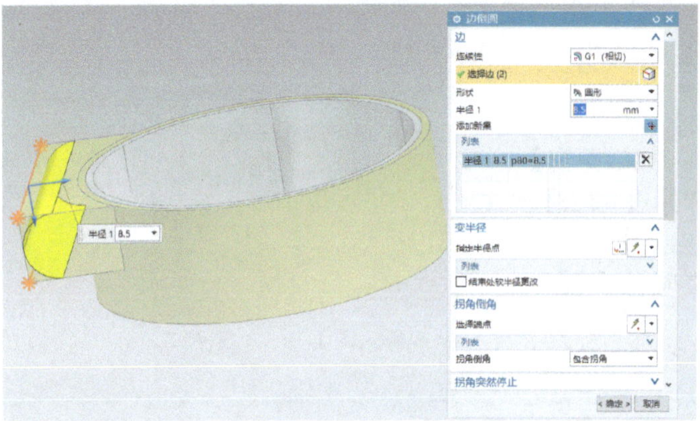

图 1-15　边倒圆

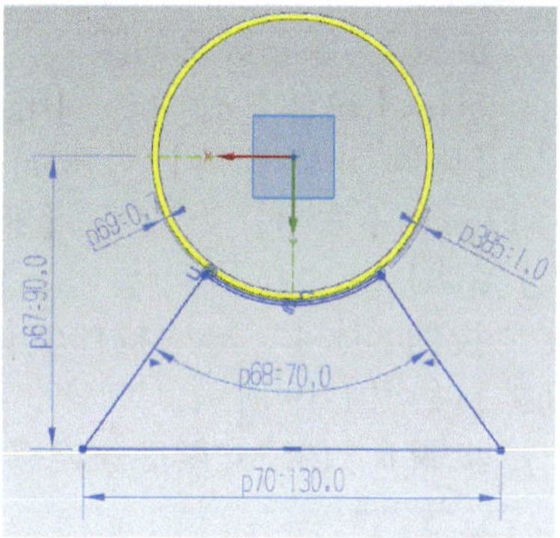

图 1-16　“草图 4”

单击【拉伸】命令，【选择曲线】为“草图 4”，【限制-开始-距离】为 0mm，【限制-结束-距离】为 30mm，【布尔】选择【无】，如图 1-17 所示。

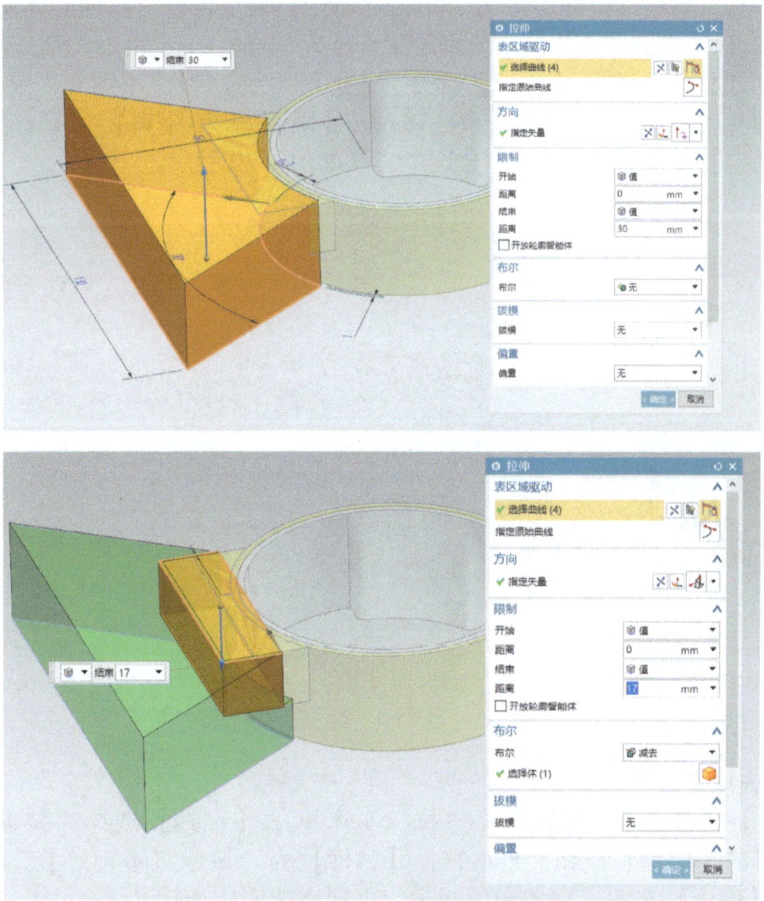

图 1-17　“拉伸实体 5”

步骤 4　创建“草图 5”

单击【草图】命令，选择“拉伸实体 5”的上平面作为新的草绘平面，单击【偏置曲线】命令，【距离】为 1mm，单击【确定】按钮，完成“草图 5”的绘制，如图 1-18 所示。

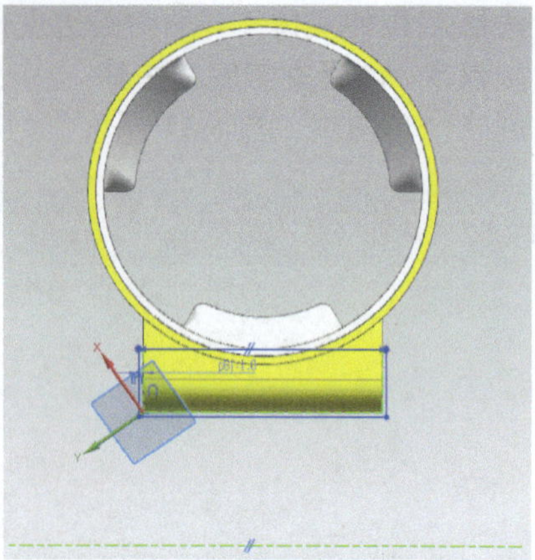

图 1-18　“草图 5”

步骤 5　预留配合间隙

单击【拉伸】命令，【选择曲线】为“草图 5”，【限制-开始-距离】为 0mm，【限制-结束-距离】为 17mm，【方向】为-ZC，【布尔】选择【减去】，【选择体】为“拉伸实体 5”，单击【确定】按钮，在“拉伸实体 4”与“拉伸实体 5”之间预留配合间隙，如图 1-19 所示。

步骤 6　创建支架底座连接孔

为实现风筒架在支架底座上弯折 90°收纳，本任务采用孔、轴间隙配合设计，并利用 3D 打印一体化设计打印成形的特点，创建风筒架和支架底座间的孔和轴配合连接结构，建模后直接打印出轴、孔间的间隙配合，从而利用 3D 打印一次成形，替代传统机械加工中钻孔、轴安装等复杂过程。

创建“草图 6”。隐藏“拉伸实体 5”，单击【草图】命令，以“拉伸实体 4”的侧端面为草绘平面绘制草图，以边倒圆圆心为圆心分别绘制直径为 5mm、8mm 的 2 个圆，完成“草图 6”。

创建“拉伸实体 6”。单击【拉伸】命令，【选择曲线】为“草图 6”中直径 8mm 的圆，【方向】为 X 方向，【限制-开始-距离】为-70mm，【限制-结束-距离】为 15mm，【布尔】选择【无】，单击【确定】按钮，形成“拉伸实体 6”，如图 1-20 所示。

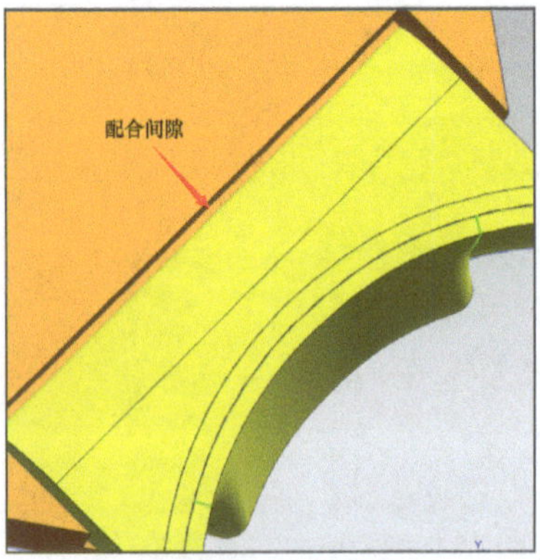

图 1-19　预留配合间隙

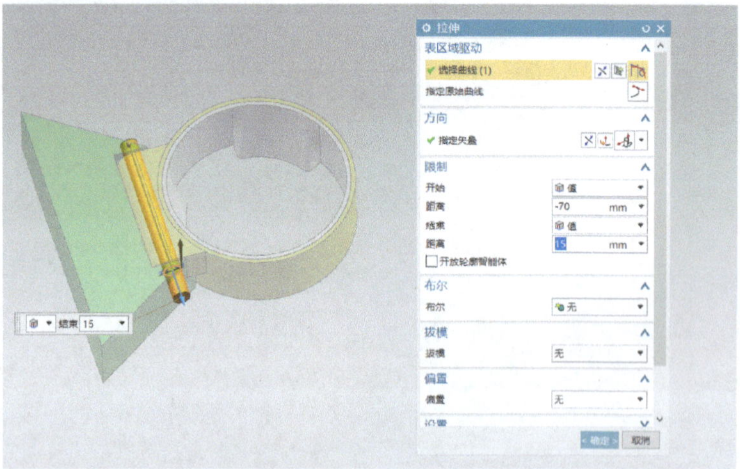

图 1-20　“拉伸实体 6、7”

步骤 7　减去操作

单击【减去】命令，【目标】选择“拉伸实体 4”，【工具】选择“拉伸实体 6”，单击【保存工具】，单击【应用】按钮。再次选择【目标】为“拉伸实体 5”，【工具】仍为“拉伸实体 6”，单击【确定】按钮，完成布尔减去，创建支架底座连接孔。

步骤 8　创建风筒架连接轴

创建“拉伸实体 7”。单击【拉伸】命令，【选择曲线】为“草图 6”中直径 5mm 的圆，【方向】为自动判断，【限制-开始-距离】为 5.3mm，【限制-结束-距离】为−65.3mm，【布尔】选择【无】，单击【确定】按钮，形成“拉伸实体 7”，为转轴，如图 1-21 所示。对该连接轴进行边倒圆，半径为 1mm。

步骤 9　干涉处理

为保证风筒架的正常转动，还应避免干涉。如图 1-21 所示，由图示位置转动 90°时，风筒架会与支架底座发生干涉。为避免此处干涉，可在支架底座上去除干涉部分材料。绘制直径为 22mm 的圆并拉伸，【限制-开始-距离】为 0mm，【限制-结束-距离】为 60mm，【布尔】选择【减去】，【目标】为支架底座，【工具】为直径为 22mm 圆柱拉伸体。

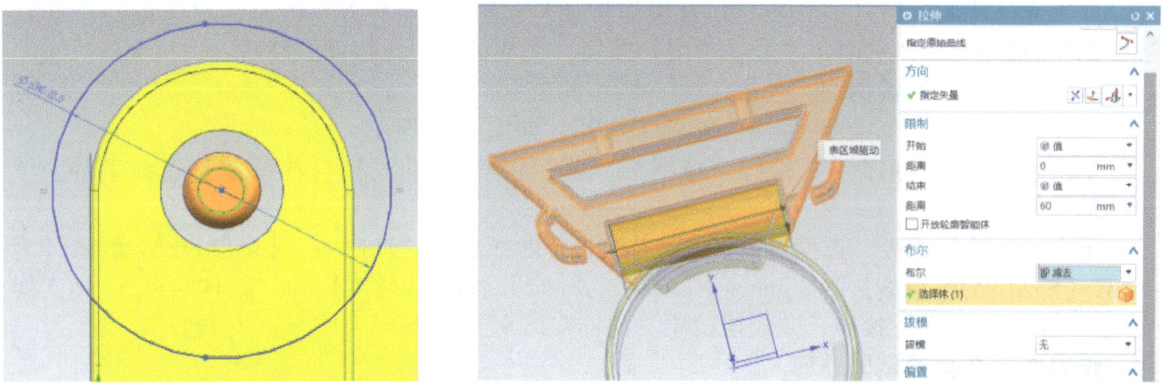

图 1-21　拉伸去除支架底座干涉结构

步骤 10　支架底座去除材料、创建“草图 7”

单击【草图】命令，弹出的对话框中选择【指定坐标系→坐标系对话框】，类型选择【平面、X 轴、点】，指定【Z 轴的平面】为“拉伸实体 5”的上表面，指定【平面上的 X 轴】为基准坐标系中 X 轴，指定“拉伸实体 5”上表面的任意一点作为【平面上的原点】，摆正草图绘制视图方向。单击【偏置曲线】命令，选择“拉伸实体 5”的外边缘 3 条曲线作为【要偏置的曲线】，【距离】为 6mm，方向向内，单击【确定】按钮，完成偏置曲线。单击【直线】命令，绘制 1 条直线，与偏置曲线共同形成封闭图形，并修剪多余曲线，标注尺寸，完成“草图 7”绘制，如图 1-22 所示。

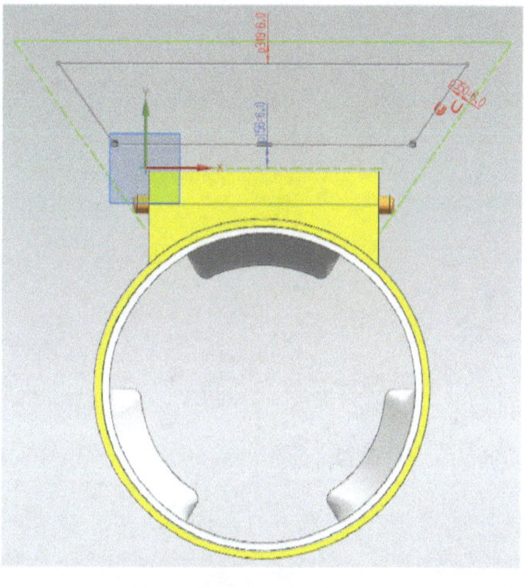

图 1-22　“草图 7”

布尔去除材料。单击【拉伸】命令，选择“草图 7”为拉伸曲线，【方向】为平面法向，【开始】选择【贯通】，【结束】选择【贯通】，【布尔】选择【减去】，【选择体】为“拉伸实体 5”，单击【确定】按钮，完成材料去除。

步骤 11　创建螺钉孔

创建“草图 8”。单击【草图】命令，选择“拉伸实体 5”最大的表面作为草绘平面，通过上述【平面、X 轴、点】方法摆正绘制视图方向。单击【圆】命令，绘制 1 个直径为 6mm 的圆，创建“草图 8”，如图 1-23 所示。

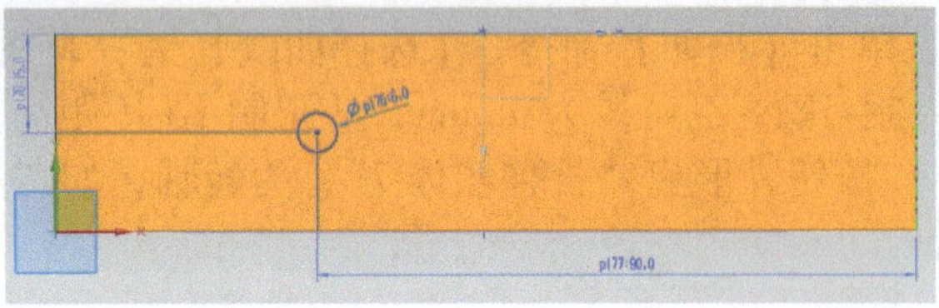

图 1-23 “草图 8”

拉伸形成孔特征：单击【拉伸】命令，选择直径 6mm 的圆为拉伸曲线，【方向】为平面法向，【限制-开始-距离】为 0mm，【结束】选择【直至选定】，选择孔的终止平面，【布尔】选择【减去】，【选择体】为“拉伸实体 5”。单击【确定】按钮，完成孔特征“实体 8”创建。依次选择【插入】→【关联复制】→【镜像特征】，选择“实体 8”作为【要镜像的特征】，选择 *YZ* 平面作为镜像平面，单击【确定】按钮，完成另一个孔特征的创建。

步骤 12　创建挂线钩

选择 *XY* 平面作为草绘平面，绘制“草图 9”，如图 1-24 所示。

单击【镜像曲线】命令，选择“草图 9”为【要镜像的曲线】，【中心线】选择 *Y* 轴，单击【确定】按钮。

单击【拉伸】命令，选择“草图 9”及其镜像曲线作为拉伸曲线，【限制-开始-距离】为 0mm，【限制-结束-距离】为 30mm，【布尔】为【合并】，【选择体】为“拉伸实体 5”（支架底座），单击【确定】按钮，完成挂线钩“拉伸实体 9”创建。

步骤 13　整体边倒圆处理

为确保吹风机支架使用过程中不存在划伤风险，需要对支架边线部分进行边倒圆处理。单击【边倒圆】命令，【半径】为 0. 5mm，对支架所有尖锐的边线进行边倒圆处理。

步骤 14　模型上色

根据吹风机支架不同结构，可以给各部分设置不同颜色。按<Ctrl+J>键，选择要染色的部分，单击【确定】按钮后，选择要染的颜色，确定后完成染色，吹风机支架模型效果如图 1-25 所示。

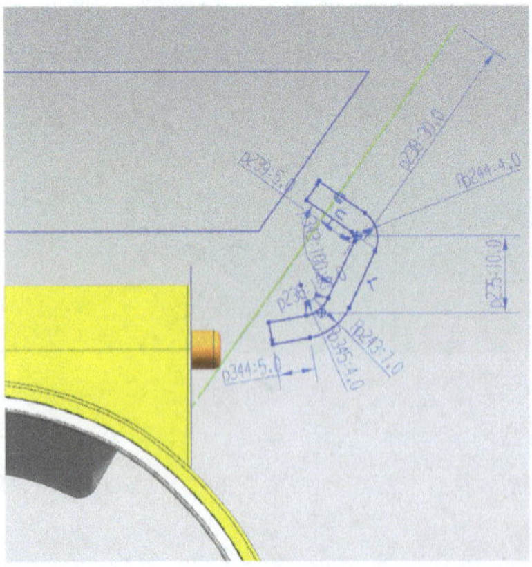

图 1-24 “草图 9”

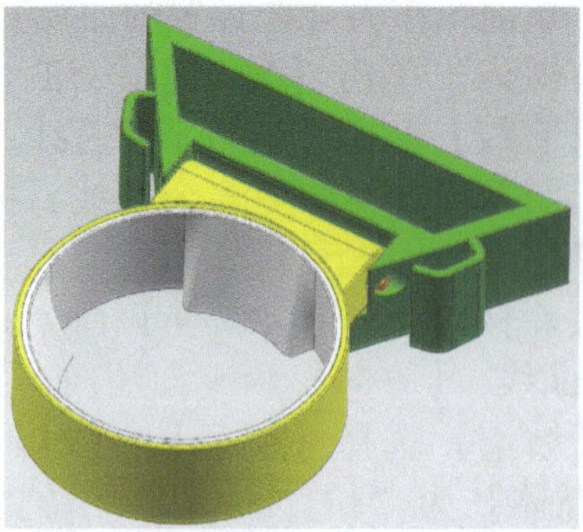

图 1-25 吹风机支架模型

【任务评价】

工作任务学习卡见表 1-1，过程性考核评价标准见表 1-2。

表 1-1　工作任务学习卡

序号	考核评价项目		考核内容	学生自评	小组互评	教师总评	分值
1	过程性考核	素质目标	自我管理的能力：能够按照教师的要求自觉完成相关任务				10
2			产品质量意识：能够从整个产品生产过程，考虑问题				6
3			一定的审美力：具有自己的审美判断力				4
4		知识目标	掌握零部件结构特点，进行数字化设计				20
5			掌握根据零部件结构，选择合适的造型方法的操作				5
6			掌握根据 3D 打印机打印特性参数，选择零部件装配间隙的方法				5
7		能力目标	能够使用 NX 12.0【草图】命令绘制零件截面图形，能够使用 NX 12.0【尺寸约束】、【几何约束】命令进行图形的精确绘制				12
8							
9			能够使用 NX 12.0【镜像曲线】、【偏置曲线】、【镜像几何特征】、【边倒圆】等命令进行零部件绘制				10
10			能够使用 NX 12.0【拉伸】、【有界平面】、【缝合】命令进行零件实体建模				8
11			能够使用 NX 12.0【网格曲面】命令进行零件曲面建模				10
12		其他方面	出勤、课堂纪律、回答问题、作业完成情况等				10
小计							—
总评							

注：“总评”成绩计算按照“小计”中“学生自评”的 20%，“小组互评”的 30%，“教师总评”的 50%进行综合计算。

表 1-2　过程性考核评价标准

能合理运用知识点完成考核任务，具有自主学习、独立分析解决问题的能力，良好的产品质量意识，具有一定的审美力，团队协作能力强，有创新意识	A
能较好地完成考核任务，但自主学习、独立分析解决问题能力稍差，具有产品质量意识，具有一定审美力，团队成员沟通协作	B
基本完成考核任务，但自主学习、分析问题能力差，与团队成员沟通协作差	C
没有完成知识点的学习和考核工作任务，主观能动性差，与团队成员的沟通协作能力差	D

评价	班级		姓名	
	组号		组长签字	
	教师签字		日期	

任务2　吹风机支架模型的切片输出

【学习目标】

素质目标：

（1）具有一定的审美力。
（2）具有自我管理的能力。
（3）具有产品的质量意识。

知识目标：

（1）掌握确定三维模型摆放方向的方法。
（2）掌握切片软件的基本操作。
（3）掌握切片软件参数的基本设置方法。

能力目标：

（1）能够确定不同的三维模型打印方向。
（2）能够添加合理的支撑。
（3）能够利用切片软件完成合理的参数设置。

【任务描述】

根据零件成形要求，使用Cura切片软件正确设置打印参数，完成零件切片。要求：设置参数合理，打印时间适合，打印质量满足要求。

【任务分析】

因为本项目任务1完成的吹风机支架模型为立体模型，所以让吹风机支座的底面接触打印板，圆环面竖直朝上，这样可以减少支撑。打印参数根据零件成形要求及打印机特性进行设置。

【相关知识】

（1）Cura软件的使用方法。
（2）Cura软件参数说明。
（3）吹风机支架模型的导入。

Cura 软件的使用方法　Cura 软件参数说明

【任务实施】

一、导出吹风机支架模型STL文件

在NX 12.0中，打开吹风机支架模型，依次选择【菜单】→【文件】→【导出】→【STL】，弹出对话框。在对话框中：①选择要导出的对象，框选全部实体特征；②选择要导出的路径并命名；③单击【确定】按钮，完成吹风机支架STL文件的导出。

二、切片软件中导入吹风机支架

步骤1　将吹风机支架模型导入到切片软件

打开切片软件Cura，导入STL模型。导入模型可选择菜单栏【文件】→【读取模型文件】或单击右侧3D浏览窗口左上角【Load】按钮，在弹出窗口里选择吹风机支架模型并打开。

步骤 2　查看初始进度条信息

在窗口的左上角，有进度条实时显示模型载入情况。当进度条达到 100%的时候，软件显示模型所需打印时间、消耗材料的长度和克数，此数据是根据软件当前默认设置参数计算出来的。导入吹风机支架模型到切片软件界面如图 1-26 所示。

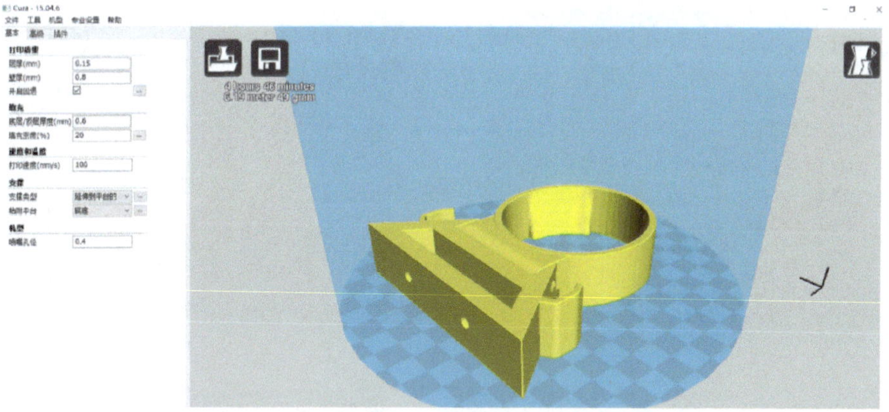

图 1-26　导入吹风机支架模型到切片软件界面

步骤 3　多种显示模式

在主窗口右上角，有模型多种显示模式的菜单按钮。单击该按钮，将展开 5 种显示模式，即普通模式、悬垂模式、透明模式、X 光模式以及层模式，根据需要选择相应模式。多种显示模式菜单如图 1-27 所示。

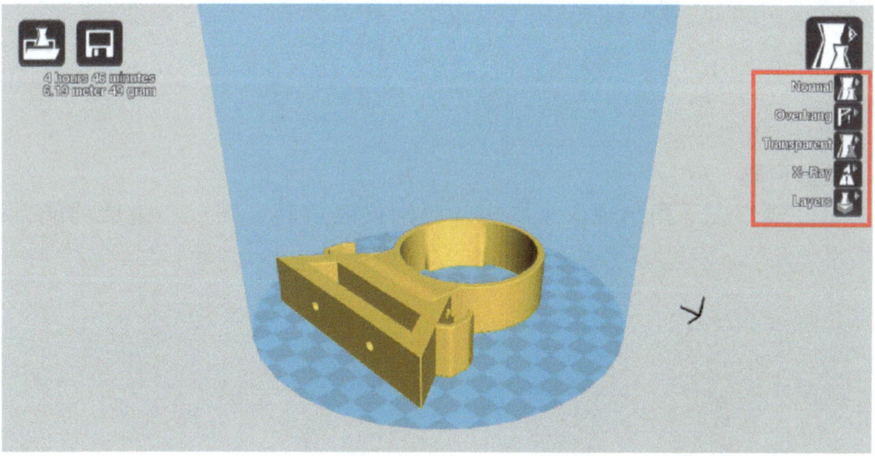

图 1-27　多种显示模式菜单

各种显示模式定义如下：

（1）悬垂模式　3D 模型悬垂出来的部分，都会用红色表示，帮助用户判断是否需要在模型中显示红色的地方添加支撑。

（2）透明模式　可以观察到模型的正面、反面以及内部的构造。

（3）X 光模式　与透明模式类似，X 光模式也用来观察模型内部的构造。不同之处在于 X 光模式下对象表面的构造被忽略了。虽然不能看到 3D 物体表面，但模型内部构造显示更加清晰。

（4）层模式　最贴近正式的 3D 打印过程。在此模式下，可以把整个 3D 模型分层展示，通过拖动右侧的滑块，单独观察每一层的情况。在打印之前先查看此模式，可以确认模型是否被正确切片。

各种显示模式效果图如图 1-28 所示。

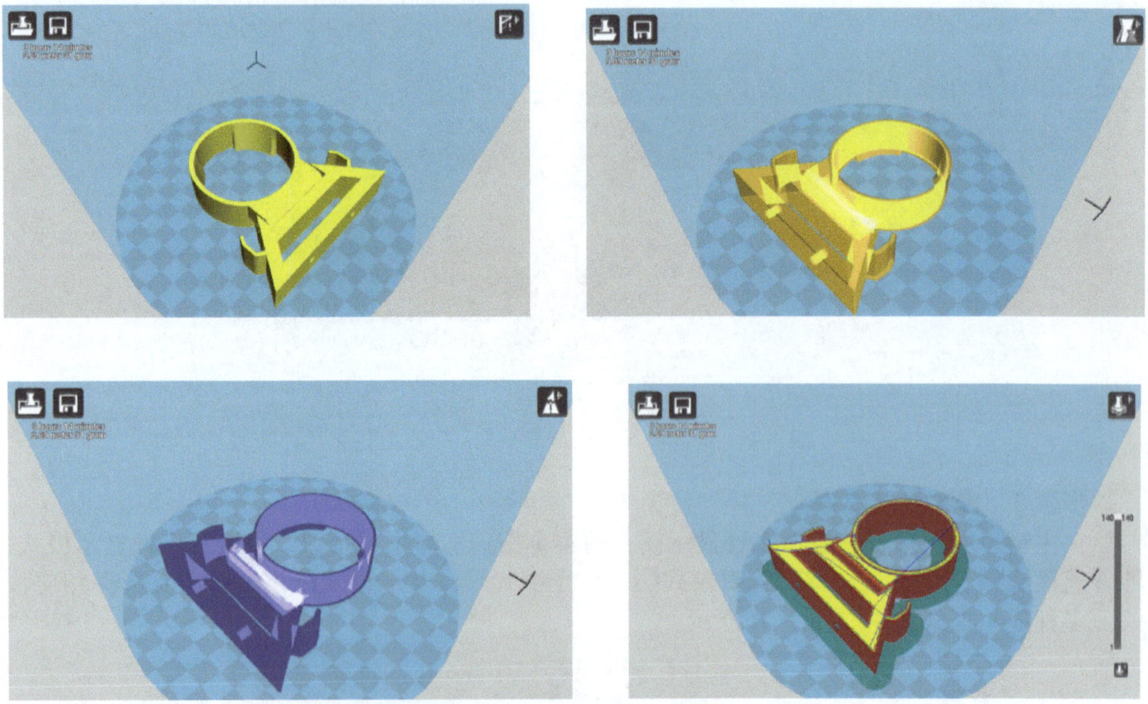

图 1-28　各种显示模式效果图

步骤 4　模型调整

单击模型，主窗口左下角出现 3 个图标，分别代表旋转、缩放、镜像功能，模型调整如图 1-29 所示。

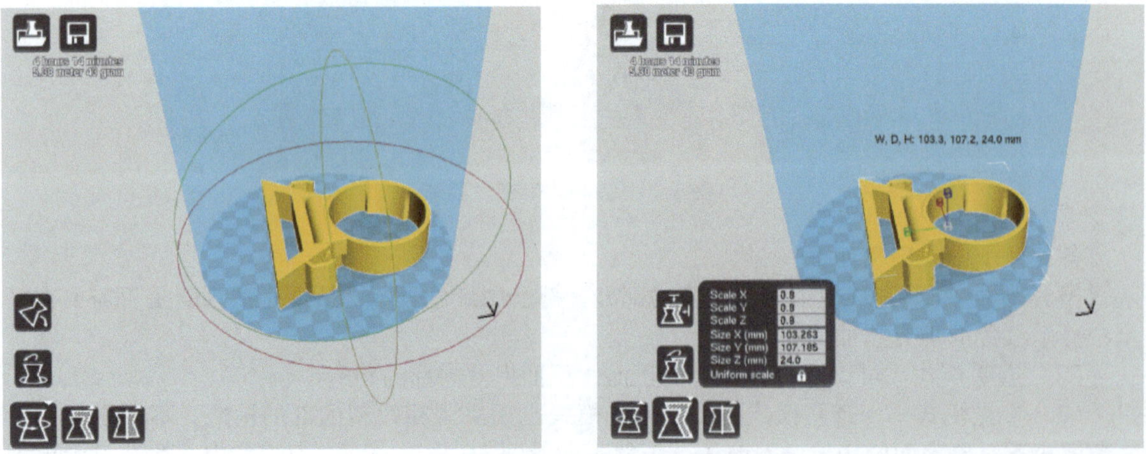

图 1-29　模型调整

(1)【旋转】功能　单击此按钮，3D 模型周围出现红黄蓝 3 个圆圈，分别代表沿 *X*、*Y*、*Z* 轴旋转。鼠标选择其中任意一个圆圈，移动鼠标，模型即以 15°为间隔进行旋转。如果需要更精准的控制，则可同时按下键盘上的<Shift>键，这时会以 1°为间隔进行角度调整。不同模型根据摆放位置的不同需要用到【旋转】功能。

(2)【缩放】功能　单击此按钮，可以在 *X*、*Y*、*Z* 3 个方向上缩放模型。单击按钮后分别拖动 3D 视图上的红绿蓝小方块，或者在弹出的输入框中直接键入数字，且可以选择是否“统一缩放”。

(3)【镜像】功能　单击此按钮，可以在 *X*、*Y*、*Z* 3 个方向上完成模型【镜像】操作。【镜像】操作不会复制新的模型出现，仅改变当前模型的摆放姿态。这里不需要进行【镜像】操作。

单击【缩放】按钮，设置【比例】为 0.8，统一缩放。

三、主要参数设置

步骤 1　打印质量参数设置（层厚、壁厚、开启回退）

(1) 层厚　切片每一层的厚度，层厚越小，模型打印得越精细，层数也越多，打印时间延长。一般来说，0.1mm 是比较精细的层厚，0.2mm 的层厚比较常用，0.3mm 的层厚用于打印要求不高的模型。

(2) 壁厚　模型的表面厚度，壁厚越厚模型越结实，打印时间也越长，耗费材料更多。壁厚一般为喷嘴直径的倍数。比如，吹风机支架可设置为 0.8mm，若希望打印得结实一些，也可设置为 1.2mm。

(3) 开启回退　在 2 次打印间隔期间是否将材料回退，此参数可以防止多余的材料在喷嘴空移过程中挤出，产生拉丝，影响打印质量且浪费材料。一般需要选中【开启回退】复选按钮。

吹风机支架模型【层厚(mm)】为 0.15，【壁厚(mm)】为 0.8，选中【开启回退】复选按钮，打印质量参数设置如图 1-30 所示。

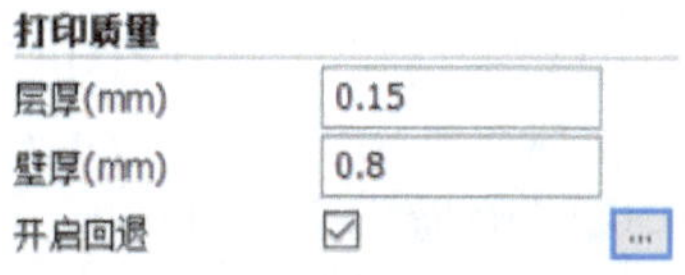

图 1-30　打印质量参数设置

步骤 2　填充参数设置（底层/顶层厚度、填充密度）

(1) 底层/顶层厚度　与外壳厚度类似，指模型最下几层和最上几层采用实心打印。一般设定值和外壳厚度接近，并且是层厚的倍数。

(2) 填充密度　打印模型的内部网格状材料填充的密度。0%表示空心，100%表示实心。填充密度与外观无关，该值设置越小越节省材料和打印时间，但强度会相应降低。通常情况下设置 20%的填充密度。

吹风机支架模型【底层/顶层厚度(mm)】为 0.75，为了适用于各种不同重量的吹风机，需增强支架的强度，【填充密度(%)】为 50，填充参数设置如图 1-31 所示。

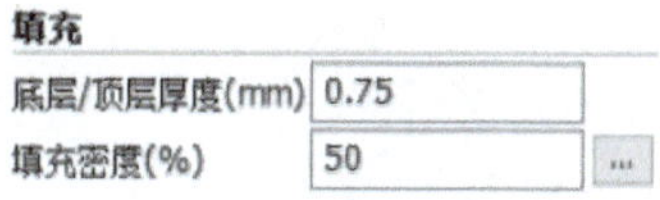

图 1-31　填充参数设置

步骤 3　打印速度和温度参数设置（打印速度、打印温度、热床温度）

(1) 打印速度　每秒挤出多少毫米的材料。该值可根据需要进行设定，一般不超过 100mm/s，数值越大，速度越快，越节省时间，但速度过大，可能导致步进电动机出现“丢步”的现象，造成打印失败。

(2) 打印温度　不同材料设置温度不同。一般而言，PLA 材料通常设定在 190~210℃，ABS 材料设置为 220~240℃。

(3) 热床温度　一般在 50~70℃，冬天可适当调高，以保证打印产品基底时该产品能比较牢固地粘在热床上。打印完成后，产品与打印机平板之间粘贴牢固，从板上取件困难，此时可以再次加热热床后剥离产品。

吹风机支架模型设置打印速度 60，打印温度 210，热床温度 70。速度和温度参数设置如图 1-32 所示。

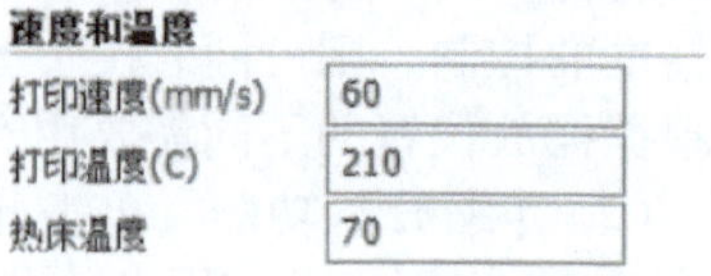

图 1-32　速度和温度参数设置⊖

步骤 4　支撑参数设置（支撑类型和粘附平台）

（1）支撑类型　分为【无】【延伸到平台】【所有悬空】。【无】表示不设置支撑。【延伸到平台】支撑表示建立与平台接触的支撑。【所有悬空】表示模型悬空的部分均会建立支撑。

（2）粘附平台　是否增加模型与热床之间的附加打印层，以增加模型与平板的连接强度，选项有【无】【沿边】【帽檐】【底座】。选项【无】表示直接在热床上打印 3D 模型，没有添加附件材料增加模型与热床的连接强度。选项【沿边】表示会在模型第一层的周围打印一圈“帽檐”，让 3D 模型与热床之间粘得更好，这样可以解决翘边的问题，打印完成后帽檐容易去除。选项【底座】会在 3D 模型下面先打印一个有高度的“基座”，保证模型牢固地粘在热床上，但不太容易去除。选择时可以根据打印时的情况选择【沿边】，或者【底座】。

吹风机支架模型【支撑类型】选择【所有悬空】，【粘附平台】选择【沿边】，支撑参数设置如图 1-33 所示。

图 1-33　支撑参数设置

步骤 5　打印材料参数设置（直径、流量倍率、喷嘴孔径）

（1）直径　丝状耗材的直径，一般来说有 1. 75mm 和 3mm 两种耗材。而对于 3mm 的耗材，直径都达不到 3mm，一般来说在 2. 85~3mm 之间。

（2）流量　用于微调出丝量，实际的出丝长度会乘以此倍率。如果这个百分比大于 100%，则实际挤出的耗材长度会比 G-Code 文件中的长，反之变短。

（3）喷嘴孔径　3D 打印喷嘴直径尺寸。

吹风机支架模型【直径（mm）】为 1. 75，【流量（%）】为 100. 0，【喷嘴孔径】为 0. 4，如图 1-34 所示。

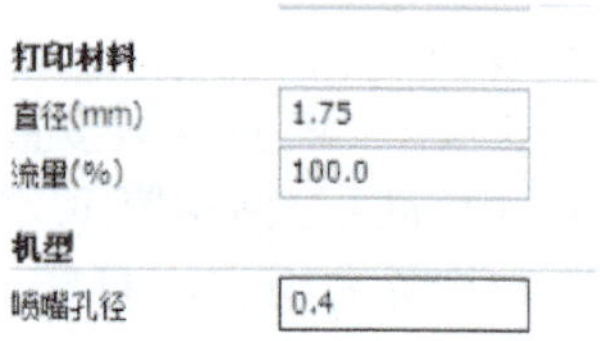

图 1-34　打印材料参数设置

四、输出 G-code 文件

吹风机支架模型调整摆放姿态、设置参数后，即可导出 G-code 文件。选择菜单栏【文件】→【SaveGcode】，在弹出对话框中选择保存的路径，输入文件的名字，单击【确定】按钮，打印文件输出完毕。

【任务评价】

工作任务学习卡见表 1-3，过程性考核评价标准见表 1-4。

表 1-3　工作任务学习卡

序号	考核评价项目		考核内容	学生自评	小组互评	教师总评	分值
1	过程性考核	素质目标	任务分析能力				10
2			自我管理的能力				8
3			产品质量意识				6

⊖ 图 1-32 中，打印温度和热床温度的单位应为℃，但鉴于类似处来自软件，因此暂且保留该内容。

（续）

序号	考核评价项目		考核内容	学生自评	小组互评	教师总评	分值
4	过程性考核	知识目标	掌握确定三维模型摆放方向的方法				10
5			掌握切片软件参数的基本设置				15
6		能力目标	能够确定不同的三维模型打印方向				10
7			能够添加适当的支撑				15
8			能够利用切片软件完成合理的参数设置				20
9		其他方面	能够利用切片软件完成对三维模型的基本操作				6
小计							—
总评							

注："总评"成绩计算按照"小计"中"学生自评"的20%，"小组互评"的30%，"教师总评"的50%进行综合计算。

表 1-4 过程性考核评价标准

能合理运用知识点完成考核任务，具有自主学习、独立分析解决问题的能力，良好的产品质量意识，具有一定的任务分析能力，团队协作能力强，有创新意识				A
能较好地完成考核任务，但自主学习、独立分析解决问题能力稍差，具有产品质量意识，具有一定任务分析能力，能很好地与团队成员沟通协作				B
基本完成考核任务，但自主学习、分析问题能力差，与团队成员沟通协作差				C
没有完成知识点的学习和考核工作任务，主观能动性差，与团队成员的沟通协作能力差				D
评价	班级		姓名	
	组号		组长签字	
	教师签字		日期	

任务3 吹风机支架模型打印及后处理

【学习目标】

素质目标：

（1）具有一定的任务分析能力。

（2）具有自我管理的能力。

（3）具有产品的质量意识。

知识目标：

（1）掌握3D打印机的开关方法。

（2）掌握3D打印机导入打印数据方法。

能力目标：

（1）能完成打印任务前的打印机调试工作。

（2）能够使用3D打印机，完成模型的3D打印工作。

（3）能够完成打印完毕模型的后处理工作。

（4）能够完成部件的组装工作。

【任务描述】

在之前的任务环节，已经完成了吹风机支架模型创建工作，并在3D打印机配套的切片软件中完成了数据模型的切片工作，本任务环节将进行实践打印。通过学习讨论，完成工作任务，并填写工作任务学习卡。

将之前任务完成的切片数据文件，导入3D打印机中，完成模型3D打印工作，并在打印之后，进行后处理及部件组装。

【任务分析】

本任务需要利用提供的吹风机支架模型及切片数据，进行3D打印、后处理及组装。在本环节中，需要学习如何完成3D打印机的开关机、打印前的调试、切片数据文件导入、打印件后处理、零部件装配等工作。在打印过程中，还需要观察打印情况，根据现场情况适时调整打印机的参数设置，以保证模型高效完美地打印。

【任务实施】

一、模型3D打印

步骤1　开机检查设备

打开3D打印机电源，待设备开机运行准备完毕后，切换到回原点界面，将三轴返回原点，电机控制如图1-35所示。开机及回参考点过程中要注意打印机能否平稳运行，有无卡顿、异响或不能回到原点等异常问题。三轴回归原点后，根据打印机型号、打印件的难易程度等，决定是否需要涂抹打印机底面固定胶。

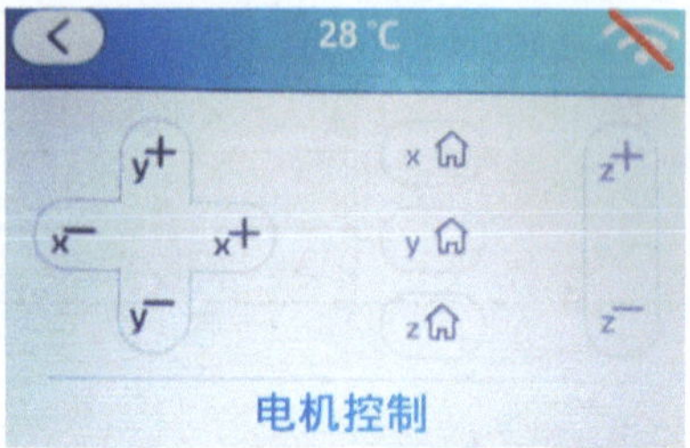

图1-35　电机控制

步骤2　切片数据文件导入

将任务2获得的切片数据文件，导入3D打印机。不同设备的导入方法略有不同，常见的导入方法有U盘导入、计算机直连导入、局域网导入等。通用做法为将切片数据文件存入U盘，再从U盘导入3D打印机。需要注意部分打印机不支持中文文件名。

导入步骤为：①在计算机上将数据存入U盘；②将U盘安全退出计算机，插入打印机口；③找到打印机导入按钮，导入打印文件，如图1-36所示；④选择打印程序，如图1-37所示。

图1-36　导入打印文件

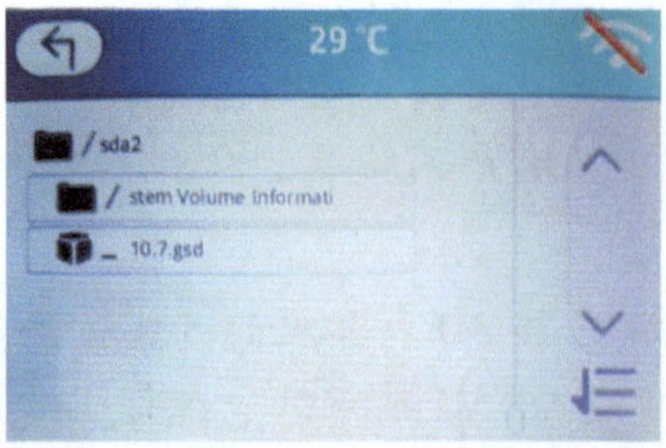

图1-37　选择打印程序

步骤3　打印并取出模型

在打印过程中，需要观察打印机运行是否正常，打印程序执行是否正确，有无堵头、乱丝等现象，若出现故障则需要及时采取措施。完成打印后将模型取出，关闭打印机并清理。

二、打印件的后处理

步骤 1　取出支撑

使用工具（铲刀、钳子等），去除底垫等大块支撑。拆除支撑过程中需要注意安全，避免划伤，若有必要可戴手套操作。取出支撑如图 1-38 所示。

图 1-38　取出支撑

步骤 2　打磨

使用工具拆除支撑会不可避免地出现拆除不净、划痕等问题，使用砂纸打磨去除表面上的残留缺陷等。

步骤 3　装配

将所有打印好的模型进行装配。

【任务评价】

工作任务学习卡见表 1-5，过程性考核评价标准见表 1-6。

表 1-5　工作任务学习卡

序号	考核评价项目		考核内容	学生自评	小组互评	教师总评	分值
1	过程性考核	素质目标	自我管理的能力：能够按照教师的要求自觉完成相关任务				10
2			产品质量意识：能够从整个产品生产过程考虑问题				5
3			一定的审美力，具有自己的审美判断力				5
4		知识目标	掌握 3D 打印机的开关方法				5
5			掌握 3D 打印机导入打印数据的方法				25
6		能力目标	能完成打印任务前的打印机调试工作				15
7			能够使用 3D 打印机，完成模型的 3D 打印工作				10
8			能够完成打印完毕模型的后处理工作				15
9		其他方面	能够完成部件的组装工作				10
小计							—
总评							

注：“总评”成绩计算按照“小计”中“学生自评”的 20%，“小组互评”的 30%，“教师总评”的 50%进行综合计算。

表 1-6　过程性考核评价标准

能合理运用知识点完成考核任务，具有自主学习、独立分析解决问题的能力，良好的产品质量意识，具有一定的任务分析能力，团队协作能力强，有创新意识	A
能较好地完成考核任务，但自主学习、独立分析解决问题能力稍差，具有产品质量意识，具有一定任务分析能力，能很好地与团队成员沟通协作	B
基本完成考核任务，但自主学习、分析问题能力差，与团队成员沟通协作差	C
没有完成知识点的学习和考核工作任务，主观能动性差，与团队成员的沟通协作能力差	D

（续）

评价	班级		姓名	
	组号		组长签字	
	教师签字		日期	

【知识广角】

国内 3D 打印研发应用集中在工业领域，大众群体对这个行业关注极少。但早些年国内制作歼 15 主承力结构的激光 3D 打印技术是在世界范围内突破性的技术，轰动性比美国 3D 打印金属手枪更大，3D 打印行业的发展需要我们共同的努力。

【COMET 职业能力测评】

COMET 能力测评评价表见表 1-7。

表 1-7 COMET 能力测评评价表

一级能力	二级能力	序号	考核内容评分项说明	完全不符	基本不符	基本符合	完全符合
功能性能力	直观性	1	是否与专业规范或技术标准相符合				
	功能性	2	是否满足功能性要求				
		3	是否达到“技术先进水平”				
		4	是否可以实施				

项目2　手机支架一体化设计

任务1　创建手机支架模型特征

【学习目标】

素质目标：

（1）具有一定的审美力。

（2）具有自我管理的能力。

（3）具有产品的质量意识。

知识目标：

（1）掌握零部件的结构特点，进行数字化设计。

（2）掌握根据零部件的结构，选择合适的造型方法。

（3）掌握根据3D打印机打印参数，选择零部件装配间隙。

能力目标：

（1）能够使用NX 12.0【草图】命令，绘制零件截面图形。

（2）能够使用NX 12.0【拉伸】命令，绘制零件图形。

（3）能够使用NX 12.0【边倒圆】命令，创建零件圆角。

【任务描述】

根据市场上大多数手机尺寸，设计出一款满足客户要求的手机支架，要求在办公桌上使用，体积适当，可以调整角度，结构简单，外观较好，操作方便，稳定性好，强度足够，能承受手机的重量。通过学习讨论，完成工作任务，并填写工作任务学习卡。

设计的手机支架由手机支架主体、手机支架支撑、手机支架支撑座3部分组成。本次任务是根据零部件结构选择合适的造型方法，绘制出数字模型，进行一体化设计，并根据3D打印机的打印参数，选择合适的装配间隙。

【任务分析】

本任务要求设计的手机支架主要应用了旋转机构、卡槽机构调整手机支架角度。设计时应考虑一体化设计，手机支架主体包裹着手机支架支撑、手机支架支撑座。整个结构能够将3

个零件调整到一个平面内，可以调整角度，做到结构简单、操作方便、稳定性好。根据设计思路，选择了 NX 12.0 造型软件中的拉伸造型方法，绘制出数字模型，根据所使用 3D 打印机的打印参数，选择合适的装配间隙。

【相关知识】

（1）NX 12.0【拉伸】命令的使用方法。

（2）FDM 型 3D 打印机打印参数说明。

（3）识读手机支架模型图样。

手机支架-工程图

【任务实施】

一、手机支架主体建模

步骤 1　创建手机支架主体-“草图 1（部分）1”

单击快捷菜单上的【草图】命令，【草图类型】选择【在平面上】，【平面方法】选择【现有平面】，选择 *XY* 平面如图 2-1 所示，然后单击【确定】按钮，进入草图编辑模式，利用草图工具【矩形】命令绘制长 100mm，宽 8mm 的矩形轮廓线，利用【快速尺寸】命令标注相应的尺寸以约束草图，“草图 1”（部分）1，如图 2-2 所示。

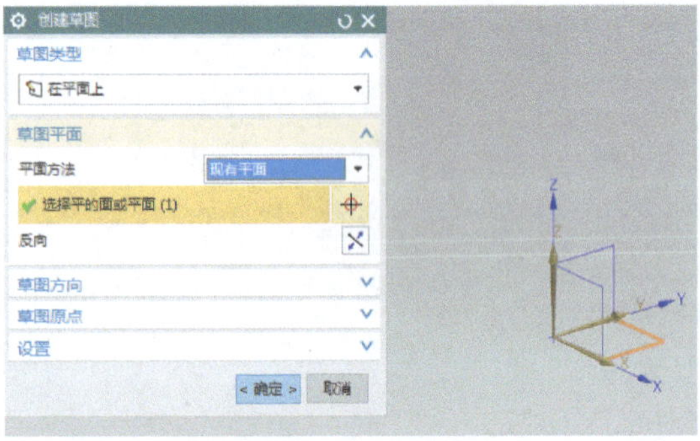

图 2-1　选择 *XY* 平面

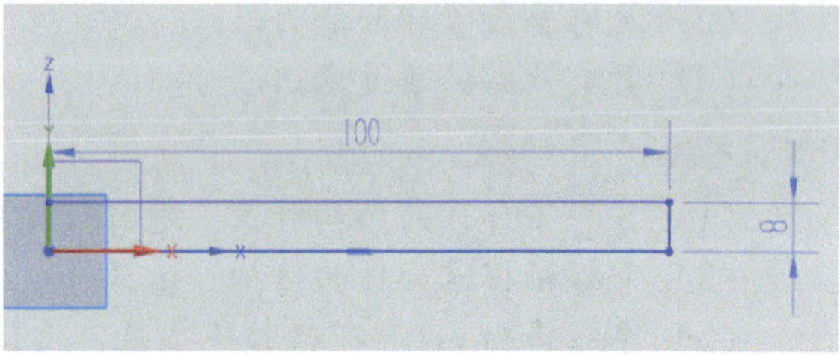

图 2-2　“草图 1”（部分）1

步骤 2　创建手机支架主体模型-“草图 1”

在草图编辑模式下，利用草图工具【直线】命令绘制右侧轮廓线，利用【快速尺寸】命令标注相应的尺寸以约束草图，得到“草图 1”（部分）2，如图 2-3 所示。利用草图工具【几何约束】命令对加箭头的 2 处直线作平行约束。再使用草图工具【快速修剪】命令对多余线段进行修剪，使整个草图成为 1 个封闭的轮廓，然后单击【完成草图】命令，完成“草图 1”的绘制，如图 2-4 所示。

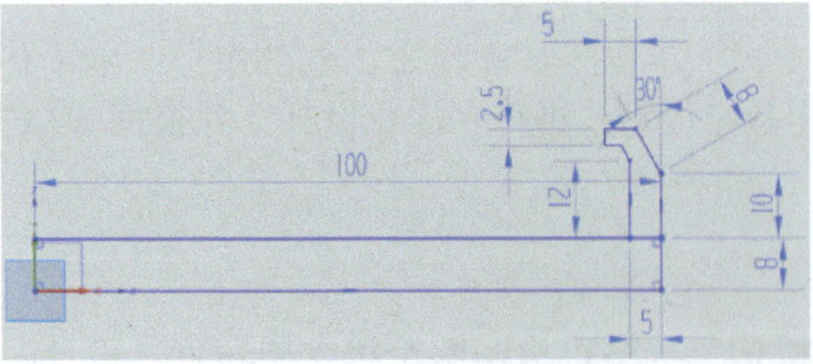

图 2-3　“草图 1”（部分）2

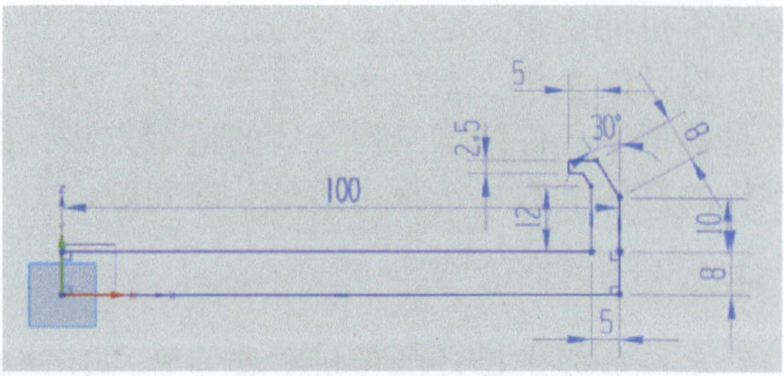

图 2-4　“草图 1”

步骤3　创建手机支架主体模型-“拉伸1”

单击快捷菜单上的【拉伸】命令，【截面】选择“草图1”，【方向】选择平面法向，【限制-结束】选择【对称值】，【距离】为30mm，【布尔】选择【自动判断】，其他默认设置，单击【确定】按钮，完成“拉伸1”的创建，如图2-5所示。

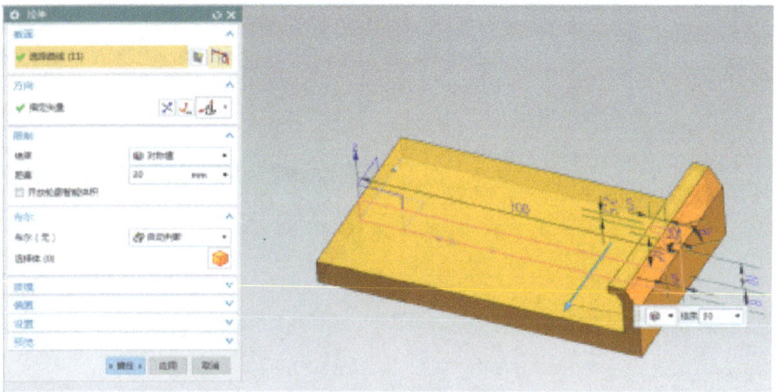

图2-5　“拉伸1”

步骤4　手机支架主体模型边倒圆

单击快捷菜单上的【边倒圆】命令，【混合面连续性】选择【G1（相切）】，下面选择需倒圆角的边，【形状】选择【圆形】，【半径1】为10mm，完成10mm圆角边的选择。然后添加新集，【形状】选择【圆形】，【半径4】为1mm，选择需要倒角的边，单击鼠标中键确认。然后单击【确定】按钮，完成圆角的创建，如图2-6所示。

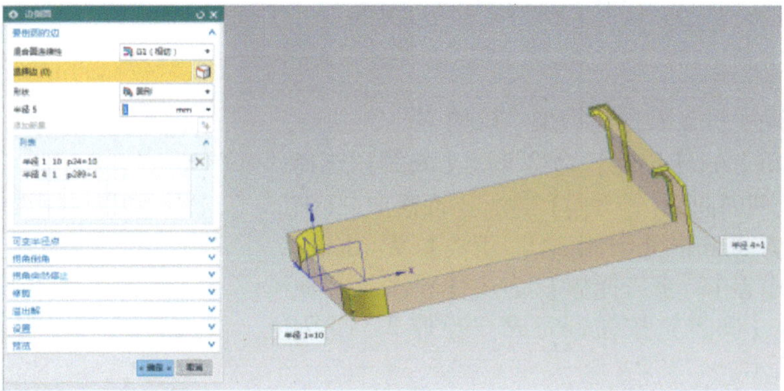

图2-6　边倒圆

步骤5　创建手机支架主体模型-“草图2”

单击快捷菜单上的【草图】命令，【草图类型】选择【在平面上】，【平面方法】选择【现有平面】，选择箭头所指的“草图2”平面（图2-7），然后单击【确定】按钮，进入草图编辑模式，单击【草图】工具【偏置曲线】命令，向内偏置最大外轮廓线，【偏置-距离】为5mm，其他默认设置，“草图2”偏置曲线如图2-8所示。单击【草图】工具【直线】命令绘制1条中心线，单击【草图】工具【矩形】命令绘制长50mm，宽30mm的矩形轮廓线，矩形中心在中心线上。单击【草图】工具【直线】命令绘制箭头位置草图，“草图2”矩形的尺寸如图2-9所示。

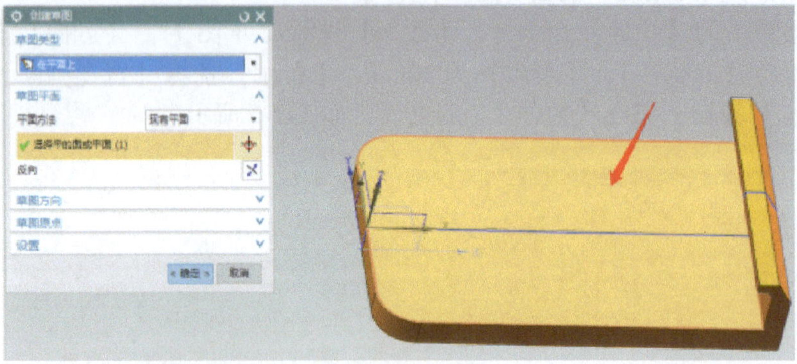

图 2-7　选择“草图 2”的平面

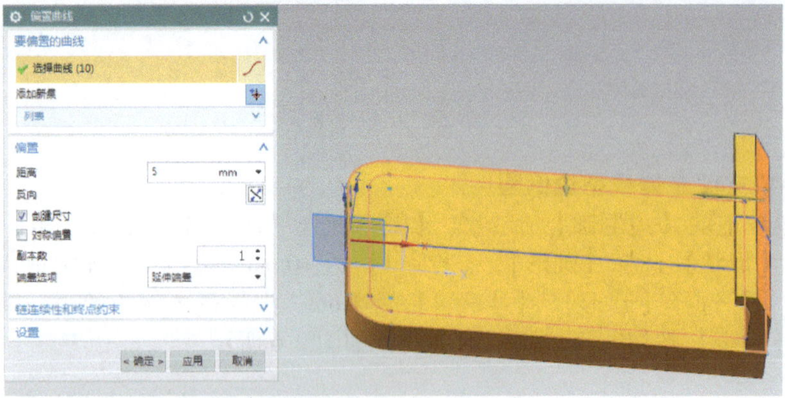

图 2-8　“草图 2”偏置曲线

步骤 6　创建手机支架主体模型-“拉伸 2”

单击快捷菜单上的【拉伸】命令，【截面】选择“草图 2”相应的截面曲线，【方向】选择平面法向，【限制-开始-距离】为 0mm，【限制-结束-距离】为 15mm，【布尔】选择【求差】，【选择体】为主体模型，其他默认设置。单击【确定】按钮，完成“拉伸 2”的创建，如图 2-10 所示。

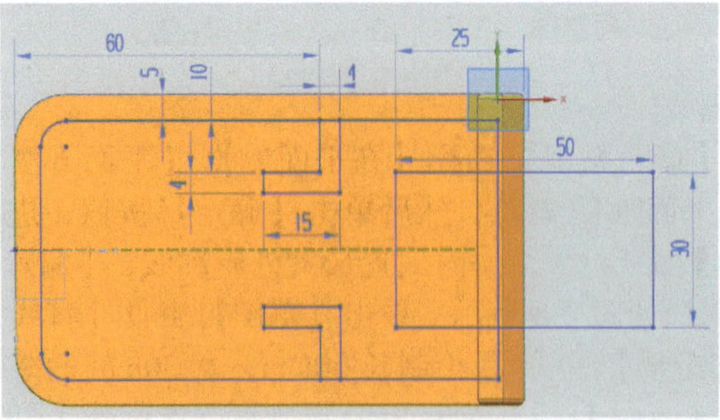

图 2-9　“草图 2”矩形

图 2-10　“拉伸 2”

步骤 7　创建手机支架主体模型-“拉伸 3”

单击快捷菜单上的【拉伸】命令，【截面】选择“草图 2”相应的截面曲线，【方向】选择平面法向，【限制-结束】选择【对称值】，【距离】为 25mm，【布尔】选择【求差】，【选择体】为主体模型，其他默认设置。单击【确定】按钮，完成“拉伸 3”的创建，如图 2-11 所示。

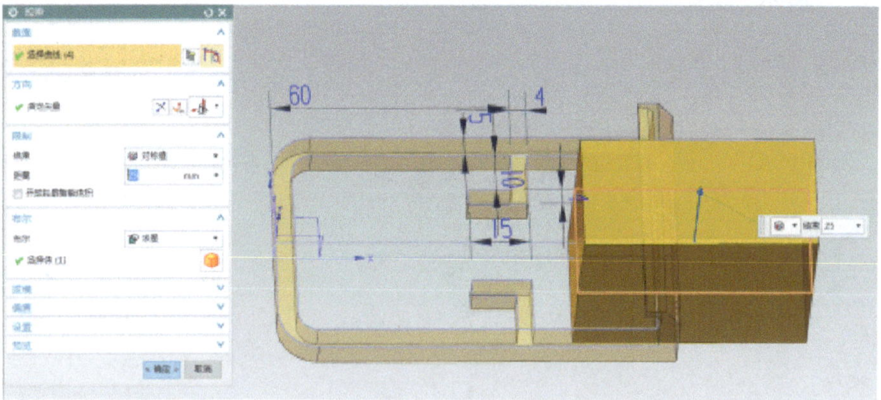

图 2-11　“拉伸 3”

步骤 8　手机支架主体模型边倒圆

单击快捷菜单上的【边倒圆】命令，【混合面连续性】选择【G1（相切）】，下面选择需倒圆角的边，【形状】选择【圆形】，【半径 1】为 1mm，完成 10mm 圆角边的选择。然后添加新集，【形状】选择【圆形】，【半径 2】为 3mm，选择需要倒角的边，单击鼠标中键确认。然后单击【确定】按钮，完成边倒圆的创建，如图 2-12 所示。

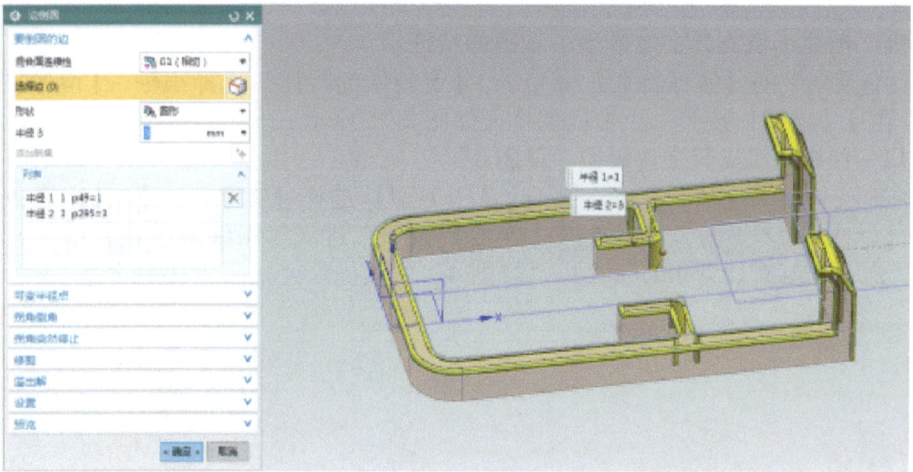

图 2-12　边倒圆

步骤 9　创建手机支架主体模型-“草图 3”

单击快捷菜单上的【草图】命令，【草图类型】选择【在平面上】，【平面方法】选择【现有平面】，选择箭头所指平面（图 2-13），然后单击【确定】按钮，进入草图编辑模式，单击【草图】工具【直线】命令绘制 1 条中心线，单击【草图】工具【圆】命令○绘制直径为 4mm 的圆，单击草图工具【几何约束】命令让圆心约束在中心线上，“草图 3”的其他尺寸如图 2-13 所示。

步骤 10　创建手机支架主体模型小轴-“拉伸 4”

单击快捷菜单上的【拉伸】命令，【截面】选择“草图 3”相应的截面曲线，【方向】选择平面法向，【限制-开始-距离】为 0mm，【限制-结束】选择【直至下一个】，【布尔】选择【求和】，【选择体】为主体模型，其他默认设置。单击【确定】按钮，完成“拉伸 4”的创建，如图 2-14 所示。

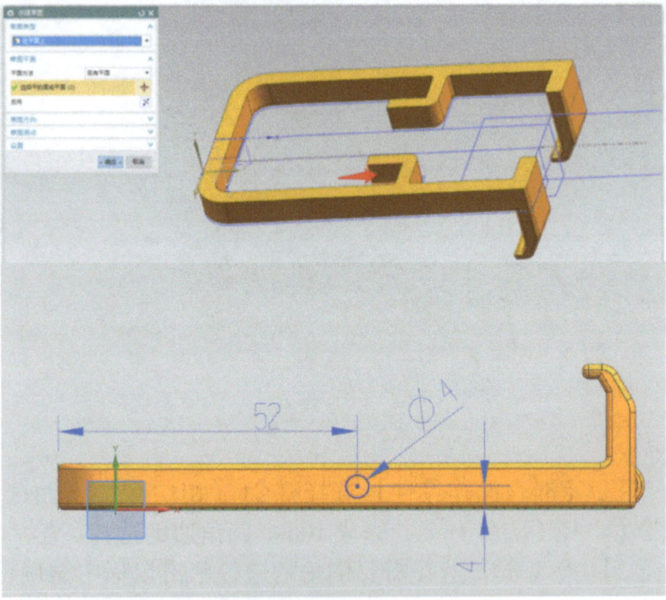

图 2-13　“草图 3”

图 2-14　“拉伸 4”

步骤 11　创建手机支架主体模型小轴镜像特征

单击快捷菜单上的【镜像特征】命令，【要镜像的特征】选择小轴，【镜像平面】选择 *XZ* 平面，单击【确定】按钮，小轴镜像特征如图 2-15 所示。

步骤 12　创建手机支架主体模型-“草图 4”

单击快捷菜单上的【草图】命令，【草图类型】选择【在平面上】，【平面方法】选择【现有平面】，选择 *XZ* 平面，然后单击【确定】按钮，进入草图编辑模式，单击【草图】工具【圆】○命令绘制直径为 4mm 的圆，“草图 4”的其他尺寸如图 2-16 所示。

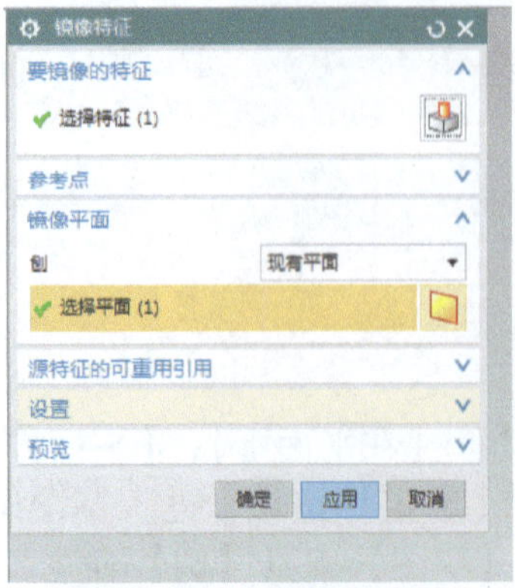

图 2-15　小轴镜像特征

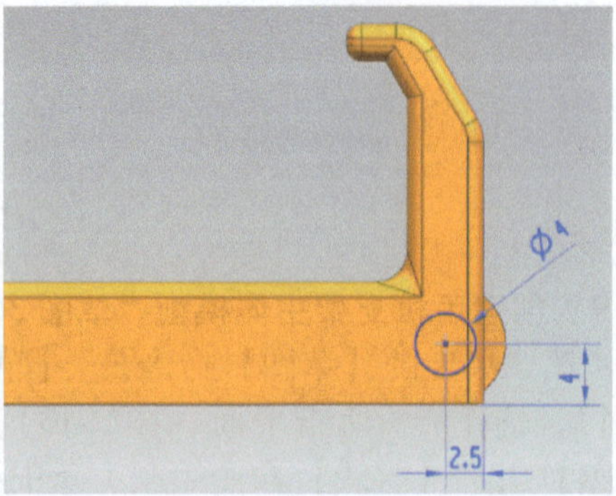

图 2-16　“草图 4”

步骤 13　创建主体模型长轴-“拉伸 5”

单击快捷菜单上的【拉伸】命令，【截面】选择“草图 4”相应的截面曲线，【方向】选择平面法向，【限制-结束】选择【对称值】，【距离】为 17.5mm，【布尔】选择【求和】，【选择体】为主体模型，其他默认设置。单击【确定】按钮，完成“拉伸 5”的创建，如图 2-17 所示。

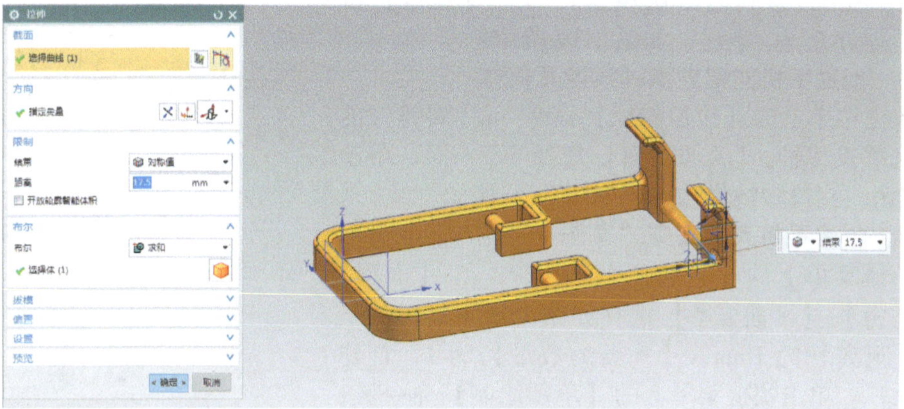

图 2-17　“拉伸 5”

二、手机支架支撑建模

步骤 1　创建手机支架支撑“草图 5”

单击快捷菜单上的【基准平面】命令，【类型】选择【按某一距离】，【平面参考】选择如图 2-18 所示平面，【距离】为 1mm，【平面的数量】为 1，单击【确定】按钮，创建“基准平面 1”。单击快捷菜单上的【草图】命令，【草图类型】选择【在平面上】，【平面方法】选择【现有平面】，选择新创建的“基准平面 1”，然后单击【确定】按钮，进入草图编辑模式，单击【草图】工具【圆】命令○绘制直径为 4.6mm 和 7.6mm 的 2 个圆，圆心约束在小轴的圆心上，“草图 5”的其他尺寸如图 2-18 所示。

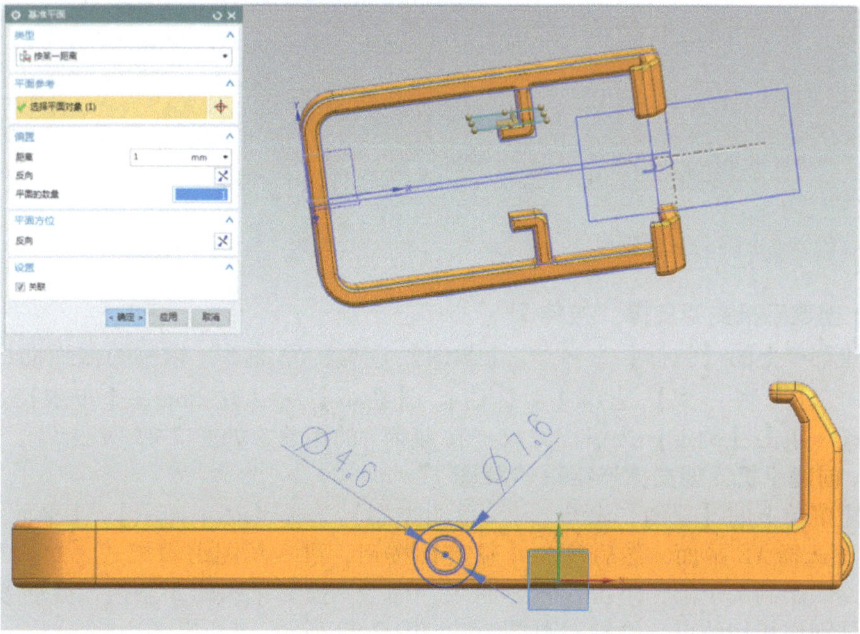

图 2-18　“草图 5”

步骤 2　创建手机支架支撑轴“拉伸 6”

单击快捷菜单上的【拉伸】命令，【截面】选择“草图 5”相应的截面曲线，【方向】选择平面法向，【限制-开始-距离】为 0mm，【限制-结束-距离】为 8mm，【布尔】选择【无】，其他默认设置。单击【确定】按钮，完成“拉伸 6”的创建，如图 2-19 所示。

图 2-19　“拉伸 6”

步骤 3　创建手机支架支撑轴镜像几何体

单击快捷菜单上的【镜像特征】命令，【要镜像的几何体】选择支撑轴，【镜像平面】选择 *XZ* 平面，单击【确定】按钮，支撑轴镜像几何体如图 2-20 所示。

步骤 4　创建手机支架支撑“草图 6”

单击快捷菜单上的【基准平面】命令，【类型】选择【二等分】，【平面参考】选择如图两箭头表示的上下平面，【距离】为 1mm，【平面的数量】为 1，创建“基准平面 2”。单击快捷菜单上的【草图绘制】命令，【草图类型】选择【在平面上】，【平面方法】选择【现有平面】，选择新创建的“基准平面 2”，然后单击【确定】按钮，进入草图编辑模式，分别利用【草图】工具【直线】命令及【草图】工具【偏置曲线】命令，绘制“草图 6”如图 2-21 所示。

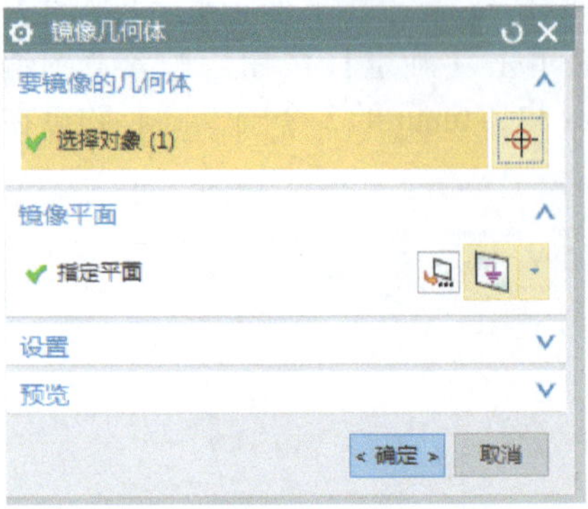

图 2-20　手机支架支撑轴镜像几何体

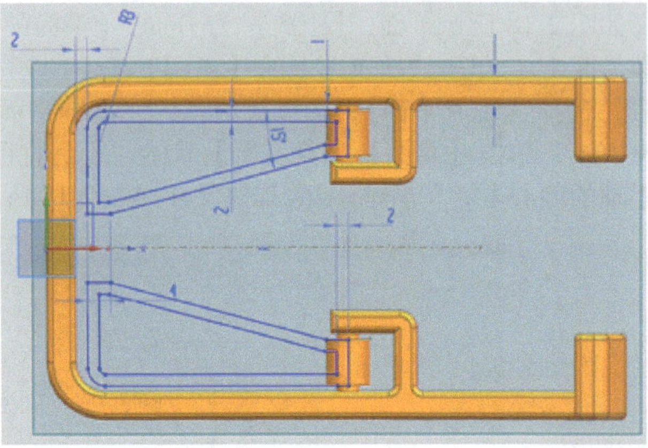

图 2-21　“草图 6”

步骤 5　创建手机支架支撑“拉伸 7”

单击快捷菜单上的【拉伸】命令，【截面】选择“草图 6”相应的截面曲线，【方向】选择平面法向，【限制-结束】选择【对称值】，【距离】为 7.6/2mm，【布尔】选择【无】，其他默认设置。单击【确定】按钮，完成“拉伸 7”的创建，如图 2-22 所示。

步骤 6　创建手机支架支撑连接轴“草图 7”

单击快捷菜单上的【草图】命令，【草图类型】选择【在平面上】，【平面方法】选择【现有平面】，选择 *XZ* 平面，然后单击【确定】按钮，进入草图编辑模式，单击【草图】工具【圆】命令○绘制 1 个圆，单击【投影曲线】命令投影轮廓的 3 条边，并转换为参考线，圆和 3 条边分别作相切约束，绘制“草图 7”如图 2-23 所示。

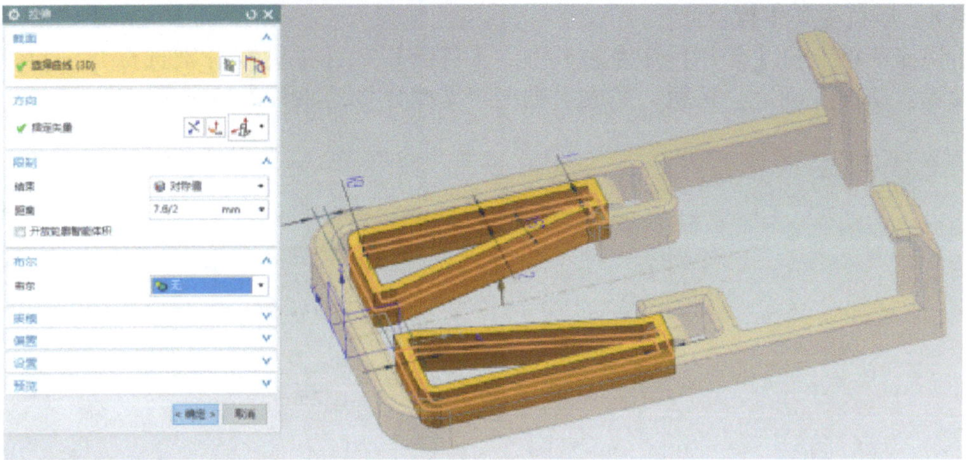

图 2-22　“拉伸 7”

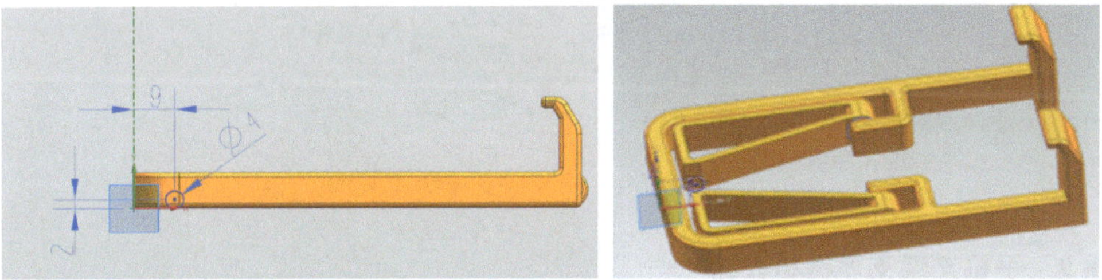

图 2-23　“草图 7”

步骤 7　创建手机支架支撑连接轴“拉伸 8”

单击快捷菜单上的【拉伸】命令，【截面】选择“草图 7”相应的截面曲线，【方向】选择平面法向，【限制-结束】选择【对称值】，【距离】为 7mm，【布尔】选择【无】，其他默认设置。单击【确定】按钮，完成“拉伸 8”的创建，如图 2-24 所示。

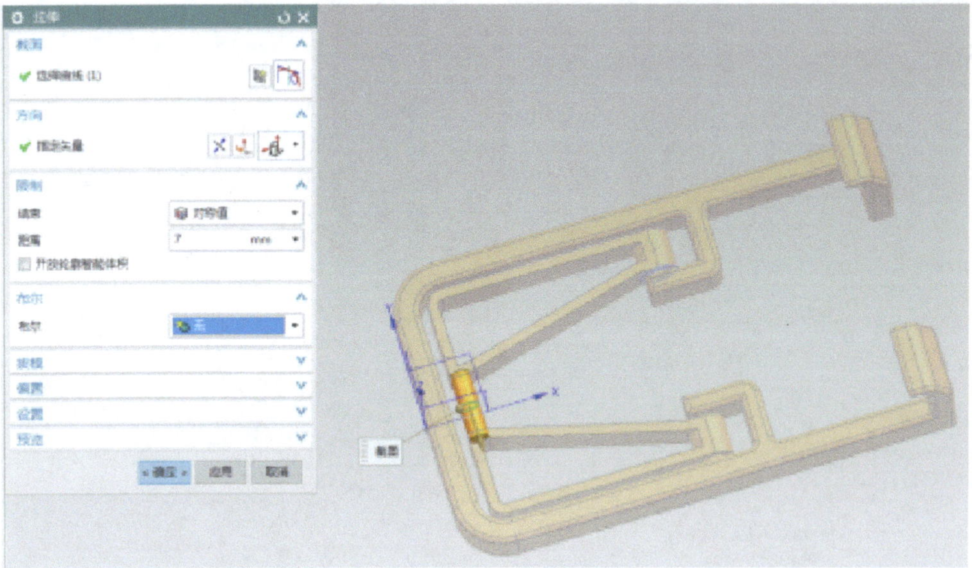

图 2-24　“拉伸 8”

步骤8 手机支架支撑合并

单击快捷菜单上的【合并】命令，【目标】和【工具】分别选择几个目标体，其他默认设置。单击【确定】按钮，完成手机支架支撑合并，如图2-25所示。

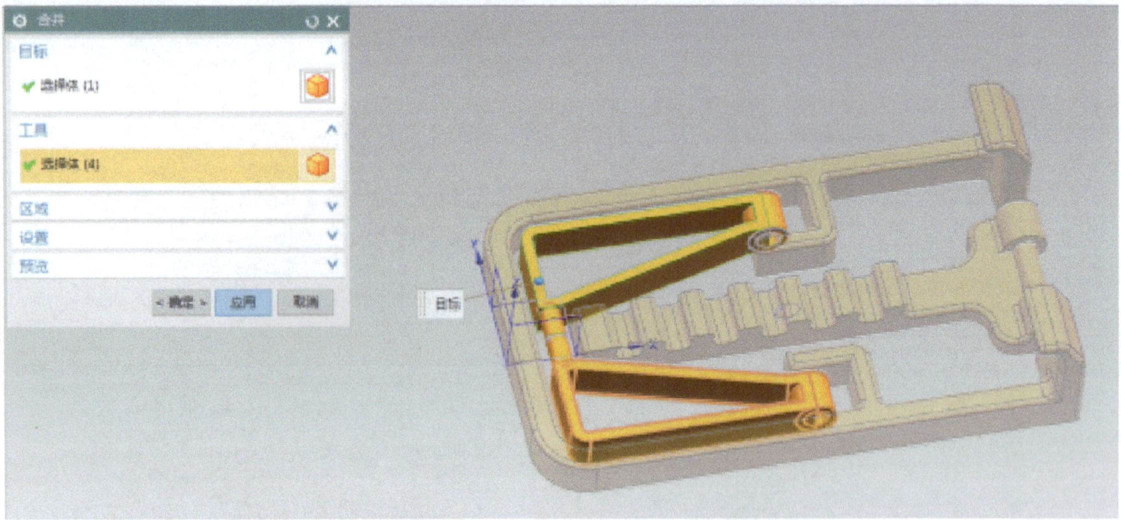

图2-25 手机支架支撑合并

步骤9 手机支架支撑材料去除

在 *XZ* 平面上绘制“草图8”，在如图2-26所示位置绘制直径为4.6mm的圆，然后单击快捷菜单上的【拉伸】命令，【截面】选择“草图8”相应的截面曲线，【方向】选择平面法向，【限制-结束】选择【对称值】，【距离】为30mm，【布尔】选择【求差】，【选择体】为支撑部分，其他默认设置。单击【确定】按钮，完成手机支架支撑材料的去除，如图2-26所示。

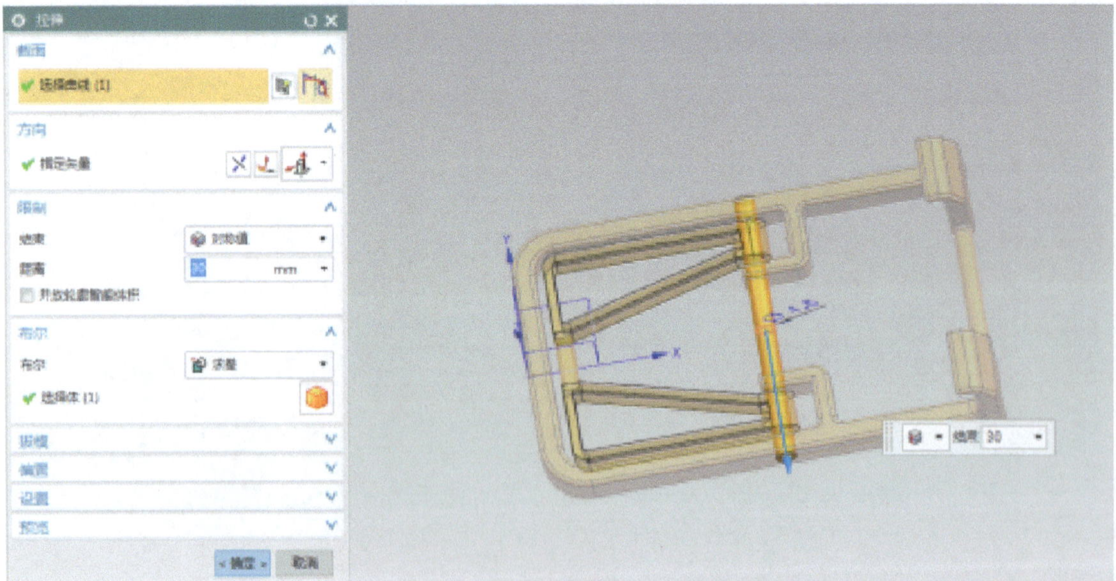

图2-26 手机支架支撑材料去除

三、手机支架支撑座建模

步骤 1　创建手机支架支撑座轴“草图 9”

单击快捷菜单上的【基准平面】命令，【类型】选择【按某一距离】，【平面参考】选择如图 2-27 所示平面，【距离】为 1mm，【平面的数量】为 1，单击【确定】按钮，创建“基准平面 3”，单击快捷菜单上的【草图】命令，【草图类型】选择【在平面上】，【平面方法】选择现有平面，选择新创建的“基准平面 3”，然后单击【确定】按钮，进入草图编辑模式，单击【草图】工具【圆】命令○绘制直径为 4.6mm 和 8mm 的 2 个圆，圆心约束在长轴的圆心上，“草图 9”的其他尺寸如图 2-27 所示。

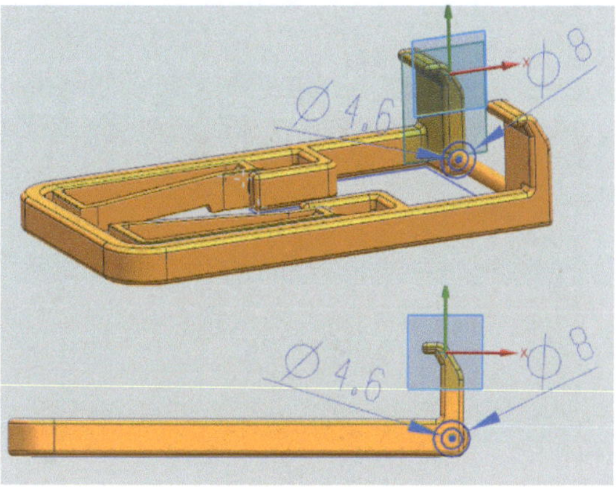

图 2-27　“草图 9”

步骤 2　创建手机支架支撑座轴“拉伸 9”

单击快捷菜单上的【拉伸】命令，【截面】选择“草图 9”相应的截面曲线，【方向】选择平面法向，【限制-开始-距离】为 0mm，【限制-结束-距离】为 8mm，【布尔】选择【无】，其他默认设置。单击【确定】按钮，完成“拉伸 9”的创建，如图 2-28 所示。

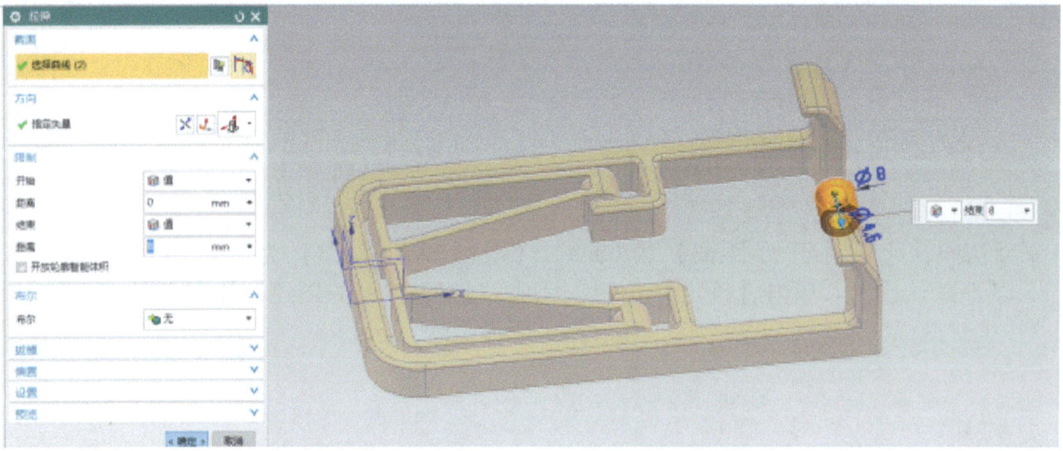

图 2-28　“拉伸 9”

步骤 3　创建手机支架支撑座轴镜像几何体

单击快捷菜单上的【镜像特征】命令，【要镜像的几何体】选择支撑座轴，【镜像平面】选择 *XZ* 平面，单击【确定】按钮，手机支架支撑座轴镜像几何体如图 2-29 所示。

步骤 4　创建手机支架支撑座-“草图 10”

在 *XY* 平面上绘制“草图 10”，在草图编辑模式下，单击【草图】工具【直线】命令绘制轮廓线，单击【快速尺寸】命令标注相应的尺寸以约束草图。完成“草图 10”的绘制，如图 2-30 所示。

步骤 5　创建手机支架支撑座-“拉伸 10”

单击快捷菜单上的【拉伸】命令，【截面】选择“草图 10”相应的截面曲线，【方向】

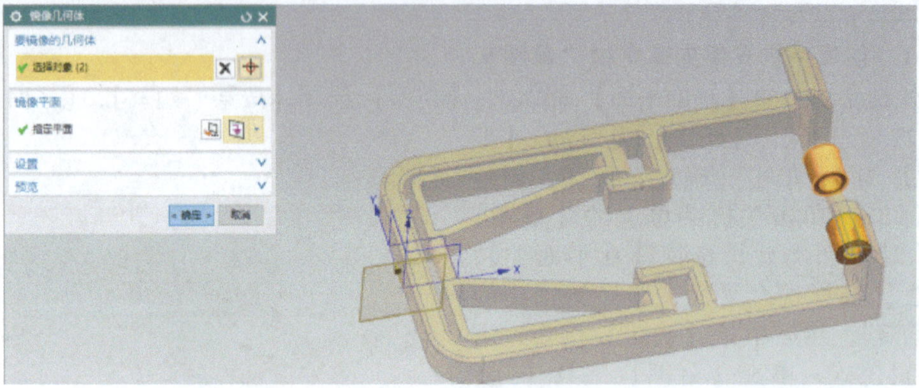

图 2-29　手机支架支撑座轴镜像几何体

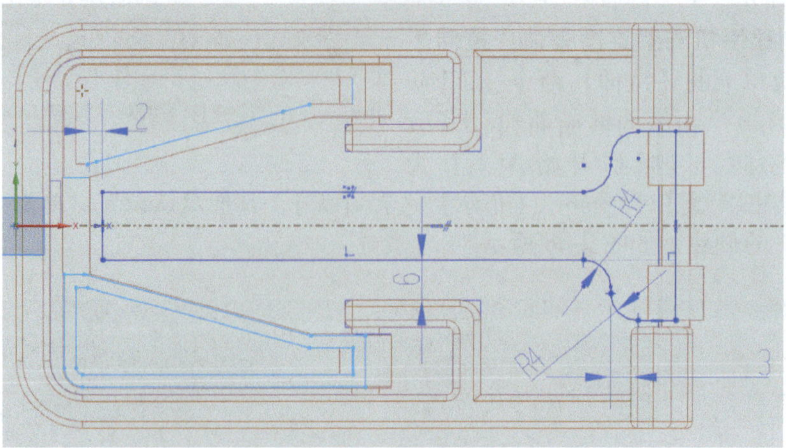

图 2-30　“草图 10”

选择平面法向，【限制-开始-距离】为 0mm，【限制-结束-距离】为 7.8mm，【布尔】选择【无】，其他默认设置。单击【确定】按钮，完成“拉伸 10”的创建，如图 2-31 所示。

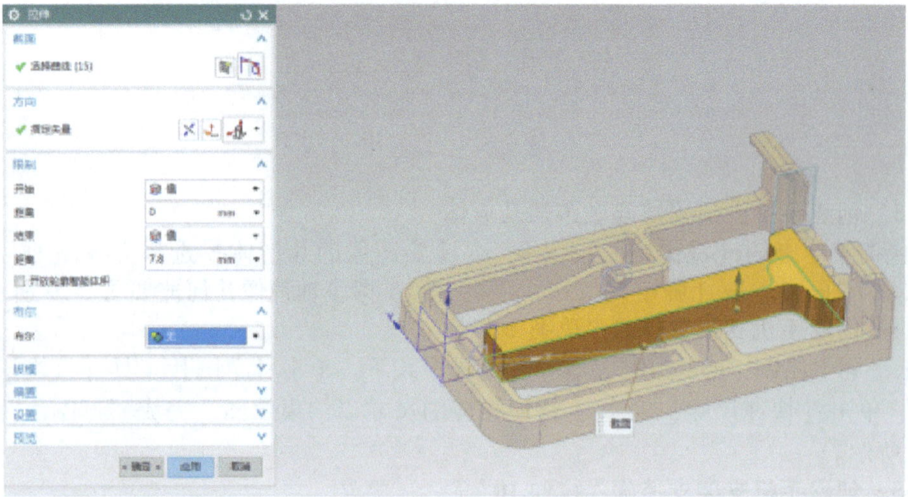

图 2-31　“拉伸 10”

步骤 6　手机支架支撑座合并

单击快捷菜单上的【合并】命令，【目标】和【工具】分别选择几个目标体，其他默认设置。单击【确定】按钮，完成手机支架支撑座合并，如图 2-32 所示。

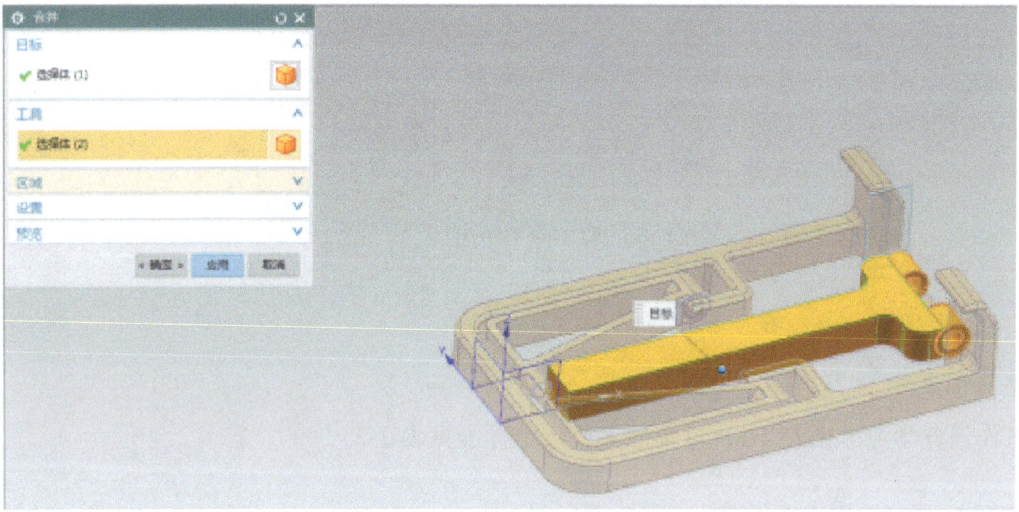

图 2-32　手机支架支撑座合并

步骤 7　创建手机支架支撑座-"草图 11"

在 *XZ* 平面上绘制"草图 11"，在草图编辑模式下，单击【草图】工具【直线】命令绘制轮廓线，单击【快速尺寸】命令标注相应的尺寸以约束草图。完成"草图 11"的绘制，如图 2-33 所示。

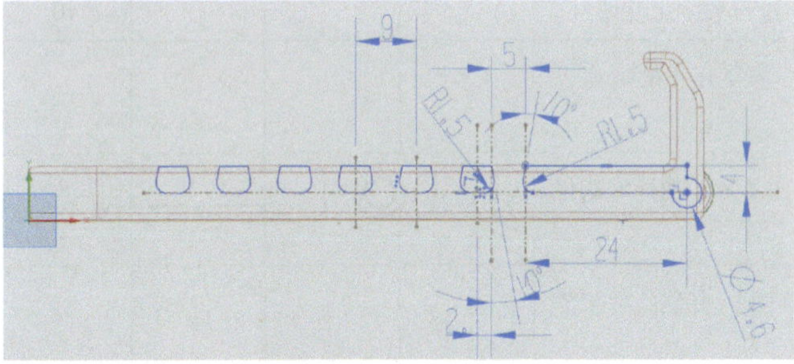

图 2-33　"草图 11"

步骤 8　手机支架支撑座材料去除

单击快捷菜单上的【拉伸】命令，【截面】选择"草图 11"相应的截面曲线，【方向】选择平面法向，【限制-结束】选择【对称值】，【距离】为 25mm，【布尔】选择【求差】，【选择体】为支撑座部分，其他默认设置。单击【确定】按钮，完成支撑座材料去除，如图 2-34 所示。

至此，完成手机支架模型的制作，如图 2-35 所示。

图 2-34　支撑座材料去除

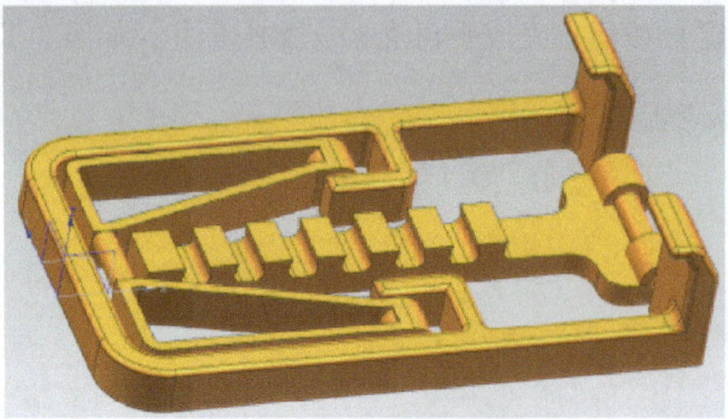

图 2-35　手机支架模型

【任务评价】

工作任务学习卡见表 2-1，过程性考核评价标准见表 2-2。

表 2-1　工作任务学习卡

序号	考核评价项目		考核内容	学生自评	小组互评	教师总评	分值
1	过程性考核	素质目标	自我管理的能力：能够按照教师的要求自觉完成相关任务				10
2			产品质量意识：能够从整个产品生产过程，考虑问题				5
3			一定的审美力，具有自己的审美判断力				5
4		知识目标	掌握零部件结构特点，进行数字化设计				10
5			掌握根据零部件结构，选择合适的造型方法的操作				10
6			掌握根据 3D 打印机打印参数，选择零部件装配间隙的方法				10
7		能力目标	能够使用 NX 12.0【草图】命令，绘制零件截面图形				15
8			能够使用 NX 12.0【拉伸】命令，绘制零件图形				15
9			能够使用 NX 12.0【圆角】命令，创建零件圆角				10
10		其他方面	出勤、课堂纪律、回答问题、作业完成情况等				10
小计							—
总评							

注：“总评”成绩计算按照“小计”中“学生自评”的 20%，“小组互评”的 30%，“教师总评”的 50%进行综合计算。

表 2-2　过程性考核评价标准

能合理运用知识点完成考核任务，具有自主学习、独立分析解决问题的能力，良好的产品质量意识，具有一定的审美力，团队协作能力强，有创新意识				A
能较好地完成考核任务，但自主学习、独立分析解决问题能力稍差，具有产品质量意识，具有一定审美力，能很好地与团队成员沟通协作				B
基本完成考核任务，但自主学习、分析问题能力差，与团队成员沟通协作差				C
没有完成知识点的学习和考核工作任务，主观能动性差，与团队成员的沟通协作能力差				D
评价	班级		姓名	
	组号		组长签字	
	教师签字		日期	

【任务拓展】

1. 了解金属打印机打印参数。
2. 了解光固化打印机打印参数。

光固化打印机打印参数　　金属打印机打印参数

任务 2　手机支架模型的切片输出

【学习目标】

素质目标：

（1）具有一定的审美力。
（2）具有自我管理的能力。
（3）具有产品的质量意识。

知识目标：

（1）掌握确定三维模型摆放方向的方法。
（2）掌握切片软件的基本操作。
（3）掌握切片软件参数的基本设置方法。

能力目标：

（1）能够确定不同的三维模型打印方向。
（2）能够添加合理的支撑。
（3）能够利用切片软件完成合理的参数设置。

【任务描述】

前面已经完成了手机支架的一体化设计任务，下面根据手机支架模型的特点，完成手机支架的切片任务。通过学习讨论，完成工作任务，并填写工作任务学习卡。

【任务分析】

因为本项目任务 1 完成的手机支架模型为立体模型，让手机支架的底面接触打印板，使有槽的一面朝上，这样可以减少支撑。打印参数按照实际需求进行设置。

【相关知识】

（1）Cura 软件的使用方法。

（2）Cura 软件参数说明。

（3）手机支架模型的导入。

Cura 软件的使用方法　　Cura 软件参数说明

【任务实施】

一、导出手机支架模型 STL 文件

在 NX12.0 中，打开手机支架模型，依次选择【菜单】→【文件】→【导出】→【STL】，弹出对话框。在对话框中：①选择要导出的对象；框选全部实体特征；②选择要导出的路径并命名；③单击【确定】按钮，完成手机支架 STL 文件的导出。

二、导入手机支架模型

步骤 1　导入手机支架模型到切片软件

打开切片软件 Cura，导入模型。可选择菜单栏【文件】→读取模型文件或单击右侧 3D 浏览窗口左上角【Load】按钮，选择手机支架模型并打开。导入手机支架模型到切片软件界面如图 2-36 所示。

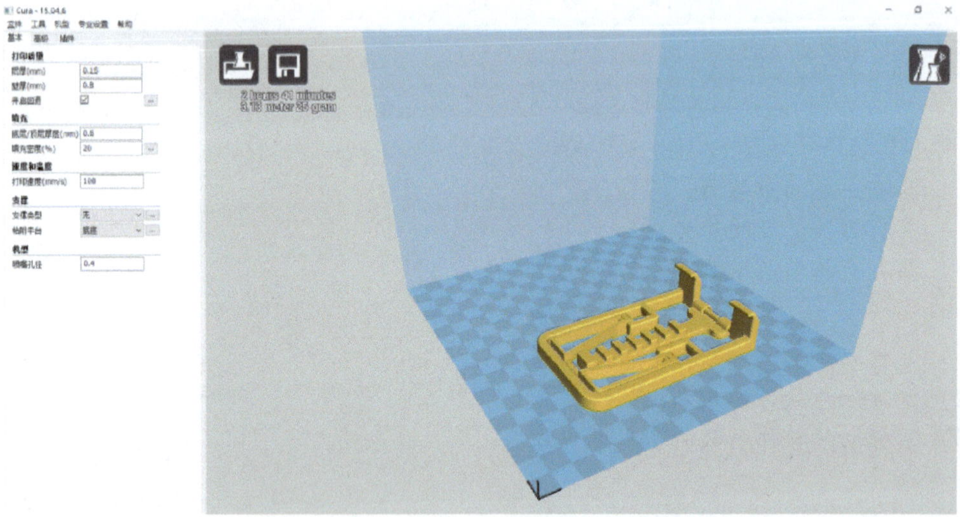

图 2-36　导入手机支架模型到切片软件界面

步骤 2　查看初始进度条信息

模型载入后，可以立刻在主窗口内看到载入模型的 3D 图形。同时，在窗口的左上角标记红圈位置处，可以看到一个进度条在前进。当进度条达到 100%的时候，【保存】按钮变为可用状态。初始进度条信息如图 2-37 所示。

步骤 3　多种显示模式

在主窗口右上角，有一个显示模式菜单，这是一个高级的显示模式。根据需要选择显示

模式菜单如图 2-38 所示。

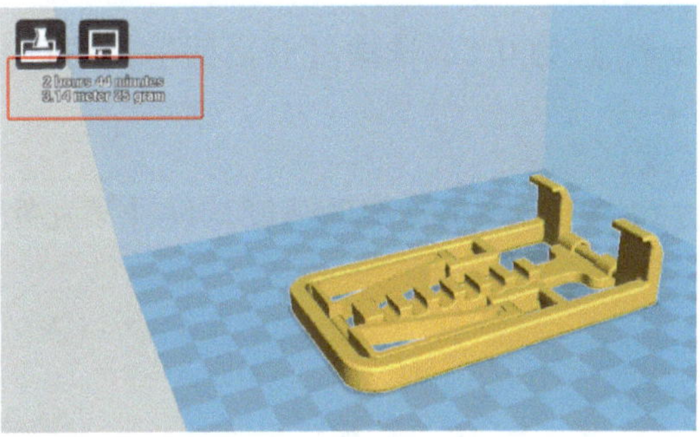

图 2-37　初始进度条信息

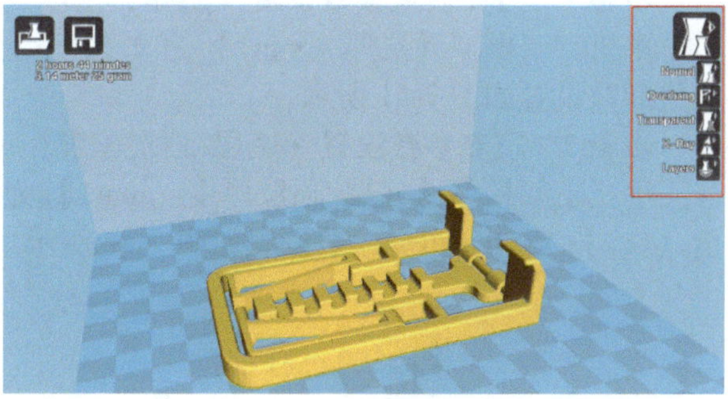

图 2-38　显示模式菜单

各种显示模式效果图如图 2-39 所示。

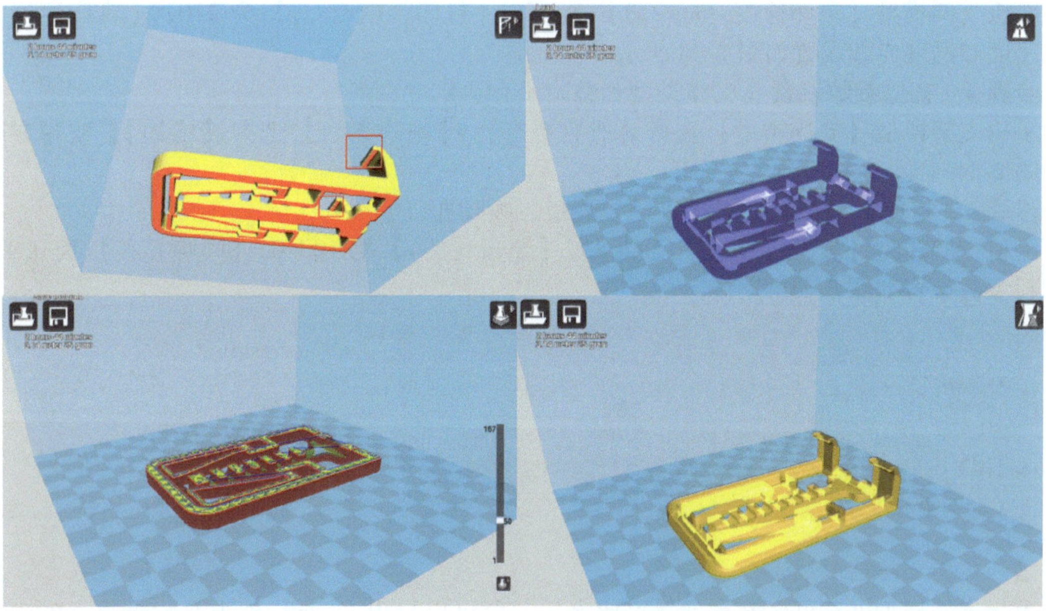

图 2-39　各种显示模式效果图

步骤 4　模型调整

模型调整如图 2-40 所示。

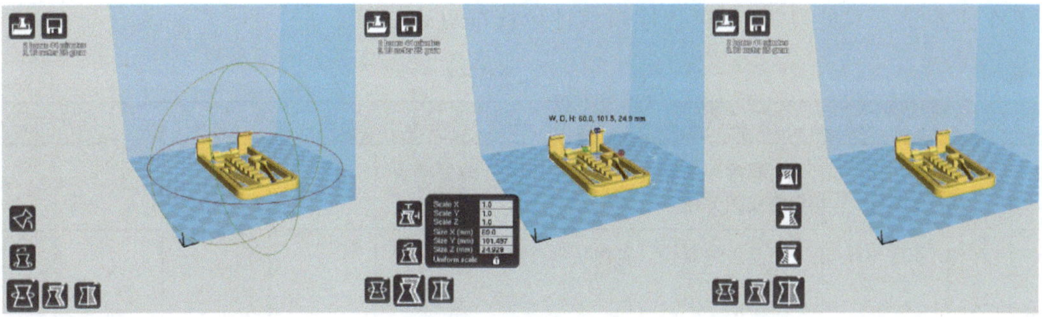

图 2-40　模型调整

三、主要参数设置

步骤 1　打印质量参数设置（层厚、壁厚、开启回退）

手机支架模型【层厚（mm）】为 0.2，【壁厚（mm）】为 0.8，选中【开启回退】，打印质量参数设置如图 2-41 所示。

步骤 2　填充参数设置（底层/顶层厚度，填充密度）

手机支架模型【底层/顶层厚度（mm）】为 0.8，为了增强手机支架的强度，设【填充密度（%）】为 50，填充参数设置如图 2-42 所示。

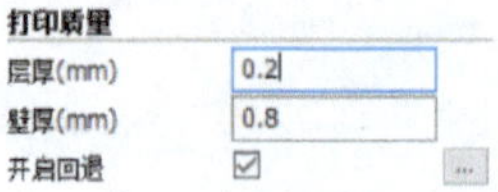

图 2-41　打印质量参数设置

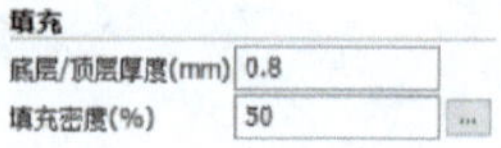

图 2-42　填充参数设置

步骤 3　速度和温度参数设置（打印速度、打印温度、热床温度）

手机支架模型【打印速度（mm/s）】为 60，【打印温度（C）】为 210，【热床温度】为 70，速度和温度参数设置如图 2-43 所示。

步骤 4　支撑参数设置（支撑类型和粘附平台）

手机支架模型【支撑类型】选择【所有悬空】，【粘附平台】选择【沿边】，支撑参数设置如图 2-44 所示。

步骤 5　打印材料参数设置（直径、流量、喷嘴孔径）

手机支架模型【直径（mm）】为 2.85，【流量（%）】为 100.0，【喷嘴孔径】为 0.4，打印材料参数设置如图 2-45 所示。

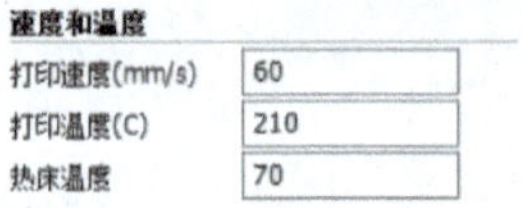

图 2-43　速度和温度参数设置

图 2-44　支撑参数设置

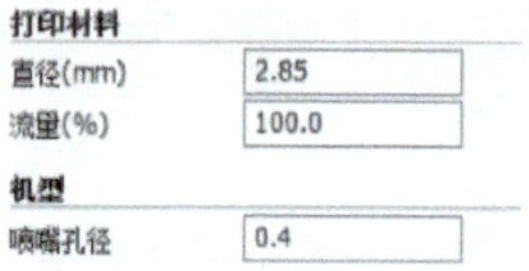

图 2-45　打印材料参数设置

四、输出 G-code 文件

手机支架模型调整好、参数设置完成之后，就可以导出 G-code 文件了。选择菜单栏【文件】→【SaveGcode】，在弹出对话框中选择保存的路径，输入文件的名字，单击【确定】按钮，打印文件输出完毕。

【任务评价】

工作任务学习卡见表 2-3，过程性考核评价标准见表 2-4。

表 2-3　工作任务学习卡

序号	考核评价项目		考核内容	学生自评	小组互评	教师总评	分值
1	过程性考核	素质目标	自我管理的能力：能够按照教师的要求自觉完成相关任务				10
2			产品质量意识：能够从整个产品生产过程考虑问题				5
3			一定的审美力：具有自己的审美判断力				5

（续）

序号	考核评价项目		考核内容	学生自评	小组互评	教师总评	分值
4	过程性考核	知识目标	掌握确定三维模型摆放方向的方法				20
5			掌握切片软件参数的基本设置方法				10
6		能力目标	能够确定不同的三维模型打印方向				10
7			能够添加合理的支撑				10
8			能够利用切片软件完成合理的参数设置				20
9		其他方面	能够利用切片软件完成对三维模型的基本操作				10
小计							—
总评							

注：“总评”成绩计算按照“小计”中“学生自评”的20%，“小组互评”的30%，“教师总评”的50%进行综合计算。

表2-4　过程性考核评价标准

能合理运用知识点完成考核任务，具有自主学习、独立分析解决问题的能力，良好的产品质量意识，具有一定的任务分析能力，团队协作能力强，有创新意识	A
能较好地完成考核任务，但自主学习、独立分析解决问题能力稍差，具有产品质量意识，具有一定任务分析能力，能很好地与团队成员沟通协作	B
基本完成考核任务，但自主学习、分析问题能力差，与团队成员沟通协作差	C
没有完成知识点的学习和考核工作任务，主观能动性差，与团队成员的沟通协作能力差	D

评价	班级		姓名	
	组号		组长签字	
	教师签字		日期	

任务3　手机支架模型打印及后处理

【学习目标】

素质目标：

（1）具有一定的任务分析能力。

（2）具有自我管理的能力。

（3）具有产品的质量意识。

知识目标：

（1）掌握3D打印机的开关方法。

（2）掌握使用3D打印机导入打印数据的方法。

能力目标：

（1）能完成打印任务前的打印机调试工作。

（2）能够使用3D打印机，完成模型的3D打印工作。

（3）能够完成打印完毕模型的后处理工作。

（4）能够完成部件的组装工作。

【任务描述】

在之前的任务环节，已经完成了手机支架的模型创建工作，并在3D打印机配套的切片软件中完成了数据模型的切片工作，本任务环节将进行实践打印。通过学习讨论，完成工作任务，并填写工作任务学习卡。

将之前任务完成的切片数据文件，导入3D打印机中，完成模型的3D打印工作。在模型打印之后，还需要进行后处理及部件组装。

【任务分析】

本任务需要利用提供的手机支架的模型数据，并已经完成切片。本环节中，需要学习如何完成3D打印机的开关机、打印前的调试、切片数据文件导入、打印件后处理、零部件装配等工作。在打印过程中，还需要观察打印情况，适时调整打印机的参数设置，以保证模型高效完美地打印。

【任务实施】

一、模型3D打印

步骤1　开机检查设备

在打印之前，首先需要开机检查设备。打开3D打印机电源，待设备开机运行准备完毕后，首先根据打印机找到 X、Y、Z 轴回原点界面，将三轴返回原点。过程中要注意打印机能否平稳运行，有无卡顿、异响或不能回到原点等异常问题。三轴回归原点后，根据打印机型号、打印件的难易程度等，决定是否需要涂抹打印机底面固定胶。

步骤2　切片数据文件导入

将任务2获得的切片数据文件，导入3D打印机。根据不同设备选择不同的导入方法。

步骤3　打印并取出模型

在打印机执行打印程序后，需要观察打印机运行是否正常，打印程序执行是否正确，有无堵头、乱丝等现象，若有则需要马上采取解决措施，否则无法完成打印工作。直至所有模型打印完成（图2-46），完成后将模型取出，关闭打印机并清理。

二、打印件的后处理

步骤1　取出支撑

使用工具（铲刀、钳子等），先去除底垫等大块支撑。拆除支撑过程中需要注意安全，避免划伤，必要时可戴手套操作。取出支撑如图2-47所示。

图2-46　模型打印

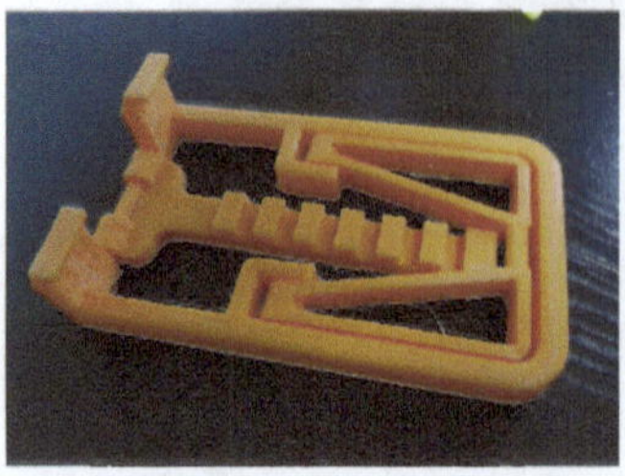

图2-47　取出支撑

步骤2　打磨

使用工具拆除支撑，不可避免地会出现拆除不净、划痕等问题，需要再使用砂纸打磨。

步骤 3　装配

按照上面的流程，将所有打印好的模型进行后处理后装配即可。

【任务评价】

工作任务学习卡见表 2-5，过程性考核评价标准见表 2-6。

表 2-5　工作任务学习卡

<table>
<tr><th>序号</th><th colspan="2">考核评价项目</th><th>考核内容</th><th>学生自评</th><th>小组互评</th><th>教师总评</th><th>分值</th></tr>
<tr><td>1</td><td rowspan="9">过程性考核</td><td rowspan="3">素质目标</td><td>自我管理的能力：能够按照教师的要求自觉完成相关任务</td><td></td><td></td><td></td><td>10</td></tr>
<tr><td>2</td><td>产品质量意识：能够从整个产品生产过程考虑问题</td><td></td><td></td><td></td><td>5</td></tr>
<tr><td>3</td><td>一定的审美力，具有自己的审美判断力</td><td></td><td></td><td></td><td>5</td></tr>
<tr><td>4</td><td rowspan="2">知识目标</td><td>掌握 3D 打印机的开关方法</td><td></td><td></td><td></td><td>5</td></tr>
<tr><td>5</td><td>掌握 3D 打印机导入打印数据的方法</td><td></td><td></td><td></td><td>25</td></tr>
<tr><td>6</td><td rowspan="3">能力目标</td><td>能完成打印任务前的打印机调试工作</td><td></td><td></td><td></td><td>15</td></tr>
<tr><td>7</td><td>能够使用 3D 打印机，完成模型的 3D 打印工作</td><td></td><td></td><td></td><td>15</td></tr>
<tr><td>8</td><td>能够完成打印完毕模型的后处理工作</td><td></td><td></td><td></td><td>10</td></tr>
<tr><td>9</td><td>其他方面</td><td>能够完成部件的组装工作</td><td></td><td></td><td></td><td>10</td></tr>
<tr><td colspan="4">小计</td><td></td><td></td><td></td><td>—</td></tr>
<tr><td colspan="4">总评</td><td colspan="4"></td></tr>
</table>

注：“总评”成绩计算按照“小计”中“学生自评”的 20%，“小组互评”的 30%，“教师总评”的 50%进行综合计算。

表 2-6　过程性考核评价标准

<table>
<tr><td colspan="4">能合理运用知识点完成考核任务，具有自主学习、独立分析解决问题的能力，良好的产品质量意识，具有一定的任务分析能力，团队协作能力强，有创新意识</td><td>A</td></tr>
<tr><td colspan="4">能较好地完成考核任务，但自主学习、独立分析解决问题能力稍差，具有产品质量意识，具有一定任务分析能力，能很好地与团队成员沟通协作</td><td>B</td></tr>
<tr><td colspan="4">基本完成考核任务，但自主学习、分析问题能力差，与团队成员沟通协作差</td><td>C</td></tr>
<tr><td colspan="4">没有完成知识点的学习和考核工作任务，主观能动性差，与团队成员的沟通协作能力差</td><td>D</td></tr>
<tr><td rowspan="3">评价</td><td>班级</td><td></td><td>姓名</td><td></td></tr>
<tr><td>组号</td><td></td><td>组长签字</td><td></td></tr>
<tr><td>教师签字</td><td></td><td>日期</td><td></td></tr>
</table>

【知识广角】

我国 3D 打印行业相对欧美国家起步较晚，在经历了初期原材料不成熟、技术不完善及成本昂贵等问题后，经过 40 多年发展，3D 打印产业正从起步期迈入成长期。在高性能复杂大型金属承力构件 3D 打印等部分已达到国际先进水平。

2020 年 5 月，我国首飞成功的长征五号 B 运载火箭上搭载着“3D 打印机”，这是我国首次太空 3D 打印实验，也是国际上第一次在太空中开展连续纤维增强复合材料的 3D 打印实验。

【COMET 职业能力测评】

COMET 职业能力测评评价表见表 2-7。

表 2-7　COMET 职业能力测评评价表

一级能力	二级能力	序号	考核内容评分项说明	完全不符	基本不符	基本符合	完全符合
功能性能力	直观性	1	是否与专业规范或技术标准相符合？				
	功能性	2	是否满足功能性要求？				
		3	是否达到“技术先进水平”？				
		4	是否可以实施？				
过程性能力	使用价值导向	5	是否考虑到功能扩展的可能性？				
		6	对于使用者来说，设计方案是否方便、易于使用？				
		7	是否具有使用价值？				
小计							
合计							

项目3　后视镜与支架一体化设计

任务1　创建后视镜外观模型特征

【学习目标】

素质目标：

（1）具有一定的审美能力。

（2）具有自我管理的能力。

（3）具有产品的质量意识。

知识目标：

（1）掌握零部件的结构特点，进行数字化设计。

（2）根据零部件的结构，选择合适的造型方法。

（3）根据 3D 打印机打印参数，选择零部件装配间隙。

能力目标：

（1）能够使用 NX 12.0【草图】命令，绘制零件截面图形。

（2）能够使用 NX 12.0【拉伸】命令，绘制零件图形。

（3）能够使用 NX 12.0【艺术样条】命令，绘制曲面轮廓。

（4）能够使用 NX 12.0【曲面网格】命令，绘制曲面片体。

（5）能够使用 NX 12.0【缝合】命令，使片体成为实体。

【任务描述】

根据市场上大多数后视镜尺寸，设计出一款满足客户要求的后视镜，要求自行车使用，体积适当，可以调整角度，结构简单，外观较好，操作方便，稳定性好，强度足够。通过学习讨论，完成工作任务，并填写工作任务学习卡。

设计的后视镜与支架由后视镜主体、后视镜支架支撑、后视镜支架支撑座 3 部分组成。本次任务是根据零部件结构选择合适的造型方法，绘制出数字模型，进行一体化设计，并根据 3D 打印机的打印参数，选择合适的装配间隙。

【任务分析】

本任务要求设计的后视镜主要应用旋转机构、卡槽机构调整后视镜支架角度。设计时应考虑一体化设计，使后视镜主体包裹着后视镜支架支撑、后视镜支架支撑座，这样稳定性好。根据设计思路，选择了 NX 12.0 造型软件中的拉伸造型方法，绘制出数字模型，并选择合适的打印参数。

【相关知识】

（1）NX 12.0【拉伸】命令的使用方法。

（2）FDM 型 3D 打印机打印参数说明。

（3）识读后视镜与支架模型图样。

后视镜与支架-工程图

【任务实施】

这里只介绍后视镜主体建模。

步骤 1　创建“草图 1”

单击快捷菜单上的【草图】命令，【草图类型】选择【在平面上】，【平面方法】选择【自动判断】，选择 *XY* 平面如图 3-1 所示，然后单击【确定】按钮，进入草图编辑模式，利用【草图】工具【圆弧】和【直线】命令绘制“草图 1”，如图 3-2 所示，然后单击【完成草图】命令。

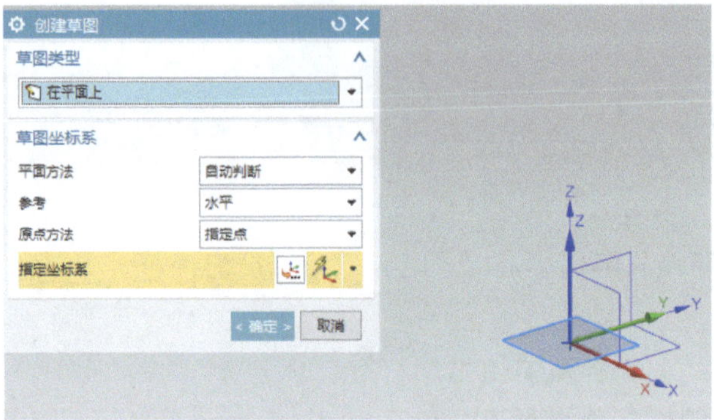

图 3-1　选择平面

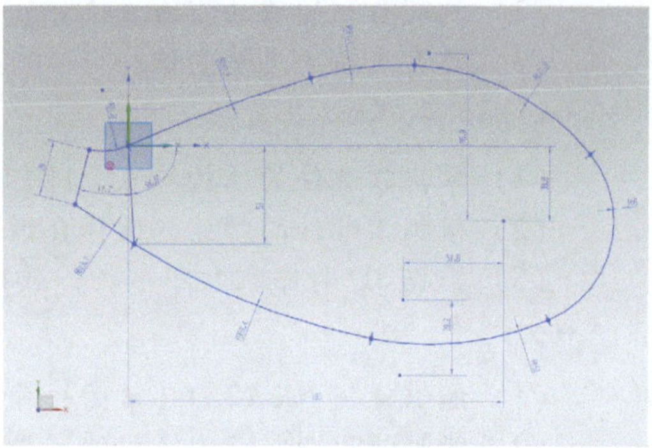

图 3-2　“草图 1”

步骤 2　创建“基准平面 1”

单击快捷菜单上的【基准平面】命令，【距离】为 30mm，创建“基准平面 1”如图 3-3 所示。利用【草图】工具【圆弧】命令，在创建的“基准平面 1”上绘制“草图 2”，单击【偏置曲线】命令，【距离】为 35mm，然后单击【完成草图】命令，完成“草图 2”的绘制，如图 3-4 所示。

步骤 3　创建“基准平面 2”

单击快捷菜单上的【基准平面】命令，【距离】为 10mm。利用【草图】工具在新创建的“基准平面 2”上建立一个新的草图，利用【草图】工具【圆弧】命令，按照 NX 12.0 的自动捕捉功能，绘制一个和“草图 1”一样的“草图 3”，单击【偏置】命令，【距离】为 8mm，后视镜的大体外轮廓线条成形后，单击【完成草图】命令，完成“草图 3”的绘制，如图 3-5 所示。

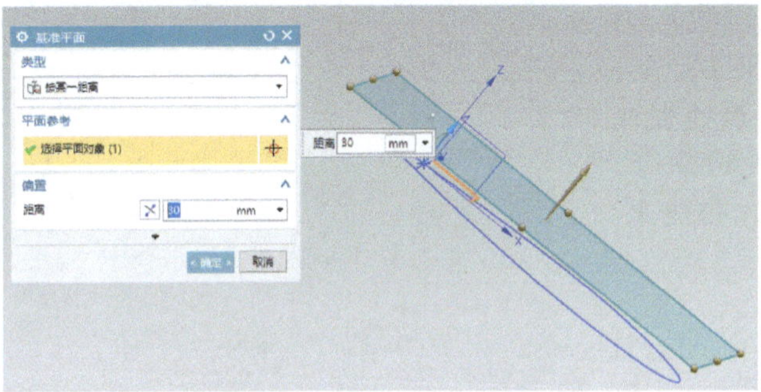

图 3-3　创建“基准平面 1”

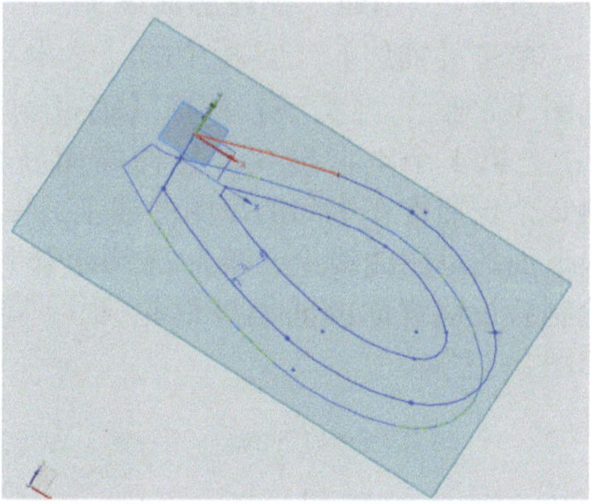

图 3-4　“草图 2”

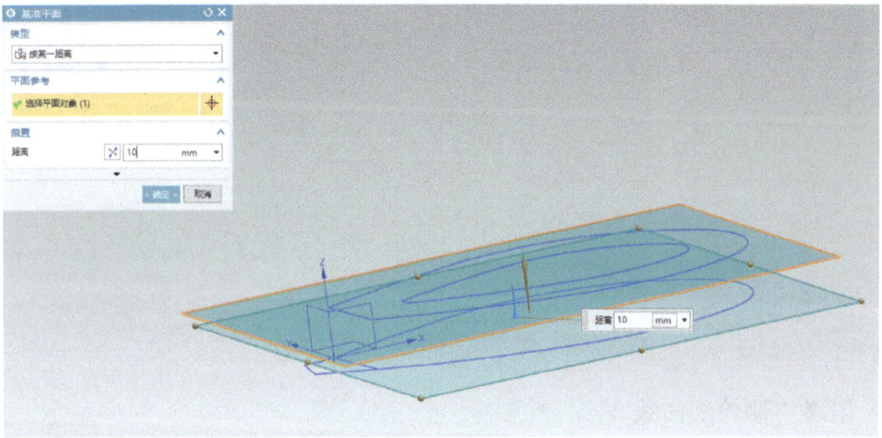

图 3-5　“草图 3”

步骤 4　创建“拉伸曲面（片体）1”

单击快捷菜单上的【拉伸】命令，【距离】为 10mm（距离自定义，为了方便曲面命令捕捉）。拉伸“草图 3”让线条成为一个片体，得到“拉伸曲面（片体）1”，如图 3-6 所示，以方便绘制后视镜背面的曲面。

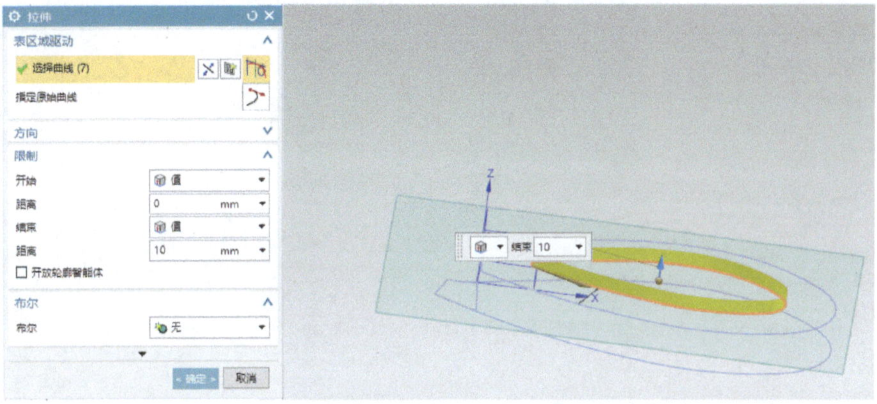

图 3-6　“拉伸曲面（片体）1”

步骤 5　创建“侧轮廓曲线 1”

单击【曲线】工具栏中的【艺术样条】命令，如图 3-7 所示。【类型】选择【通过点】，【次数】为 5 次，第 1 个点捕捉在“拉伸曲面（片体）1”上，第 2 个点捕捉在中间的草图曲线上，第 3 个点捕捉在最下面的草图曲线上，单击【确定】按钮完成命令，绘制后视镜背面的曲面外形轮廓，“侧轮廓曲线 1”如图 3-8 所示。

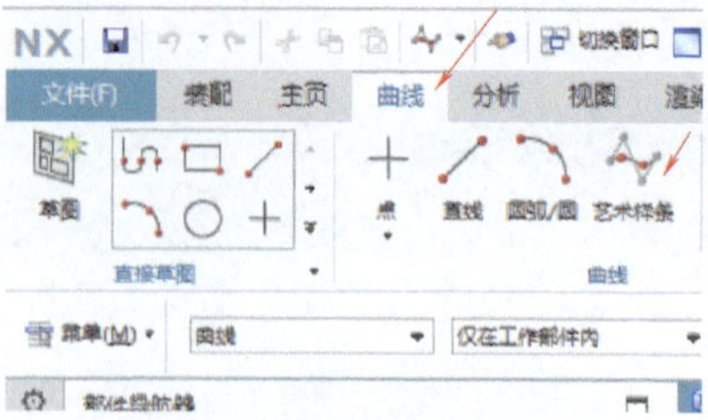

图 3-7　【艺术样条】命令

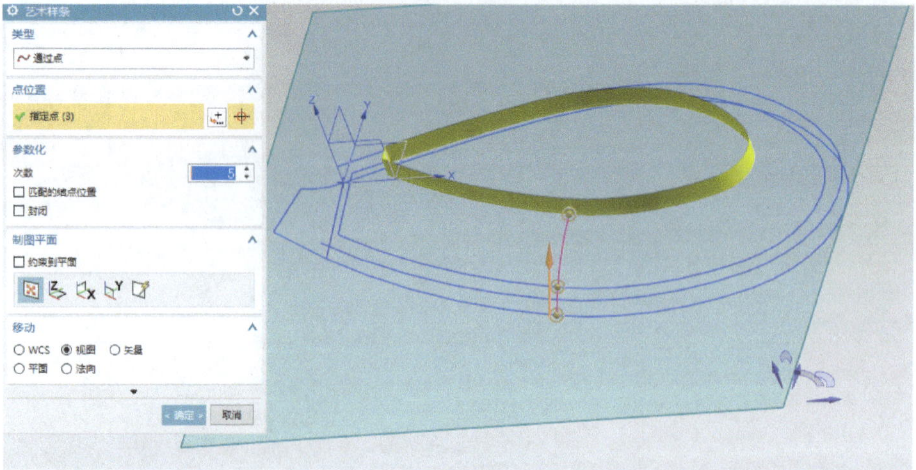

图 3-8　“侧轮廓曲线 1”

步骤 6　创建“侧轮廓曲线 2”

单击【曲线】工具栏中的【艺术样条】命令，【类型】选择【通过点】，【次数】为 5 次，第 1 个点捕捉在“拉伸曲面（片体）1”上，第 2 个点捕捉在中间的草图曲线上，第 3 个点捕捉在最下面的草图曲线上，单击【确定】按钮完成命令，绘制后视镜背面的曲面外形轮廓，“侧轮廓曲线 2”如图 3-9 所示。

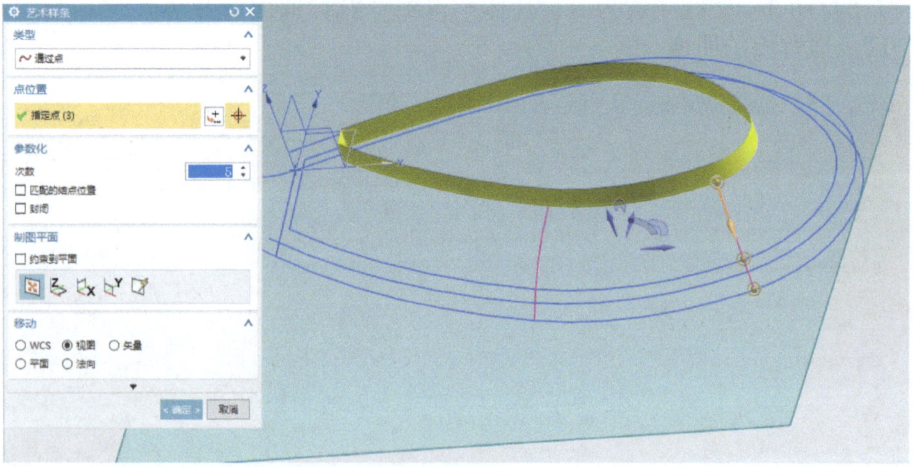

图 3-9　“侧轮廓曲线 2”

步骤 7　创建“侧轮廓曲线 3”

单击【曲线】工具栏中的【艺术样条】命令，【类型】选择【通过点】，【次数】为 5 次，第 1 个点捕捉在“拉伸曲面（片体）1”上，第 2 个点捕捉在中间的草图曲线上，第 3 个点捕捉在最下面的草图曲线上，单击【确定】按钮完成命令，绘制后视镜背面的曲面外形轮廓“侧轮廓曲线 3”如图 3-10 所示。

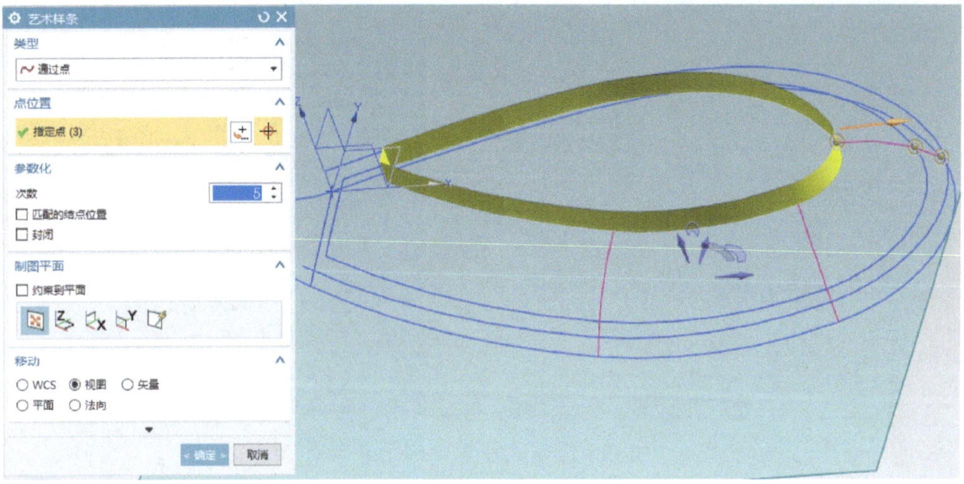

图 3-10　“侧轮廓曲线 3”

步骤 8　创建“侧轮廓曲线 4”

单击【曲线】工具栏中的【艺术样条】命令，【类型】选择【通过点】，【次数】为 5 次，第 1 个点捕捉在“拉伸曲面（片体）1”上，第 2 个点捕捉在中间的草图曲线上，第 3 个点捕捉在最下面的草图曲线上，单击【确定】按钮完成命令，绘制后视镜背面的曲面外形轮廓“侧轮廓曲线 4”如图 3-11 所示。

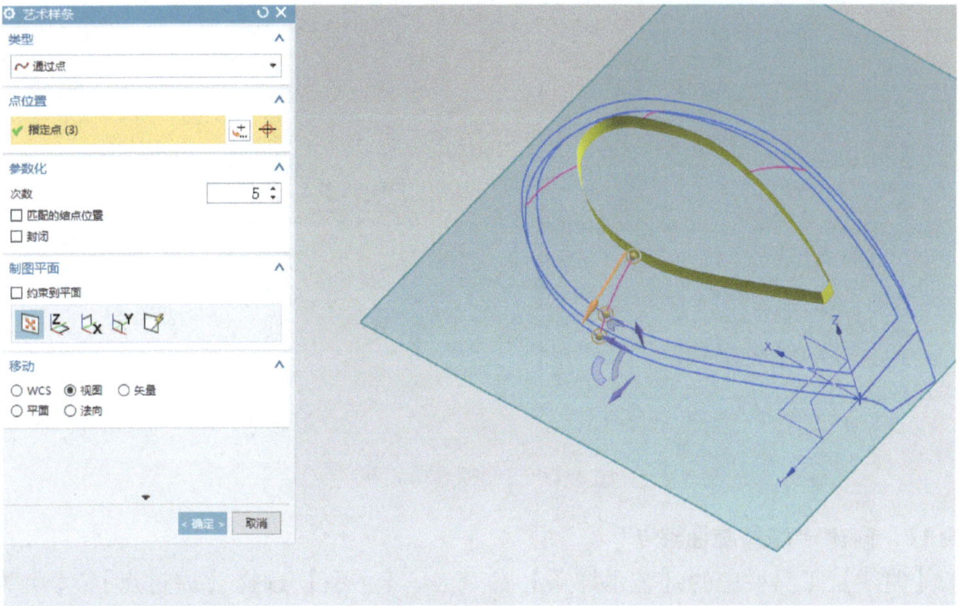

图 3-11　“侧轮廓曲线 4”

步骤 9　创建“侧轮廓曲线 5”

单击【曲线】工具栏中的【艺术样条】命令，【类型】选择【通过点】，【次数】为 5 次，第 1 个点捕捉在“拉伸曲面（片体）1”上，第 2 个点捕捉在中间的草图曲线上，第 3 个点捕捉在最下面的草图曲线上，单击【确定】按钮完成命令，绘制后视镜背面的曲面外形轮廓，“侧轮廓曲线 5”如图 3-12 所示。

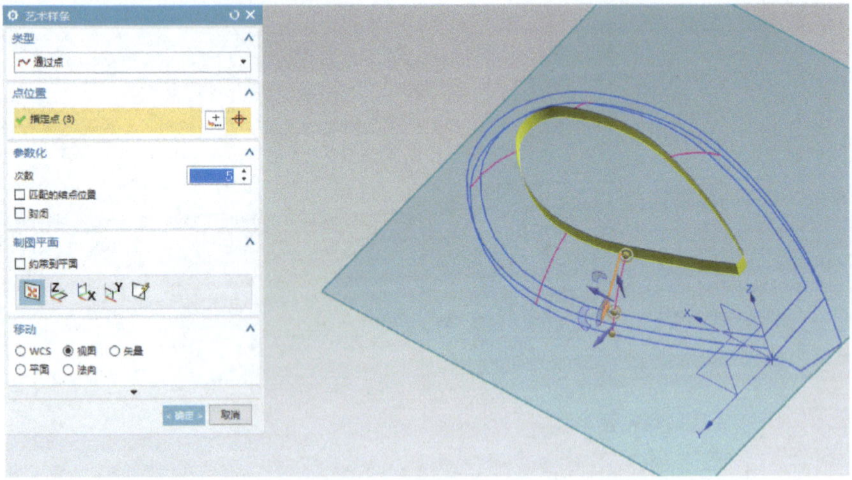

图 3-12　“侧轮廓曲线 5”

步骤 10　创建“侧轮廓曲线 6”

单击【曲线】工具栏中的【艺术样条】命令，【类型】选择【通过点】，【次数】为 5 次，第 1 个点捕捉在“拉伸曲面（片体）1”上，第 2 个点捕捉在中间的草图曲线上，第 3 个点捕捉在最下面的草图曲线上，单击【确定】按钮完成命令，绘制后视镜背面的曲面外形轮廓，“侧轮廓曲线 6”如图 3-13 所示。

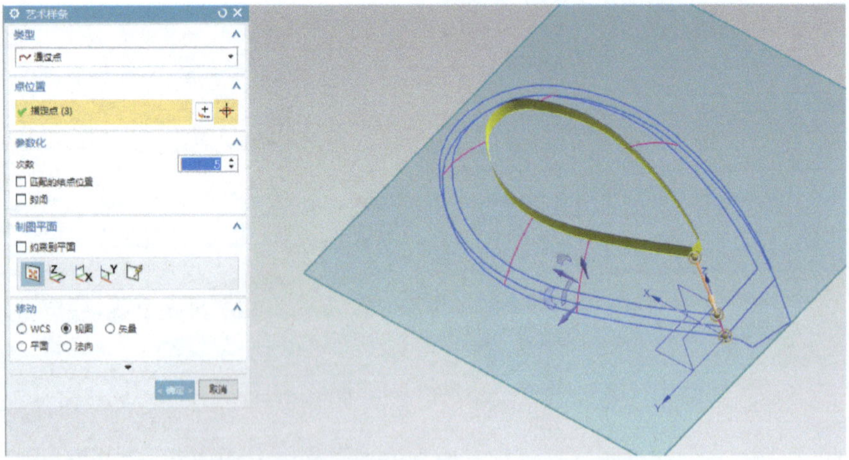

图 3-13　“侧轮廓曲线 6”

步骤 11　创建“侧轮廓曲线 7”

单击【曲线】工具栏中的【艺术样条】命令，【类型】选择【通过点】，【次数】为 5 次，第 1 个点捕捉在“拉伸曲面（片体）1”上，第 2 个点捕捉在中间的草图曲线上，第 3 个点捕捉在最下面的草图曲线上，单击【确定】按钮完成命令，绘制后视镜背面的曲面外形轮廓，“侧轮廓曲线 7”如图 3-14 所示。

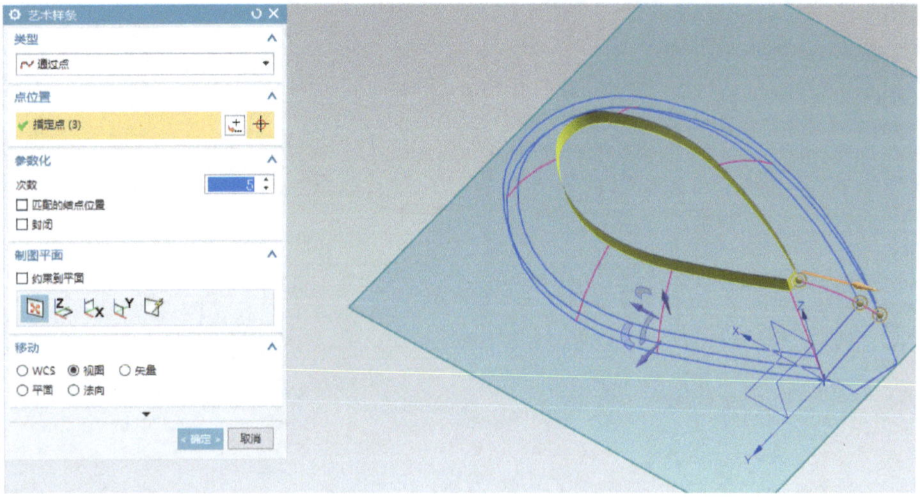

图 3-14　“侧轮廓曲线 7”

步骤 12　创建“侧轮廓曲面（片体）1”

单击【曲面】工具栏中的【通过曲线网格】命令，先选择主曲线，再选择交叉线，【第一主线串】选择【G0（位置）】单击鼠标中键，【最后主线串】选择【G0（位置）】单击鼠标中键，【第一交叉线串】选择【G1（相切）】单击鼠标中键，【最后交叉线串】选择【G0（位置）】单击鼠标中键，【相切】选择图 3-6 拉伸的片体，单击【确定】按钮，“侧轮廓曲面（片体）1”如图 3-15 所示。

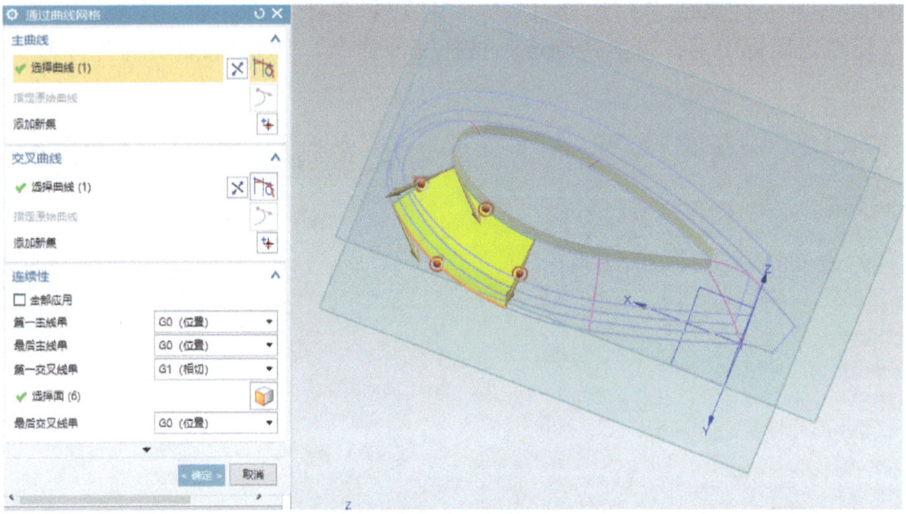

图 3-15　“侧轮廓曲面（片体）1”

步骤 13　创建“侧轮廓曲面（片体）2”

单击【曲面】工具栏中的【通过曲线网格】命令，先选择主曲线，再选择交叉线，【第一主线串】选择【G0（位置）】单击鼠标中键，【最后主线串】选择【G0（位置）】

单击鼠标中键，【第一交叉线串】选择【G1（相切）】单击鼠标中键，【最后交叉线串】选择【G0（位置）】单击鼠标中键，单击【确定】按钮完成命令，“侧轮廓曲面（片体）2”如图3-16所示。

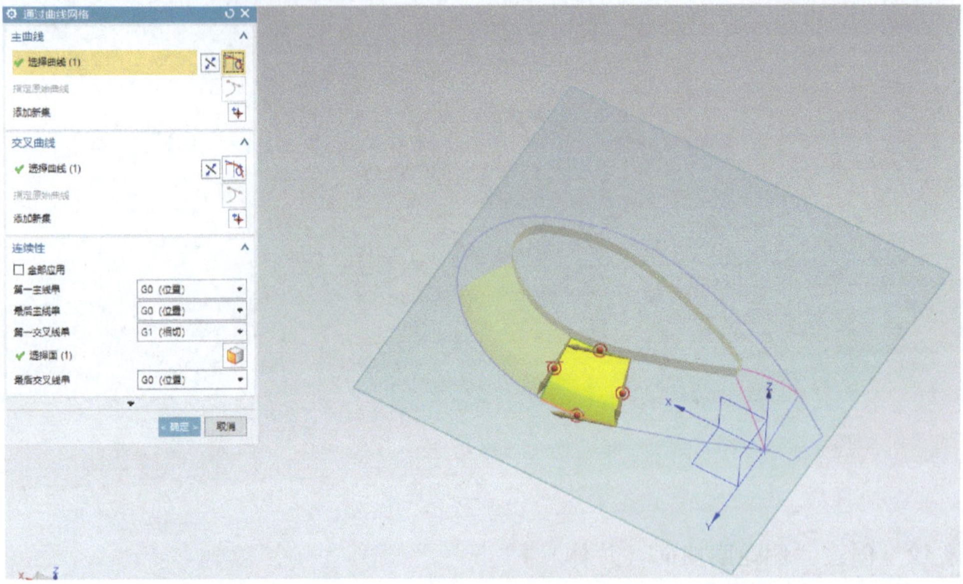

图3-16　“侧轮廓曲面（片体）2”

步骤14　创建“侧轮廓曲面（片体）3”

单击【曲面】工具栏中的【通过曲线网格】命令，先选择主曲线，再选择交叉线，【第一主线串】选择【G0（位置）】单击鼠标中键，【最后主线串】选择【G0（位置）】单击鼠标中键，【第一交叉线串】选择【G1（相切）】单击鼠标中键，【最后交叉线串】选择【G0（位置）】单击鼠标中键，单击【确定】按钮完成命令，“侧轮廓曲面（片体）3”如图3-17所示。

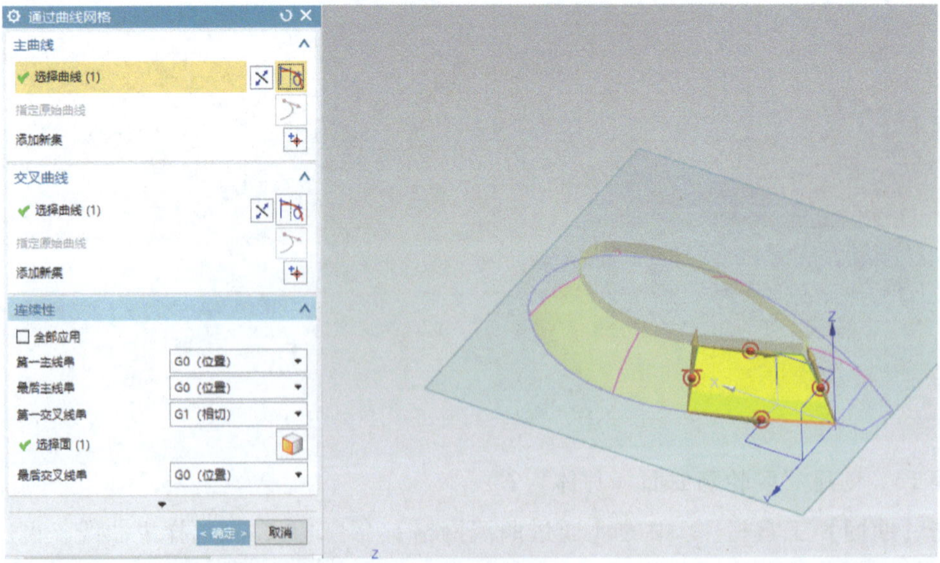

图3-17　“侧轮廓曲面（片体）3”

步骤 15 创建“侧轮廓曲面（片体）4”

单击【曲面】工具栏 中的【通过曲线网格】命令，先选择主曲线，再选择交叉线，【第一主线串】选择【G0（位置）】单击鼠标中键，【最后主线串】选择【G0（位置）】单击鼠标中键，【第一交叉线串】选择【G1（相切）】单击鼠标中键，【最后交叉线串】选择【G0（位置）】单击鼠标中键，单击【确定】按钮完成命令，“侧轮廓曲面（片体）4”如图 3-18 所示。

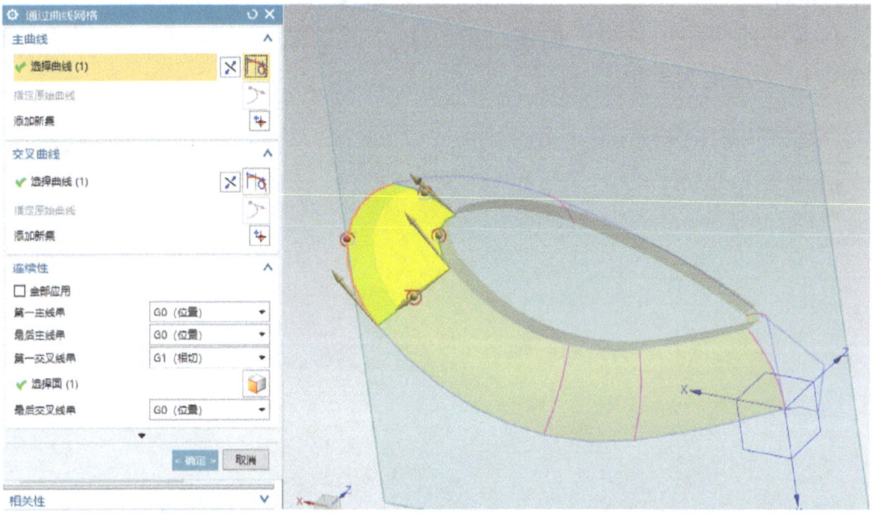

图 3-18 “侧轮廓曲面（片体）4”

步骤 16 创建“侧轮廓曲面（片体）5”

单击【曲面】工具栏 中的【通过曲线网格】命令，先选择主曲线，再选择交叉线，【第一主线串】选择【G0（位置）】单击鼠标中键，【最后主线串】选择【G0（位置）】单击鼠标中键，【第一交叉线串】选择【G1（相切）】单击鼠标中键，【最后交叉线串】选择【G0（位置）】单击鼠标中键，单击【确定】按钮完成命令，“侧轮廓曲面（片体）5”如图 3-19 所示。

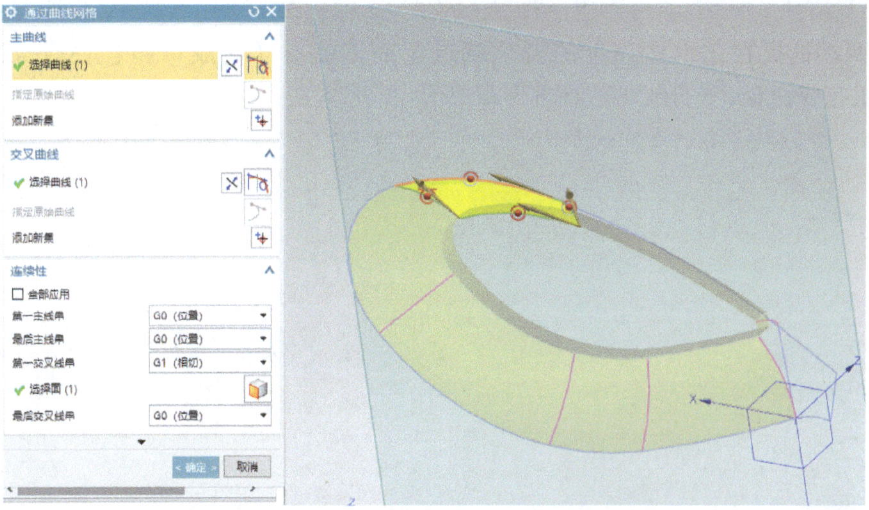

图 3-19 “侧轮廓曲面（片体）5”

步骤 17　创建“侧轮廓曲面（片体）6”，缝合多个片体

单击【曲面】工具中的【通过曲线网格】命令，先选择主曲线，再选择交叉线，【第一主线串】选择【G0（位置）】单击鼠标中键，【最后主线串】选择【G0（位置）】单击鼠标中键，【第一交叉线串】选择【G1（相切）】单击鼠标中键，【最后交叉线串】选择【G0（位置）】单击鼠标中键，单击【确定】按钮完成命令，“侧轮廓曲面（片体）6”如图 3-20 所示。至此已将后视镜的周围全部做成多个片体，最后使用【缝合】命令缝合片体，把每个片体缝合成一个完整的片体。为了美观，可将鼠标放在需要隐藏的部分附近，待隐藏目标变成红色，右击出现快捷工具栏，使用【隐藏】工具隐藏“拉伸曲面（片体）1”，后期通过【加厚】命令使其转化为实体。

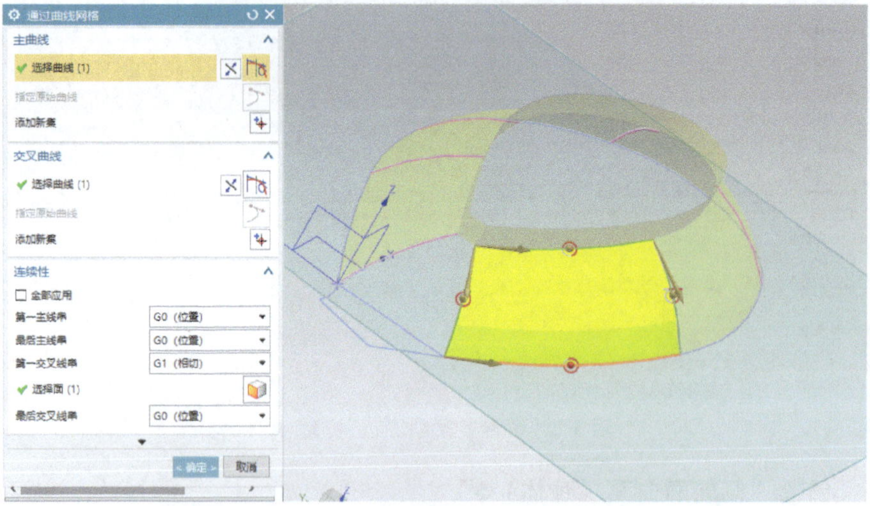

图 3-20　“侧轮廓曲面（片体）6”

步骤 18　创建“拉伸曲面（片体）2”和“直线 1”

单击【拉伸】命令，拉伸“草图 3”，反向拉伸 20mm，“拉伸曲面（片体）2”如图 3-21 所示。单击【草图】命令，单击【曲线】工具栏中的【直线】命令，绘制后视镜曲面的弧度，直线两端捕捉在艺术样条上的两个端点上面，单击【完成草图】命令，单击【确定】按钮完成命令，“直线 1”如图 3-22 所示。

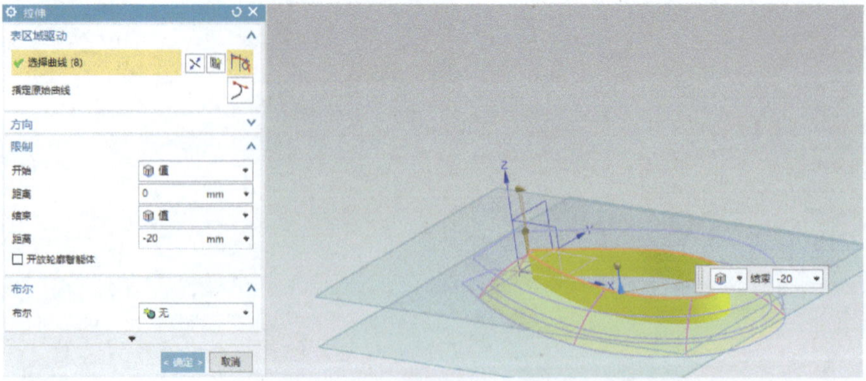

图 3-21　“拉伸曲面（片体）2”

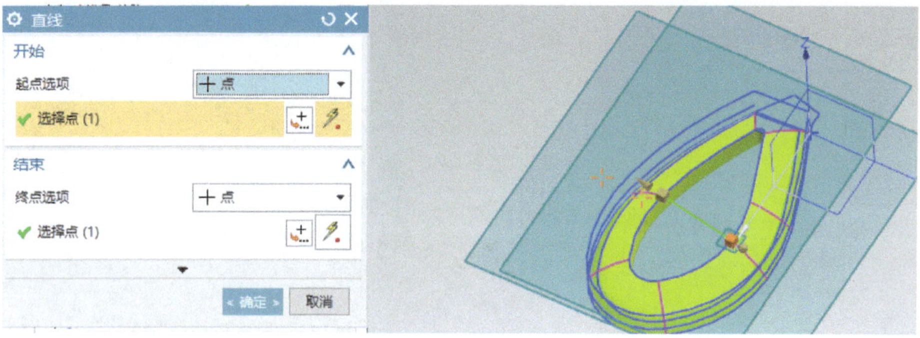

图 3-22　“直线 1”

步骤 19　创建“侧轮廓曲线 8”

单击【曲线】工具栏中的【艺术样条】命令，【类型】选择【通过点】，【次数】为 5 次，第 1 个端点捕捉图 3-21 拉伸的最远距离，第 2 个端点捕捉“直线 1”让艺术样条落在“直线 1”的中点上，第 3 个端点捕捉片体的最远距离，单击【确定】按钮完成命令，“侧轮廓曲线 8”如图 3-23 所示。

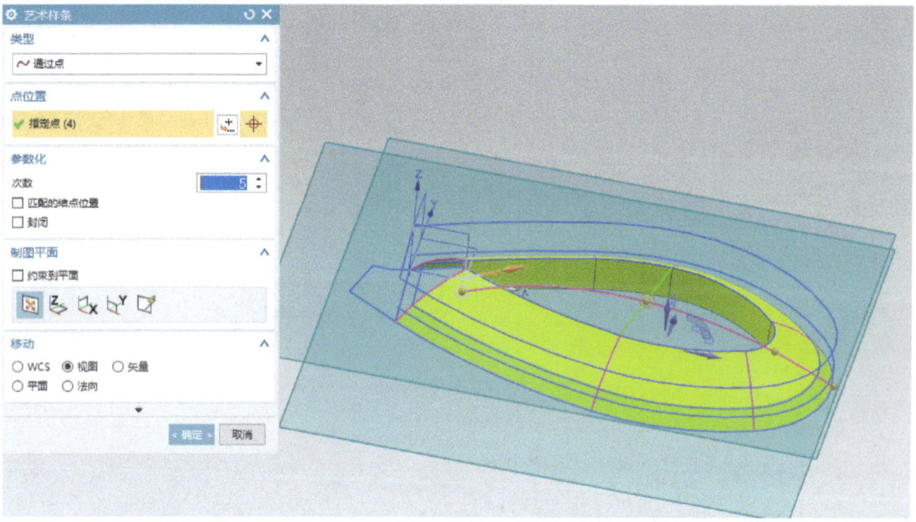

图 3-23　“侧轮廓曲线 8”

步骤 20　创建“点 1”和“拉伸曲线（片体）3”

单击【基准平面】工具栏中的【点】命令，或单击【曲线】工具栏中的【点】命令，使用【点】命令在 2 条曲线的交点添加“点 1”，如图 3-24 所示。单击【拉伸】命令拉伸单条曲线，选中【在相交处停止】复选按钮，选择拉伸如图 3-25 所示的曲线，【限制-结束】选择【对称值】，【距离】为 65mm，单击【确定】按钮完成命令，“拉伸曲面（片体）3”如图 3-25 所示。

步骤 21　修剪“拉伸曲面（片体）3”，创建“拉伸曲面（片体）4”

单击【修剪体】命令，单击需要修剪的片体，再单击需要保留的部分，单击【确定】按钮完成命令，修剪掉多余的片体，修剪“拉伸曲面（片体）3”如图 3-26 所示。单击【拉伸】命令拉伸单条曲线，选中【在相交处停止】复选按钮，“拉伸曲面（片体）4”如图 3-27 所示。

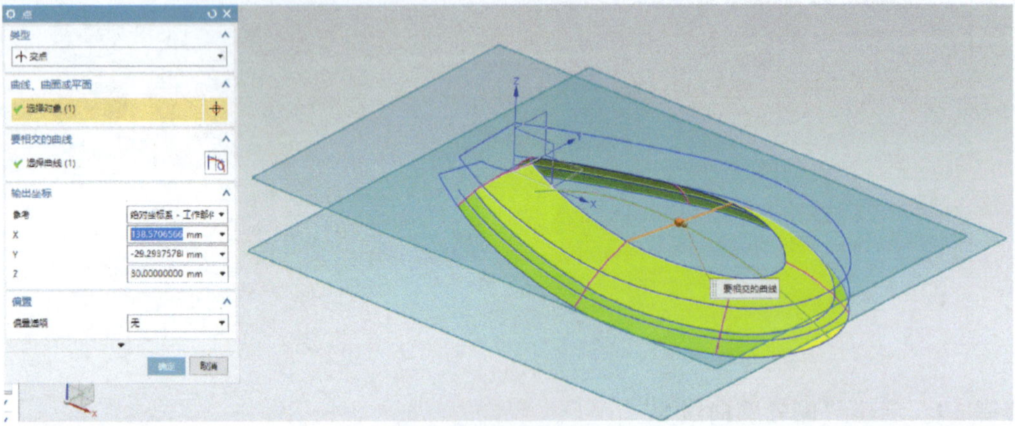

图 3-24 “点 1”

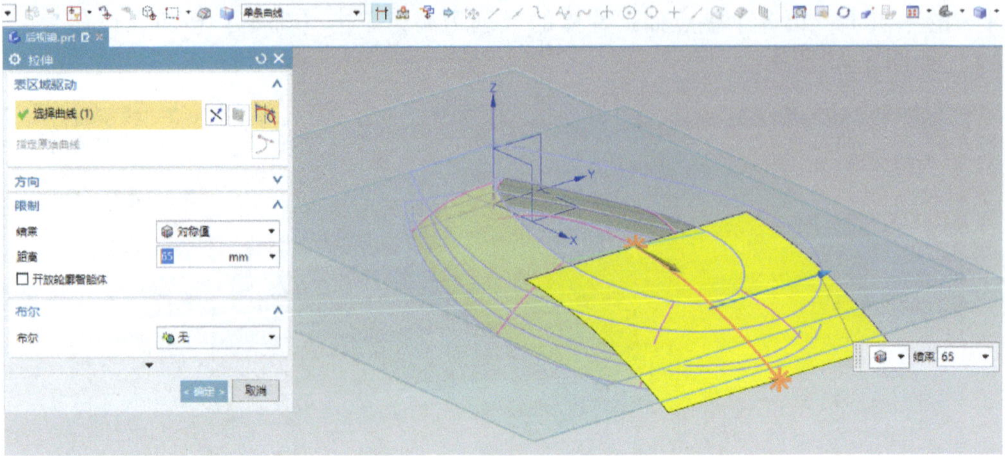

图 3-25 “拉伸曲面（片体）3”

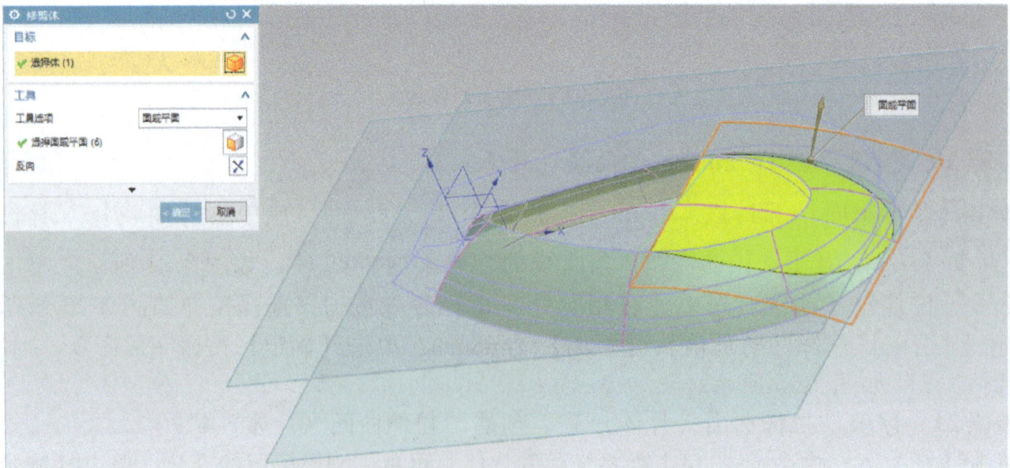

图 3-26 修剪“拉伸曲面（片体）3”

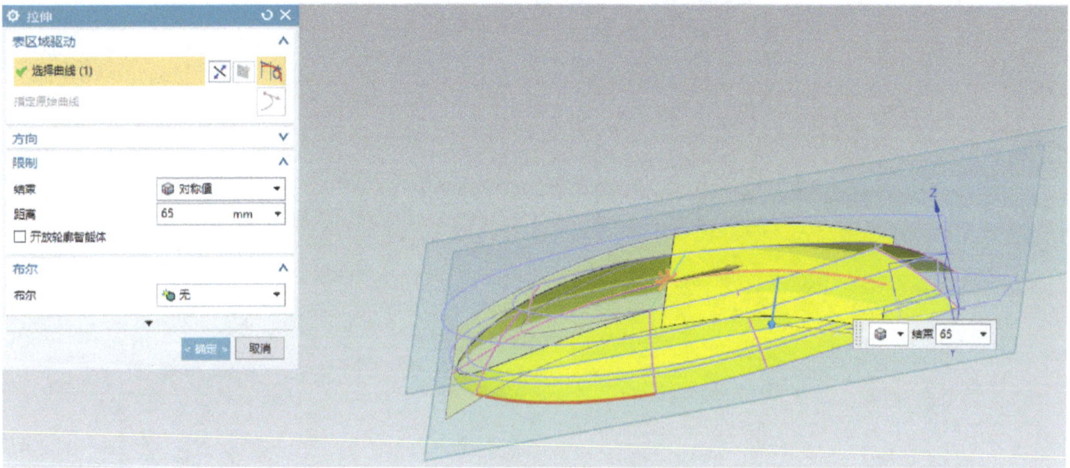

图 3-27 “拉伸曲面（片体）4”

步骤 22 修剪“拉伸（片体）4”和“拉伸（片体）2”

单击【修剪体】命令，单击需要修剪的片体，再单击需要保留的部分，单击【确定】按钮完成命令，修剪掉多余的片体，修剪“拉伸曲面（片体）4”如图 3-28 所示。再次使用【修剪体】命令，把后视镜的内部弧度修剪出来，完成后单击【确定】按钮完成命令，修剪“拉伸曲面（片体）2”如图 3-29 所示。

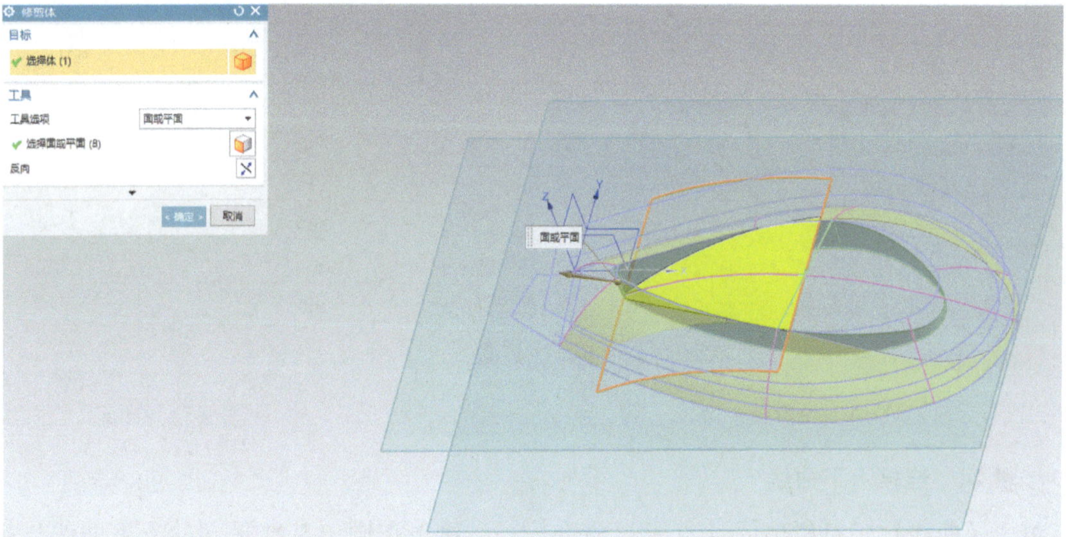

图 3-28 修剪“拉伸曲面（片体）4”

步骤 23 创建“侧轮廓曲线 9”

在“基准平面 2”上创建草图，单击【草图】命令进入草图编辑模式，利用【草图】工具【圆弧】命令和【直线】命令的配合，绘制后视镜尾部的弧度外形，“侧轮廓曲线 9”如图 3-30 所示，单击【完成草图】命令。右击使用【隐藏】工具，隐藏多余的基准面，如图 3-31 所示。

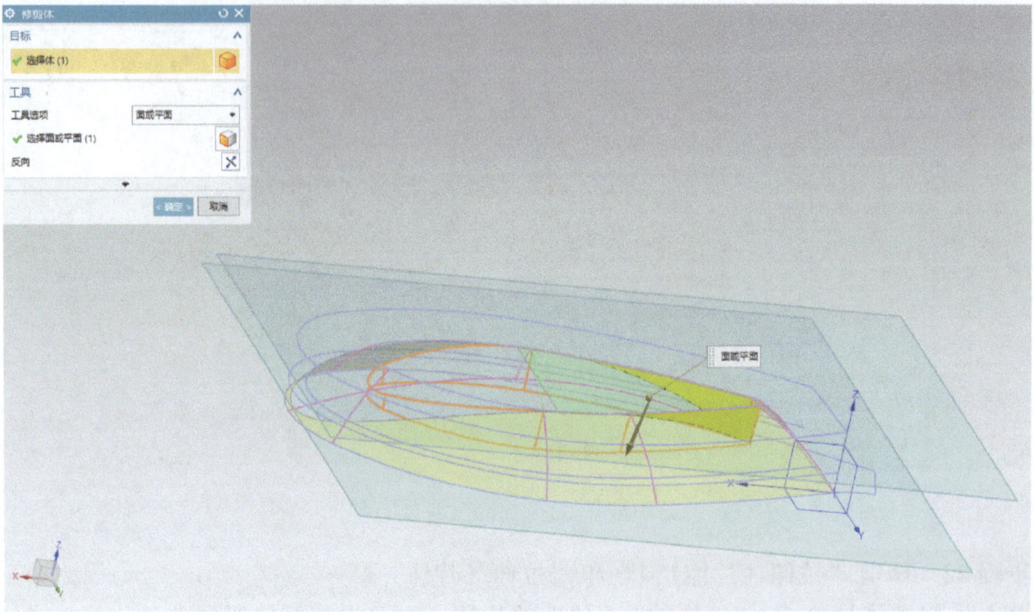

图 3-29　修剪“拉伸曲面（片体）2”

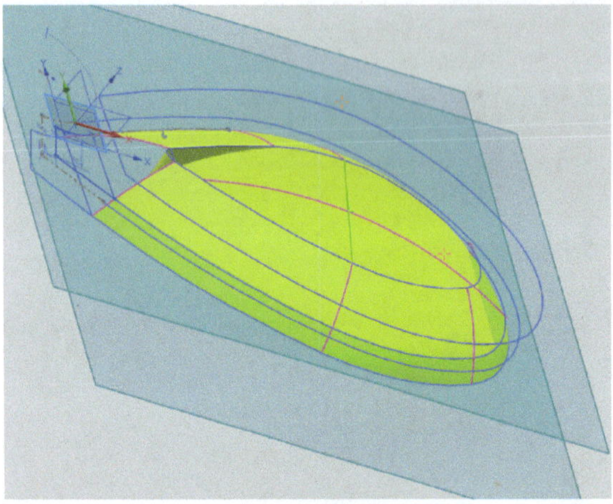

图 3-30　“侧轮廓曲线 9”

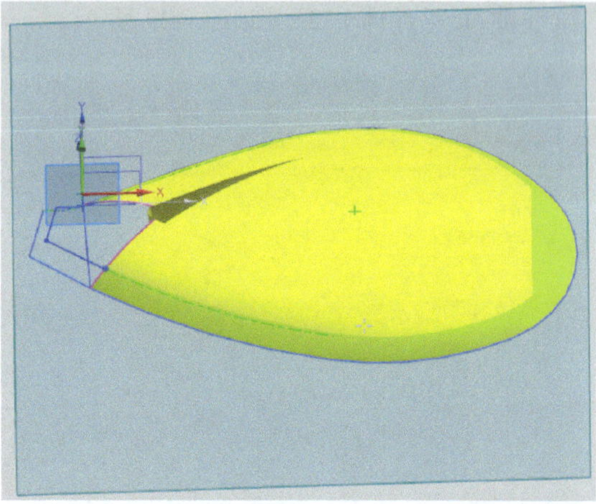

图 3-31　隐藏多余基准面

步骤 24　连接上下曲线

单击【曲线】工具栏中的【直线】命令，将不在同一基准平面的上下曲线连接起来，如图 3-32 所示，单击【确定】按钮完成命令。

步骤 25　创建“侧轮廓曲面（片体）7”

单击【曲面】工具栏中的【通过曲线网格】命令，先选择主曲线，再选择交叉线，【第一主线串】选择【G1（相切）】，相切面是第一条主曲线贴合的片体，单击鼠标中键，【最后主线串】选择【G0（位置）】单击鼠标中键，【第一交叉线串】选择【G0（位置）】鼠标中键，【最后交叉线串】选择【G0（位置）】单击鼠标中键，单击【确定】按钮完成命令，“侧轮廓曲面（片体）7”如图 3-33 所示。

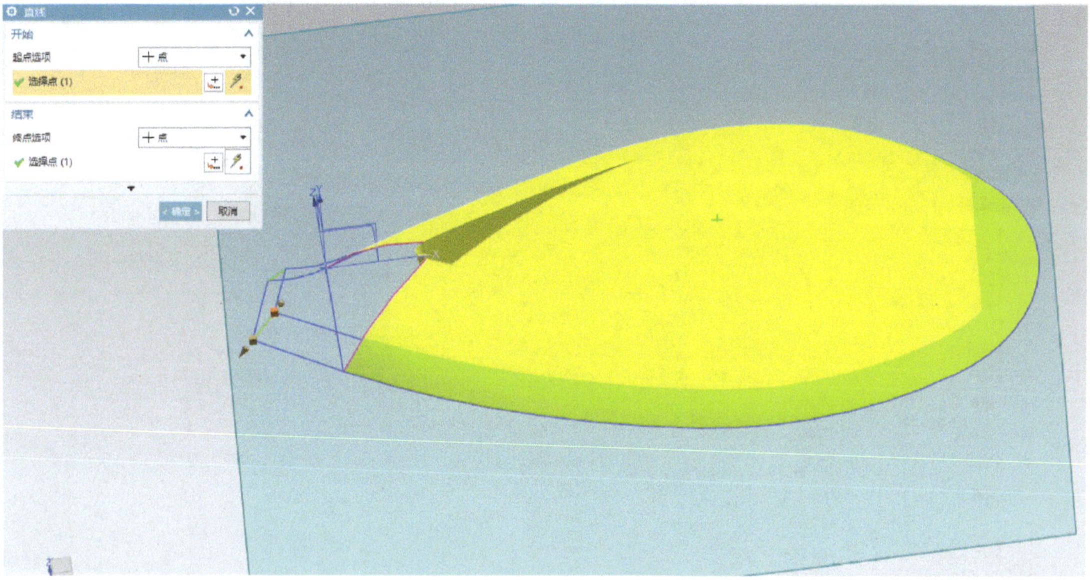

图 3-32　连接上下曲线

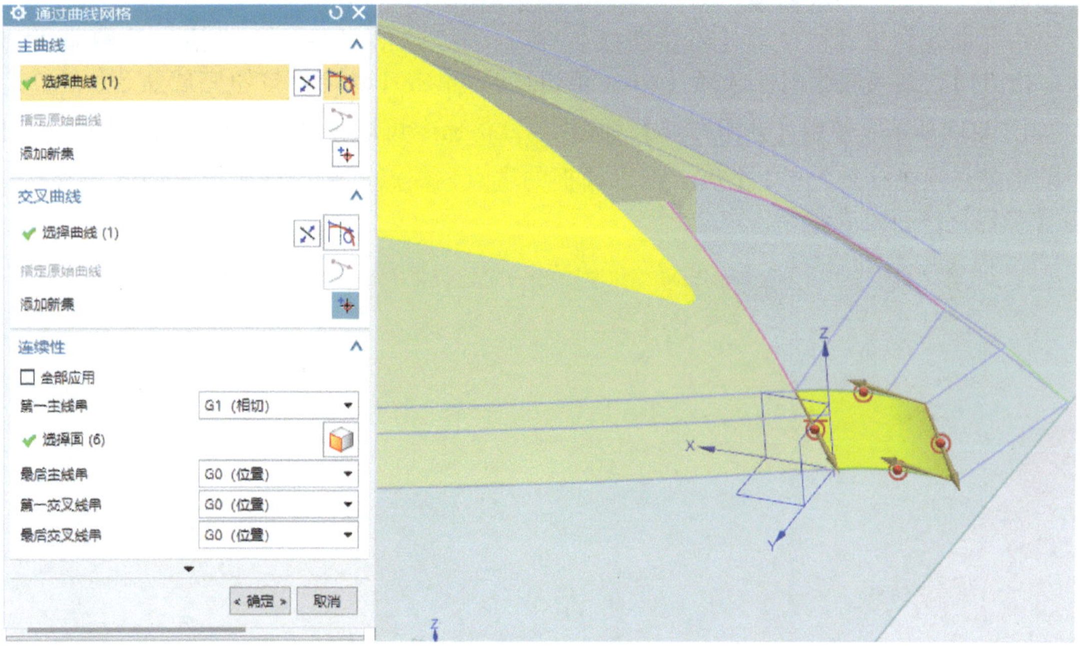

图 3-33　“侧轮廓曲面（片体）7”

步骤 26　创建“侧轮廓曲面（片体）8”

单击【曲面】工具栏中的【通过曲线网格】命令，先选择主曲线，再选择交叉线，【第一主线串】选择【G0（位置）】，相切面是第一条主曲线贴合的片体，单击鼠标中键，【最后主线串】选择【G0（位置）】单击鼠标中键，【第一交叉线串】选择【G0（位置）】单击鼠标中键，【最后交叉线串】选择【G1（相切）】鼠标中键，单击【确定】按钮完成命令，“侧轮廓曲面（片体）8”如图 3-34 所示。

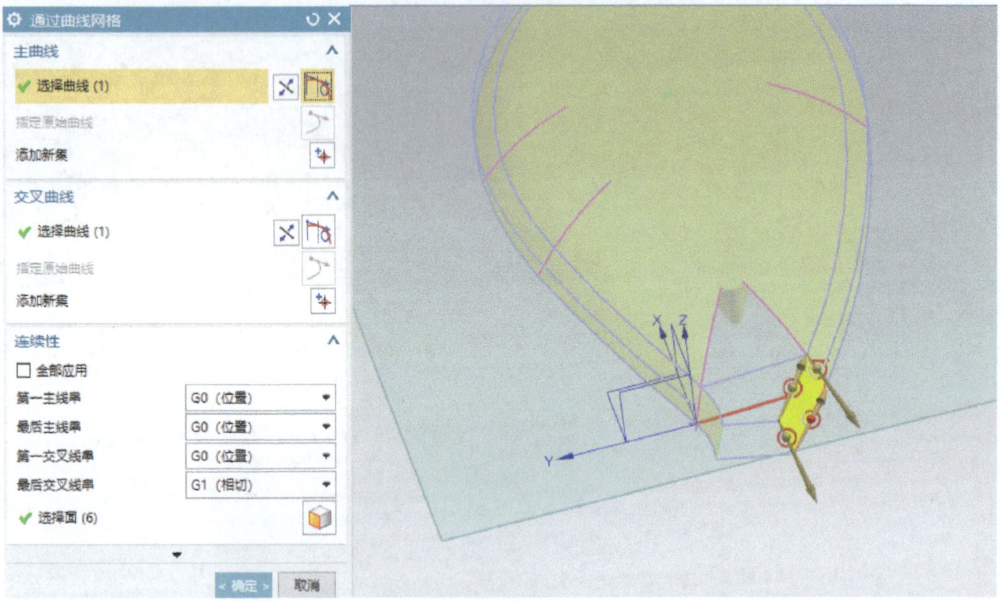

图 3-34 “侧轮廓曲面（片体）8”

步骤 27 创建“桥接曲线”和“侧轮廓曲线 10”

单击【曲线】工具栏中的【桥接曲线】命令，捕捉 2 个端点，开始曲线选择【G1（相切）】，结束曲线同样选择【G1（相切）】，单击【确定】按钮完成命令，“桥接曲线”如图 3-35 所示。使用【艺术样条】命令，该命令可以无视基准面的存在随意创建曲线，前提是必须要有 2 个或 2 个以上可以捕捉的端点，端点 1 和端点 2 位置如图 3-36 所示，单击【确定】按钮完成命令。

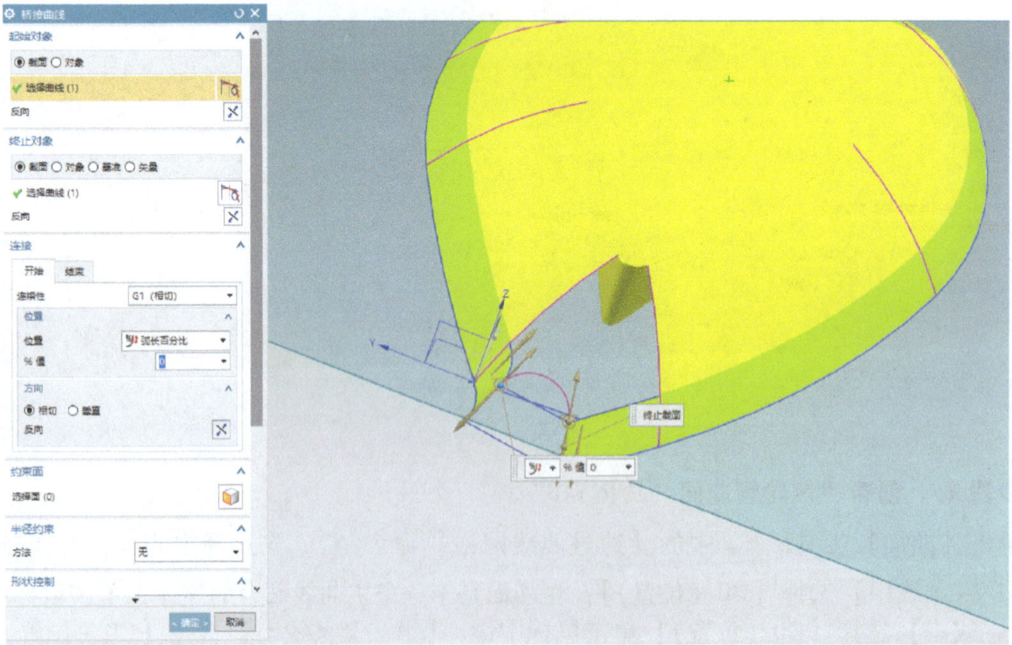

图 3-35 “桥接曲线”

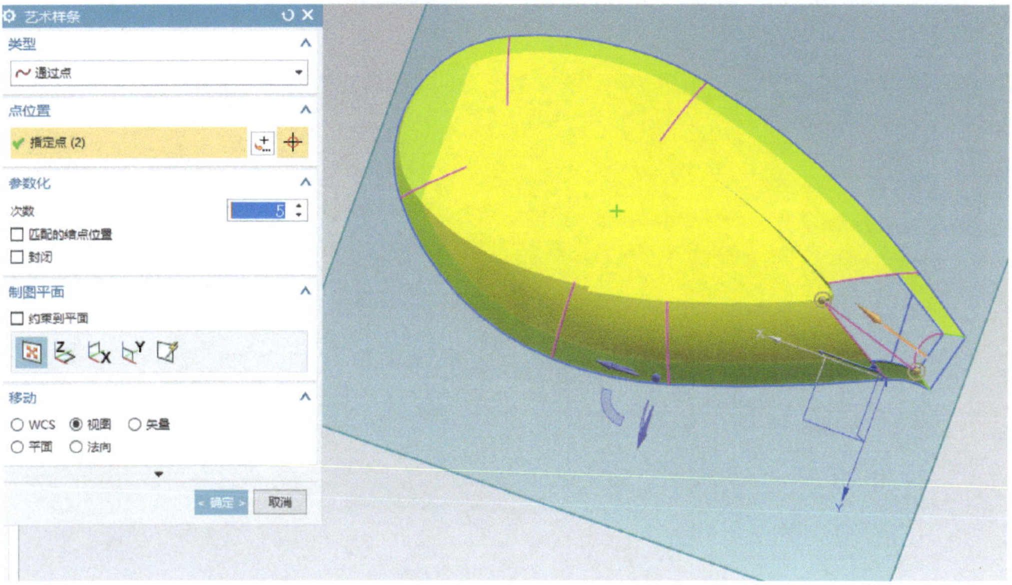

图 3-36　“侧轮廓曲线 10”

步骤 28　创建“侧轮廓曲面（片体）9”

单击【曲面】工具栏中的【填充曲面】命令，选择第 1 条主曲线，再选择第 2 条和第 3 条，第 1 条曲线 G0（位置），第 2 条曲线 G0（位置），第 3 条曲线 G0（位置），【默认边连续性】选择【G1（相切）】，“侧轮廓曲面（片体）9”如图 3-37 所示。

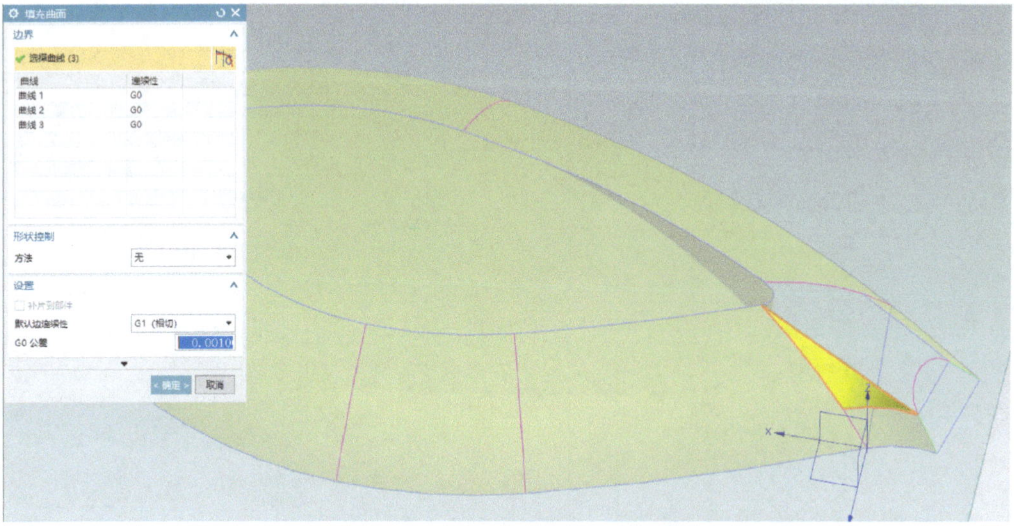

图 3-37　“侧轮廓曲面（片体）9”

步骤 29　创建“侧轮廓曲面（片体）10”

单击【曲面】工具栏中的【填充曲面】命令，选择第 1 条主曲线，再选择第 2 条至第 7 条曲线，第 1 条曲线 G0（位置），第 2 条曲线 G0（位置），第 3 条曲线 G0（位置），第 4 条曲线 G0（位置），第 5 条曲线 G0（位置），第 6 条曲线 G0（位置），第 7 条曲线 G0（位置），【默认边连续性】选择【G1（相切）】，“侧轮廓曲面（片体）10”如

图 3-38 所示。

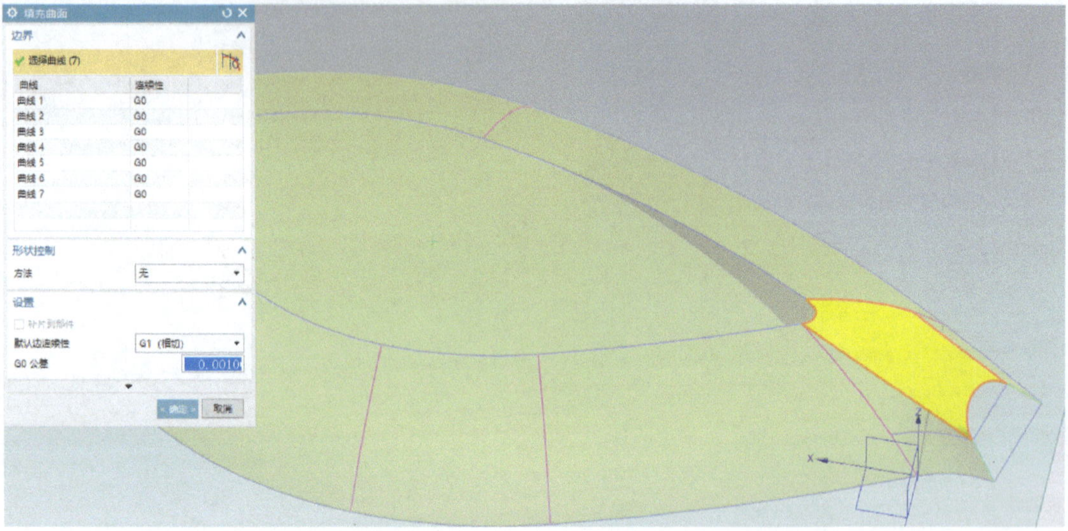

图 3-38 “侧轮廓曲面（片体）10”

步骤 30　创建“拉伸曲面（片体）5”

单击【拉伸】命令，拉伸曲线是后视镜外围轮廓线，拉伸成一个片体，【距离】为 -20mm，“拉伸曲面（片体）5”如图 3-39 所示。

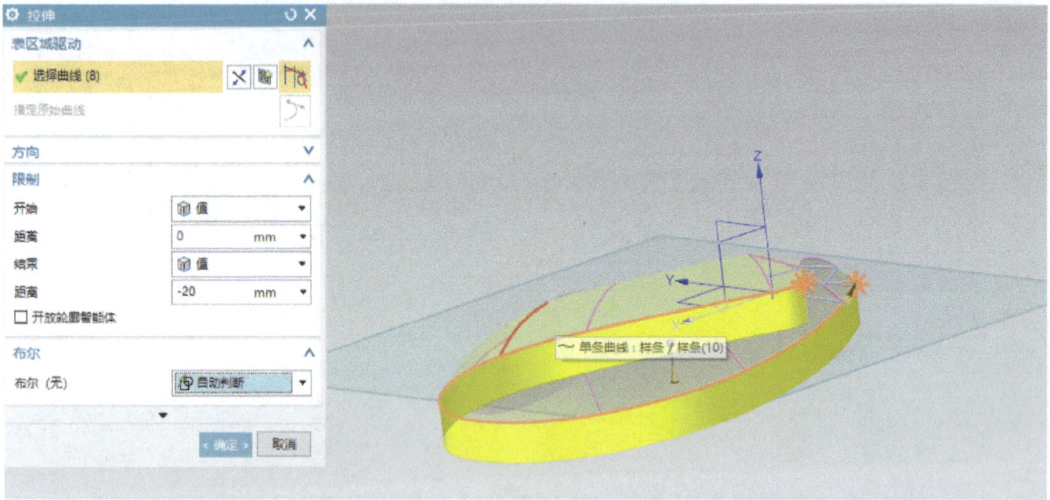

图 3-39 “拉伸曲面（片体）5”

步骤 31　加厚“侧轮廓曲面（片体）6”

单击【加厚】命令 加厚，【厚度-偏置 1】为 2.5mm，单击【确定】按钮完成命令，把片体转换为实体，加厚“侧轮廓曲面（片体）6”如图 3-40 所示。

步骤 32　加厚“侧轮廓曲面（片体）10”

单击【加厚】命令 加厚，【厚度-偏置 1】为 2.5mm，单击【确定】按钮完成命令，把片体转换为实体，加厚“侧轮廓曲面（片体）10”如图 3-41 所示。

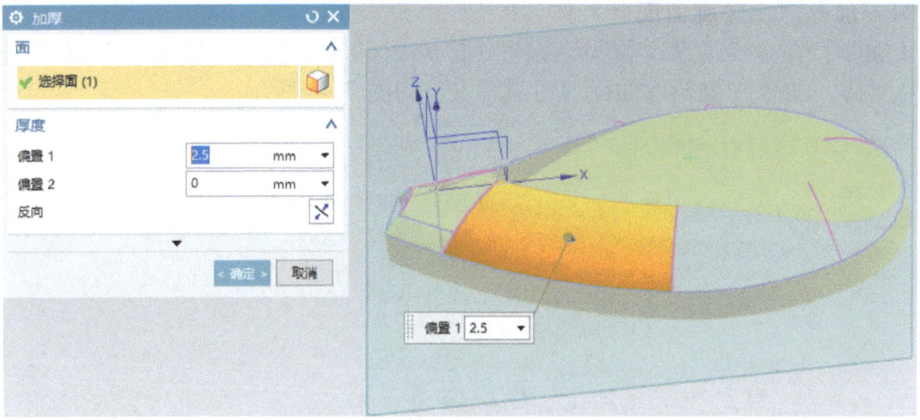

图 3-40　加厚“侧轮廓曲面（片体）6”

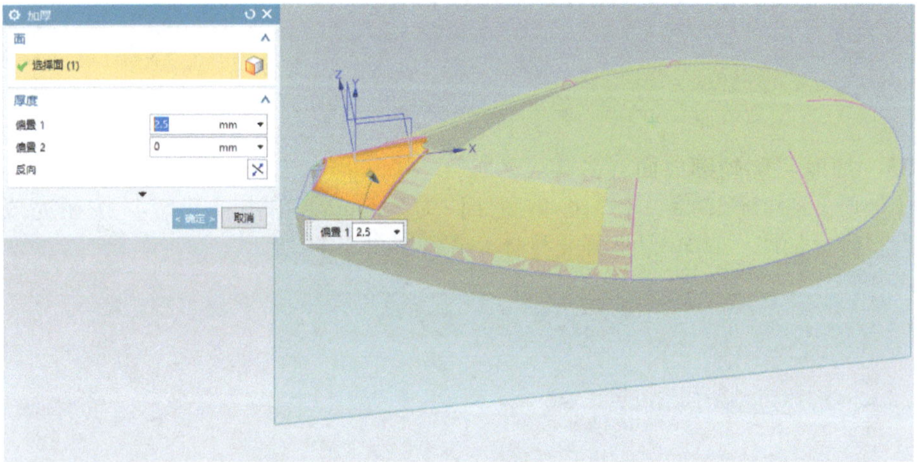

图 3-41　加厚“侧轮廓曲面（片体）10”

步骤 33　加厚“侧轮廓曲面（片体）8”

单击【加厚】命令 加厚，【厚度-偏置】为 2. 5mm，把片体转换为实体，加厚“侧轮廓曲面（片体）8”如图 3-42 所示，单击【确定】按钮完成命令。

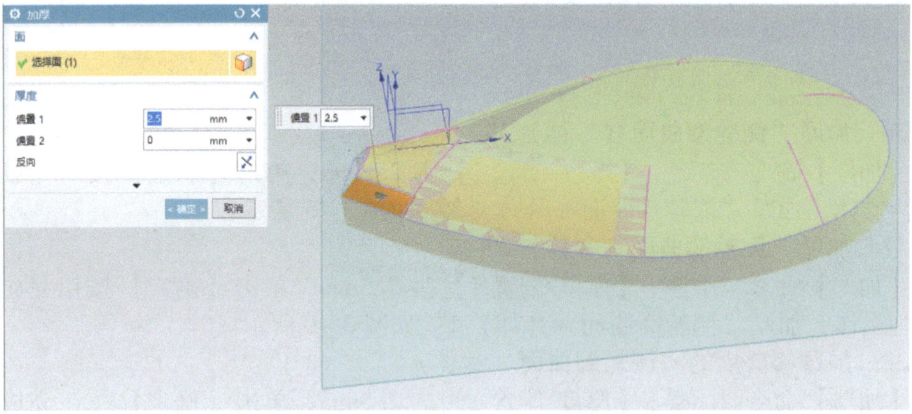

图 3-42　加厚“侧轮廓曲面（片体）8”

步骤 34　加厚“侧轮廓曲面（片体）9”

单击【加厚】命令加厚，【厚度-偏置 1】为 2. 5mm，单击【确定】按钮完成命令，把片体转换为实体，加厚“侧轮廓曲面（片体）9”如图 3-43 所示。

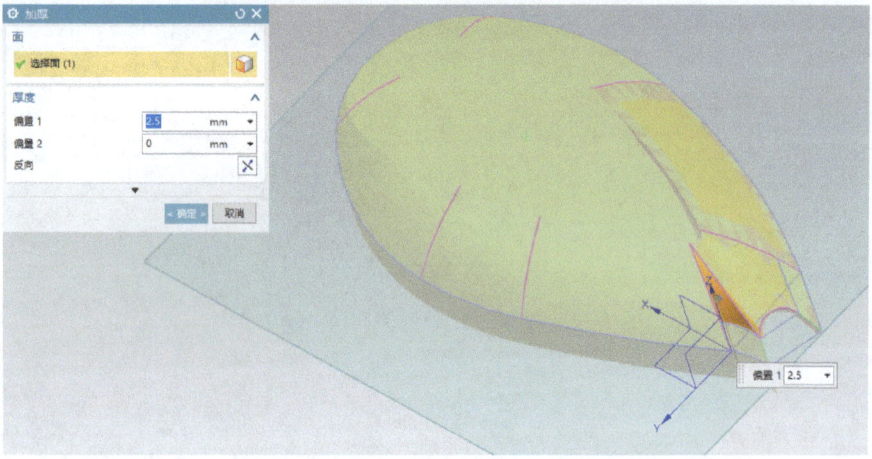

图 3-43　加厚“侧轮廓曲面（片体）9”

步骤 35　加厚“侧轮廓曲面（片体）7”

单击【加厚】命令加厚，【厚度-偏置 1】为 2. 5mm，单击【确定】按钮完成命令，把片体转换为实体，加厚“侧轮廓曲面（片体）7”如图 3-44 所示。

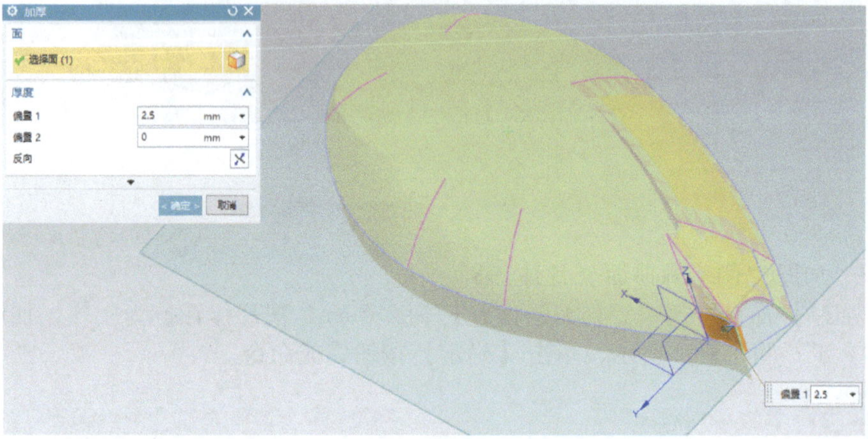

图 3-44　加厚“侧轮廓曲面（片体）7”

步骤 36　加厚“侧轮廓曲面（片体）3”

单击【加厚】命令加厚，【厚度-偏置 1】为 2. 5mm，单击【确定】按钮完成命令，把片体转换为实体，加厚“侧轮廓曲面（片体）3”如图 3-45 所示。

步骤 37　加厚“侧轮廓曲面（片体）2”

单击【加厚】命令加厚，【厚度-偏置 1】为 2. 5mm，单击【确定】按钮完成命令，把片体转换为实体，加厚“侧轮廓曲面（片体）2”如图 3-46 所示。

步骤 38　加厚修剪后的“侧轮廓曲面（片体）1”

单击【加厚】命令加厚，【厚度-偏置 1】为 2. 5mm，单击【确定】按钮完成命令，把片体转换为实体，加厚修剪后的“侧轮廓曲面（片体）1”如图 3-47 所示。

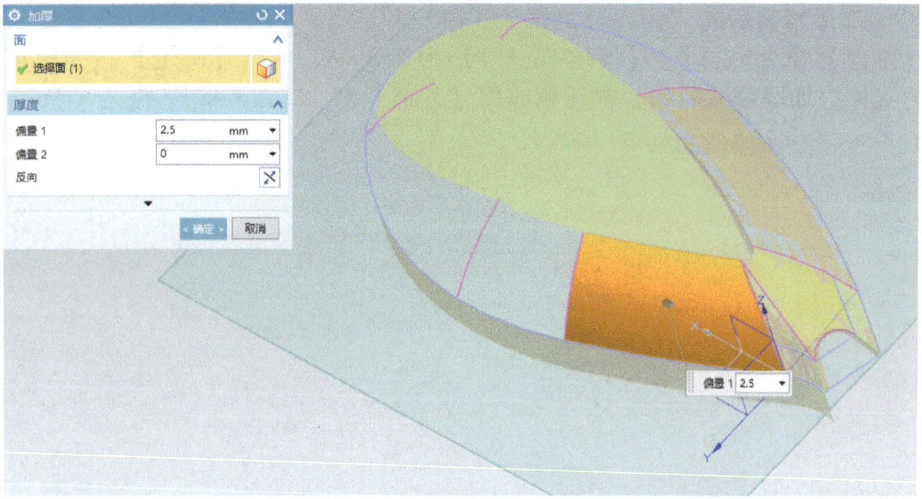

图 3-45　加厚“侧轮廓曲面（片体）3”

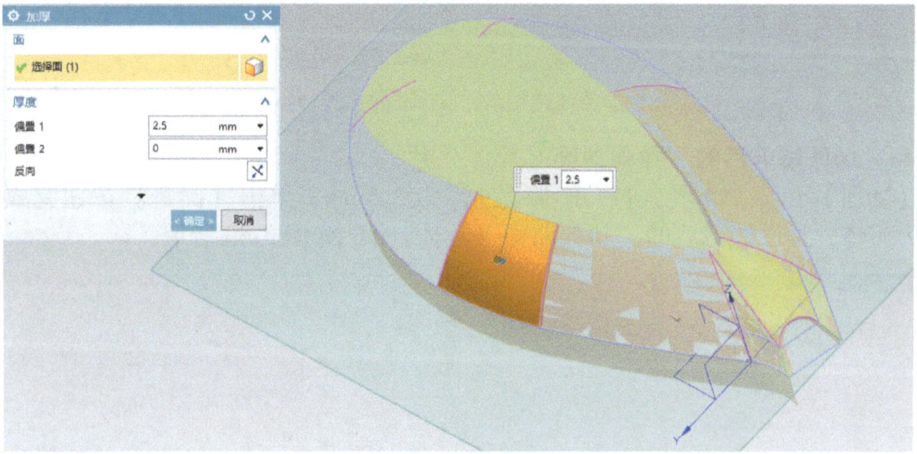

图 3-46　加厚“侧轮廓曲面（片体）2”

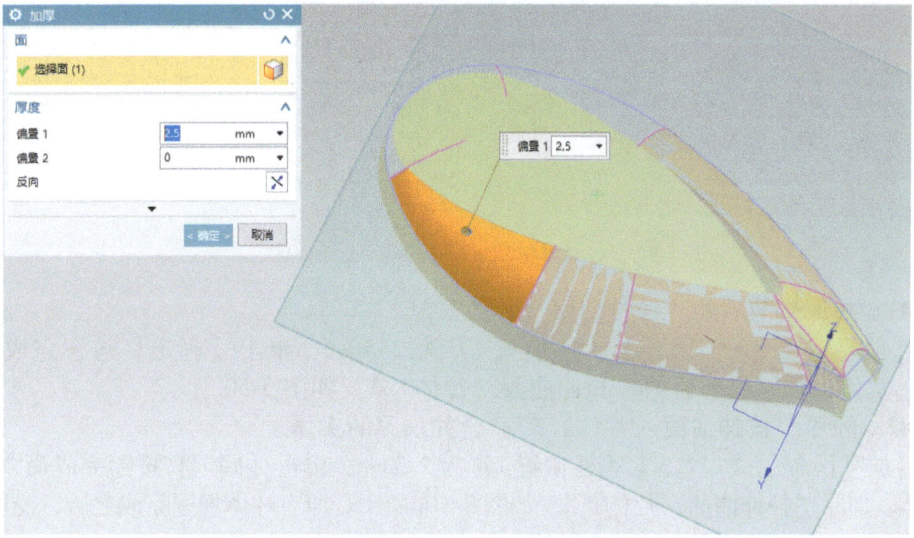

图 3-47　加厚修剪后的“侧轮廓曲面（片体）1”

步骤 39　加厚修剪后的“侧轮廓曲面（片体）4”

单击【加厚】命令加厚，【厚度-偏置 1】为 2.5mm，单击【确定】按钮完成命令，把片体转换为实体，加厚修剪后的“侧轮廓曲面（片体）4”如图 3-48 所示。

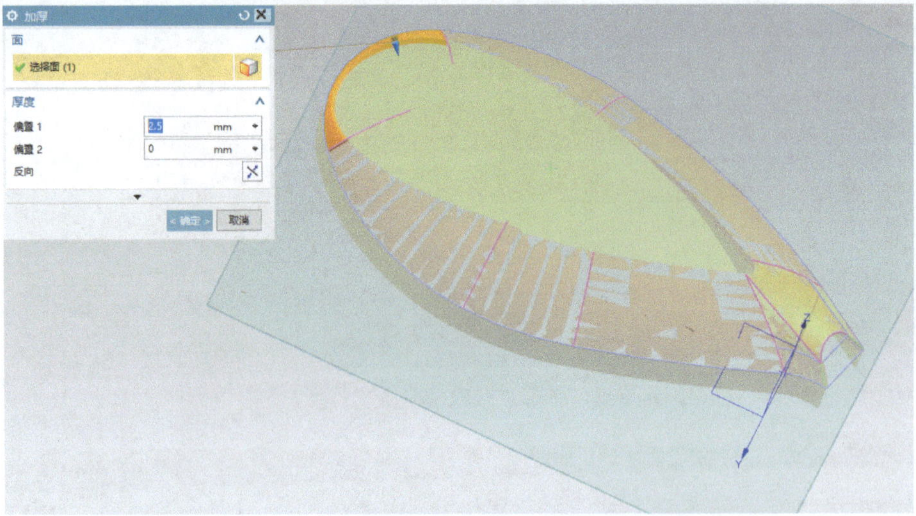

图 3-48　加厚修剪后的“侧轮廓曲面（片体）4”

步骤 40　加厚修剪后的“拉伸曲面（片体）4”

单击【加厚】命令加厚，【厚度-偏置 1】为 2.5mm，单击【确定】按钮完成命令，把片体转换为实体，加厚修剪后的“拉伸曲面（片体）4”如图 3-49 所示。

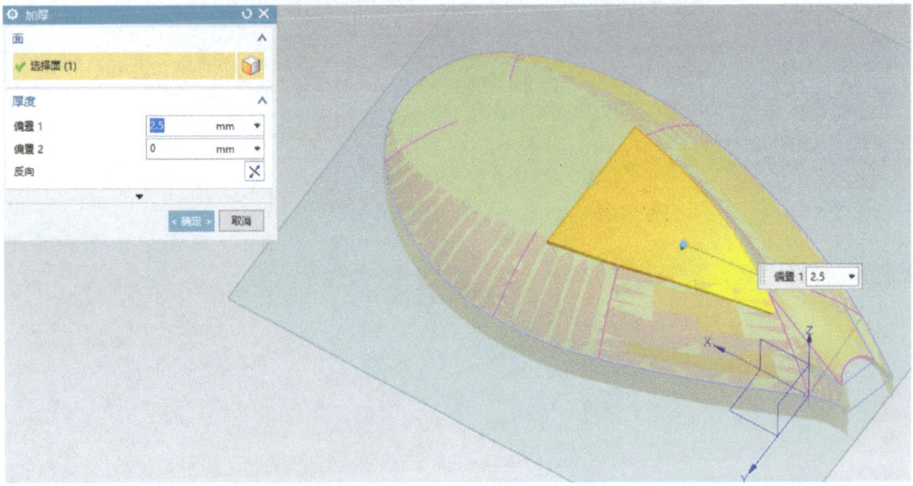

图 3-49　加厚修剪后的“拉伸曲面（片体）4”

步骤 41　加厚修剪后的“拉伸曲面（片体）3”

单击【加厚】命令加厚，【厚度-偏置 1】为 2.5mm，单击【确定】按钮完成命令，把片体转换为实体，加厚修剪后的“拉伸曲面（片体）3”如图 3-50 所示。

步骤 42　加厚“拉伸曲面（片体）5”，合并加厚的实体

单击【加厚】命令加厚，【厚度-偏置 1】为 2.5mm，单击【确定】按钮完成命令，把片体转换为实体，加厚“拉伸曲面（片体）5”如图 3-51a 所示。所有片体加厚完成之后，使用【合并】命令，把加厚的实体合并成一个完整体，单击【确定】按钮完成命令，如图 3-51b 所示。

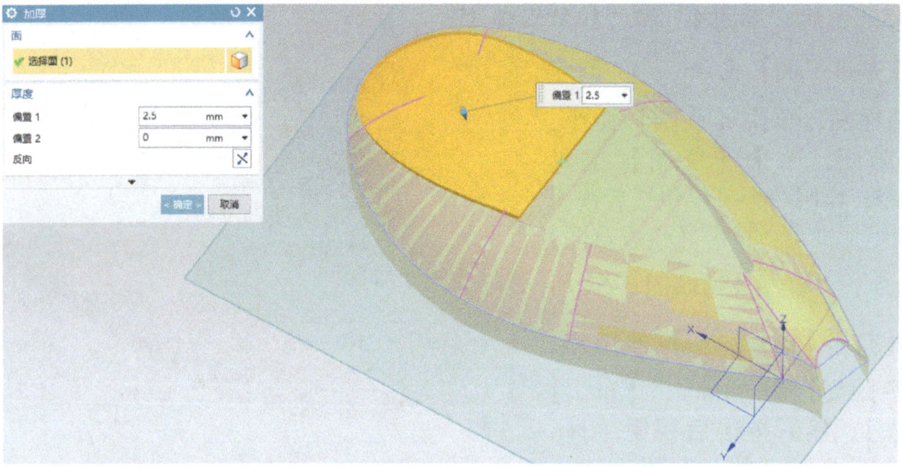

图 3-50　加厚修剪后的“拉伸曲面（片体）3”

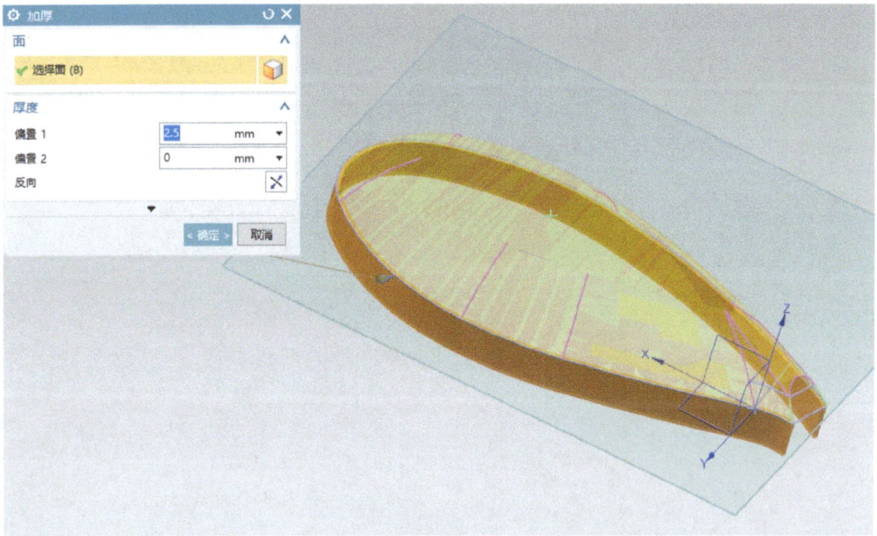

a) 加厚

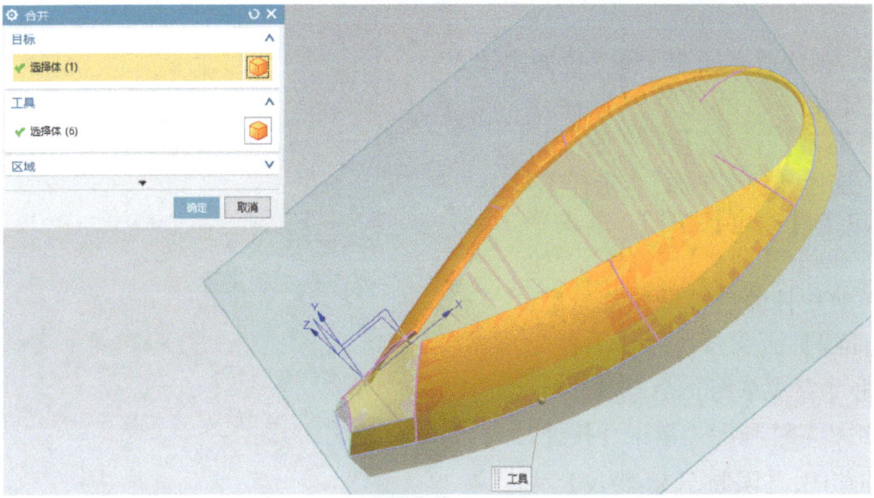

b) 合并

图 3-51　加厚“拉伸曲面（片体）5”，合并加厚的实体

步骤 43　创建“草图 4”和“拉伸实体 1”

单击【基准平面】命令，创建一个新的基准面。单击【草图】命令，创建一个草图，单击【草图】工具【矩形】命令，绘制一个可以包括后视镜尾部大小的矩形即可，单击【完成草图】命令，“草图 4”如图 3-52 所示。单击【拉伸】命令拉伸矩形，【限制-结束-距离】为-40mm，【布尔】选择【减去】，然后单击后视镜主体，把后视镜尾部剪切完整，方便后续绘制，“拉伸实体 1”如图 3-53 所示。

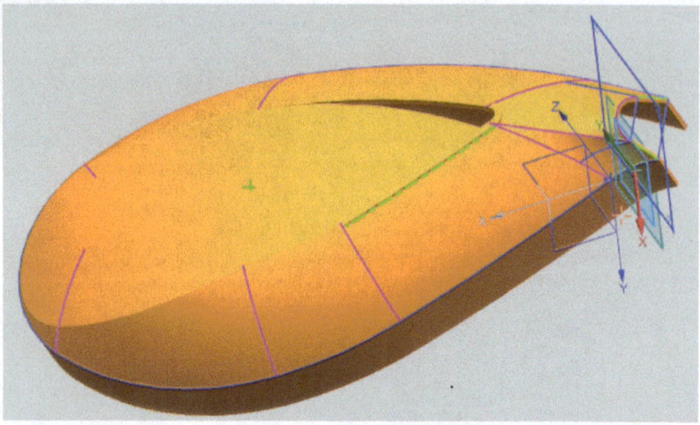

图 3-52　“草图 4”

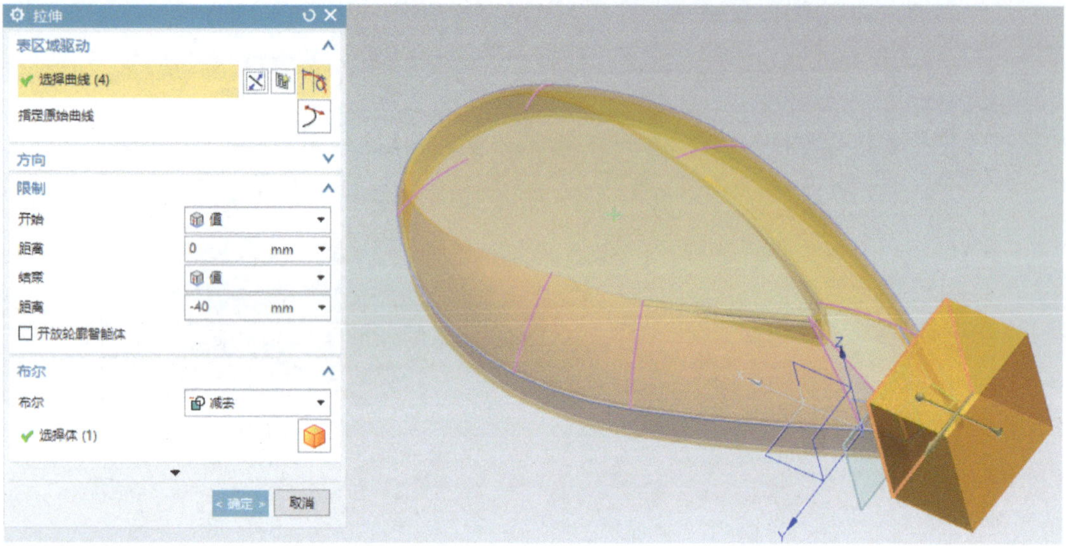

图 3-53　“拉伸实体 1”

步骤 44　创建“草图 5”和“拉伸实体 2”

单击快捷菜单上的【草图】命令，【草图类型】选择【在平面上】，【平面方法】选择【现有平面】，选择 *YZ* 平面，然后单击【确定】按钮，进入草图编辑模式，单击【圆弧】命令，绘制出步骤 43 剪切掉的后视镜尾部轮廓，单击【偏置曲线】命令，【距离】为 2.5mm，单击【完成草图】命令，“草图 5”如图 3-54 所示。单击【拉伸】命令拉伸草图，【限制-开始-距离】为 0.5mm，【限制-结束-距离】为-10mm，拉

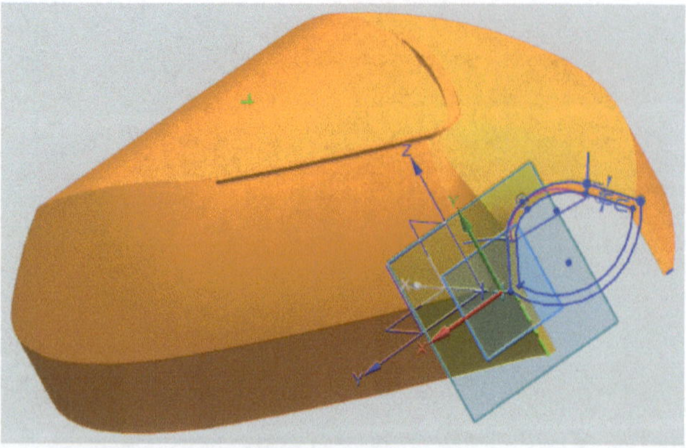

图 3-54　“草图 5”

伸捕捉选择区域边界进行拉伸，单击【确定】按钮完成命令，“拉伸实体 2”如图 3-55 所示。

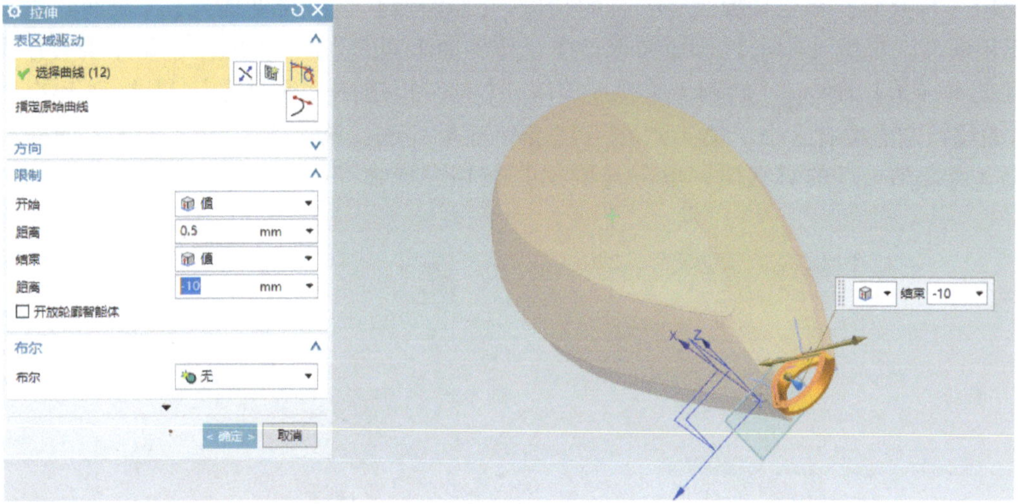

图 3-55　“拉伸实体 2”

步骤 45　创建“草图 6”和“拉伸实体 3”

单击【草图】命令，单击【草图】工具中的【圆弧】命令，绘制一个与后视镜轮廓相切的圆弧，单击【偏置曲线】命令，【距离】为 2.5mm，再使用【直线】命令封闭圆弧两端，单击【完成草图】命令，“草图 6”如图 3-56 所示。单击【拉伸】命令拉伸圆弧，【限制-结束-距离】为-20mm，拉伸捕捉选择区域边界进行拉伸，单击【确定】按钮完成命令，“拉伸实体 3”如图 3-57 所示。

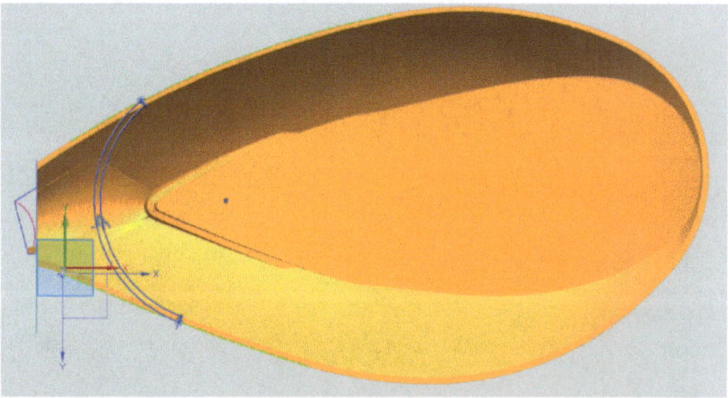

图 3-56　“草图 6”

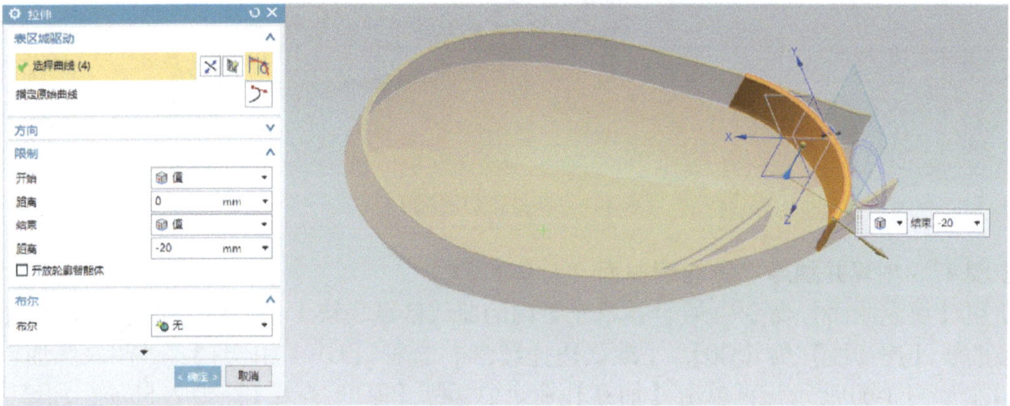

图 3-57　“拉伸实体 3”

步骤 46　替换面操作，创建“侧轮廓曲线 11”

使用【替换面】命令替换没有吻合的缺口，【原始面】选择拉伸体，【替换面】选择后视镜的主体曲面，单击【确定】按钮完成命令，替换面 1 如图 3-58 所示。单击【曲线】工具栏中的【艺术样条】命令绘制 1 条弧度曲线，【类型】选择【通过点】，【参数化-次数】为 5 次，曲线指定点位有 3 个，第 1 点在后视镜轮廓最外侧，第 2 点在“草图 5”曲线的最高点，第 3 点在第 1 点的对立面，单击【确定】按钮完成命令，“侧轮廓曲线 11”如图 3-59 所示。

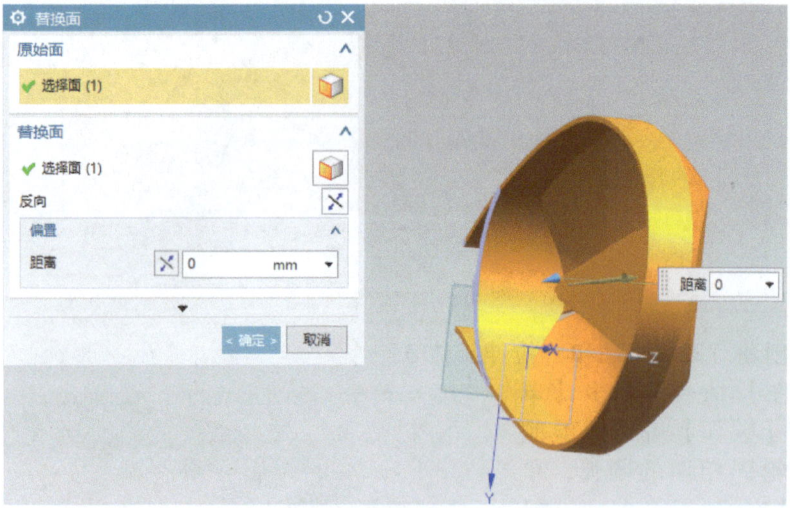

图 3-58　替换面 1

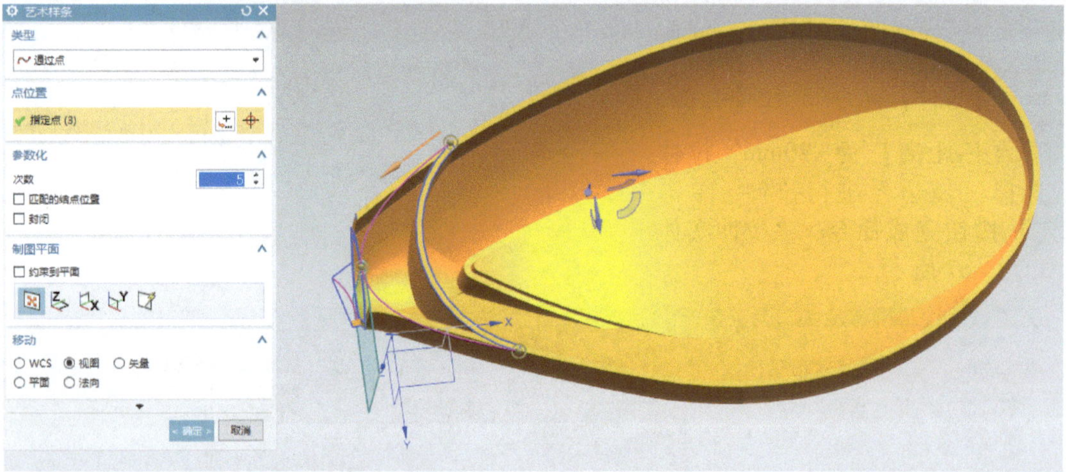

图 3-59　“侧轮廓曲线 11”

步骤 47　创建并加厚“侧轮廓曲面（片体）11”

使用【填充曲面】命令填充曲面填充绘制的曲线区域，第 1 条曲线【连续性】为【G0】，第 2 条曲线【连续性】为【G0】，【默认边连续性】选择【G1（相切）】，“侧轮廓曲面（片体）11”如图 3-60 所示。再单击【加厚】命令加厚【厚度-偏置 1】为 2.5mm，加厚完成后利用【合并】命令把 2 个实体合并成 1 个整体图形，单击【确定】按钮完成命令，“侧轮廓曲面（片体）11”如图 3-61 所示。

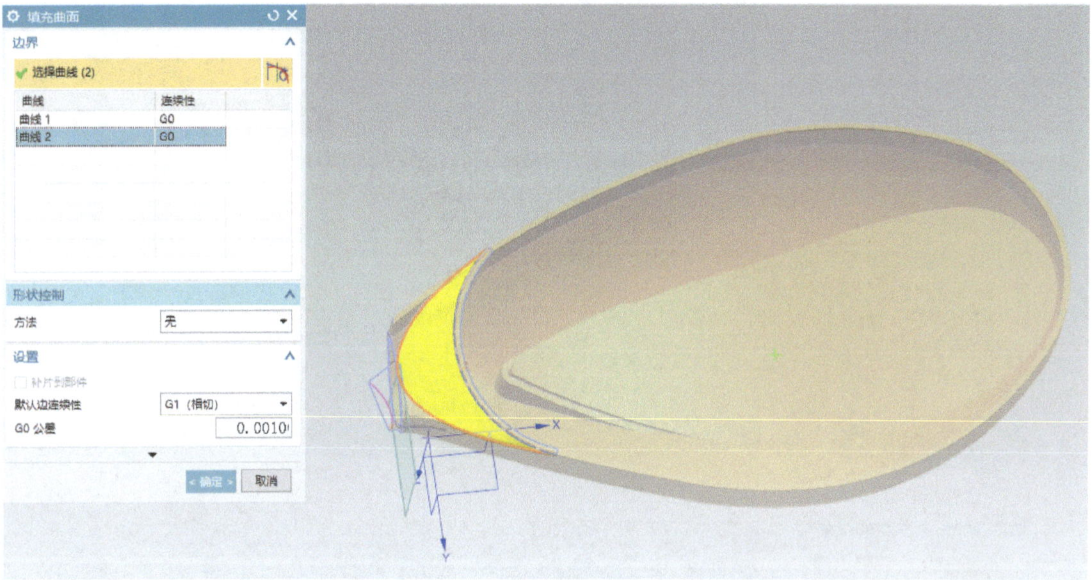

图 3-60　“侧轮廓曲面（片体）11”

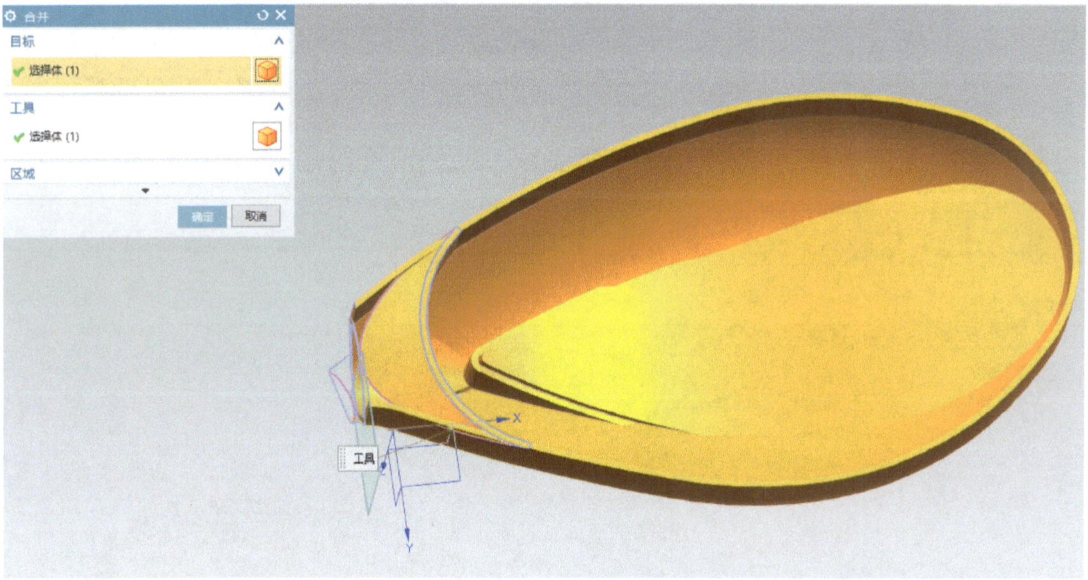

图 3-61　加厚“侧轮廓曲面（片体）11”

步骤 48　替换面操作

单击【替换面】（片体）命令 替换面，【原始面】选择加厚的片体，【替换面】选择后视镜主体，替换面 2 如图 3-62 所示，单击【确定】按钮完成命令。再次使用【替换面】命令让后视镜表面更整洁，【原始面】选择后视镜主体凸起的 2 条边，【替换面】选择加厚的片体，替换面 3 如图 3-63 所示。继续使用【替换面】命令让后视镜底部替换平整，【原始面】选择后视镜底部平面，【替换面】选择加厚的片体，替换面 4 如图 3-64 所示。

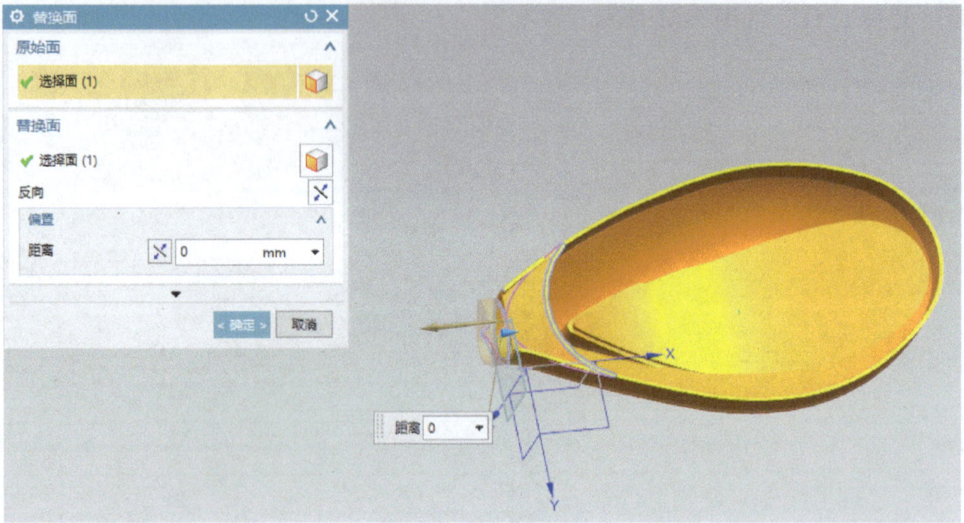

图 3-62　替换面 2

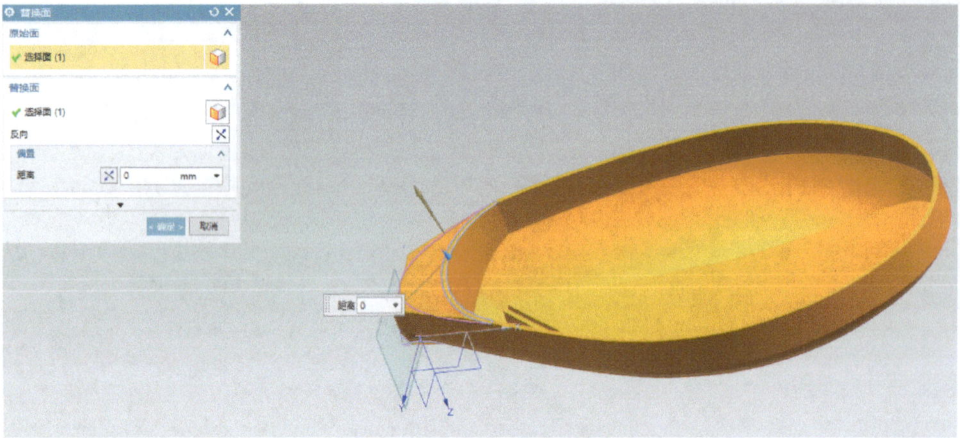

图 3-63　替换面 3

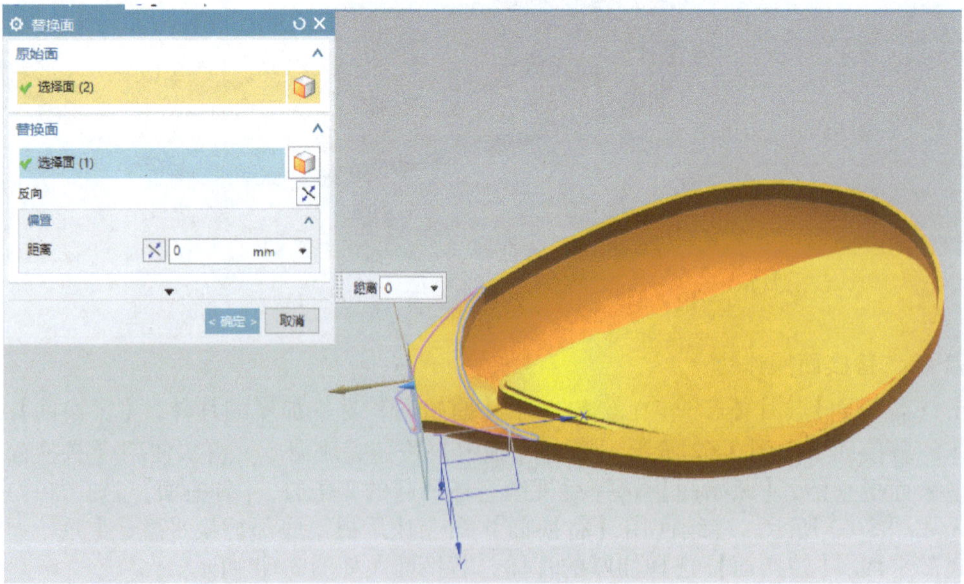

图 3-64　替换面 4

步骤 49　创建“草图 6”和“拉伸实体 4”

单击快捷菜单上的【草图】命令，【草图类型】选择【在平面上】，【平面方法】选择【现有平面】，选择后视镜底面的平面，然后单击【确定】按钮，进入草图编辑模式。利用【草图】工具中的【圆弧】命令和【直线】命令沿着后视镜轮廓绘制草图，然后单击【偏置曲线】命令【距离】为 2.5mm，单击【确定】按钮，单击【完成草图】命令，“草图 7”如图 3-65 所示。使用【拉伸】命令拉伸草图曲线，【限制-结束-距离】为 −15mm，拉伸捕捉选择区域边界进行拉伸，“拉伸实体 4”如图 3-66 所示。

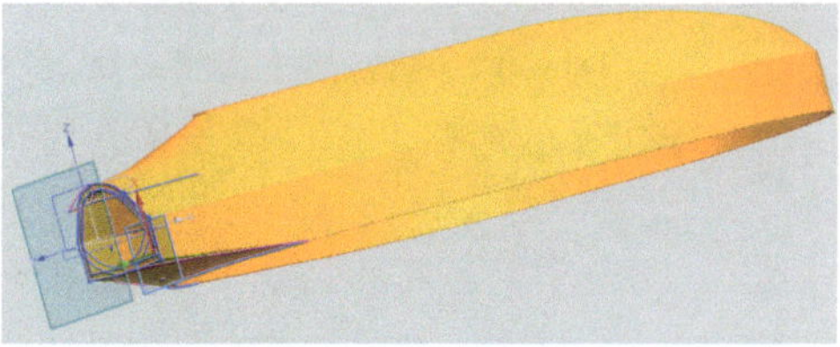

图 3-65　“草图 7”

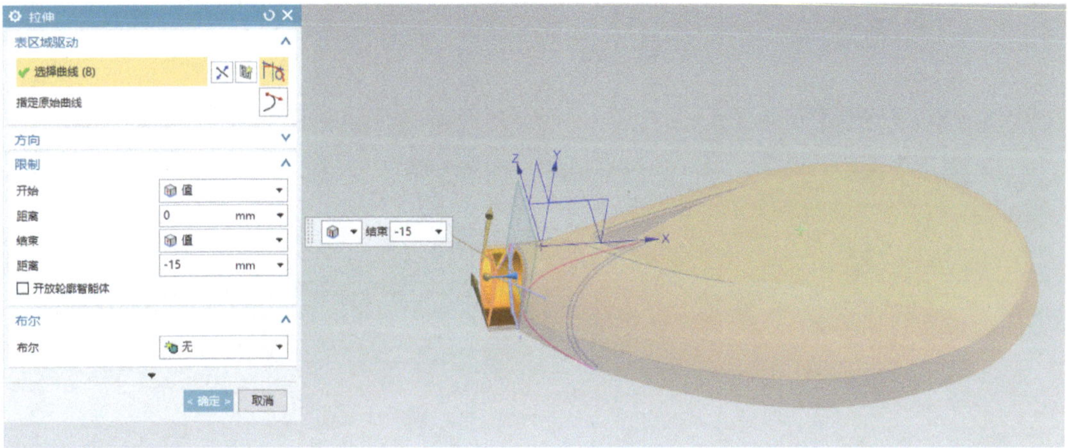

图 3-66　“拉伸实体 4”

步骤 50　创建“草图 8”和“拉伸实体 5”

单击快捷菜单上的【草图】命令，【草图类型】选择【在平面上】，【平面方法】选择【现有平面】，选择 *YZ* 平面，然后单击【确定】按钮，进入草图编辑模式。利用【草图】工具中的【圆弧】命令、【直线】命令和【圆】命令绘制草图，圆的直径 25mm，绘制完成后单击【完成草图】命令，“草图 8”如图 3-67 所示。单击【拉伸】命令，【限制-结束-距离】为 15mm，拉伸捕捉选择区域边界进行拉伸，“拉伸实体 5”如图 3-68 所示。使用【合并】命令合并拉伸的实体和后视镜的主体。

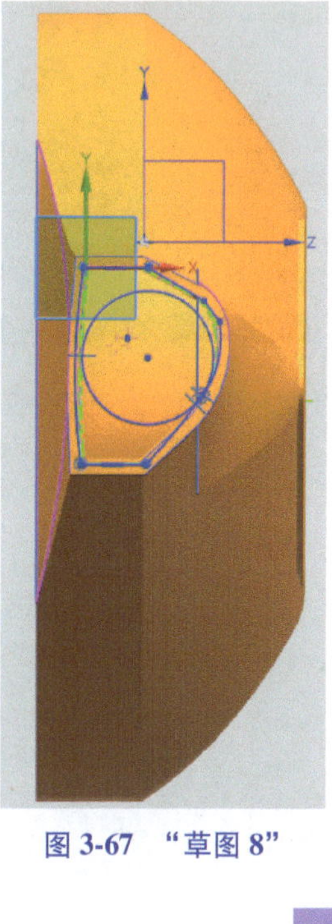

图 3-67　“草图 8”

步骤 51　边倒圆操作

单击【边倒圆】命令边倒圆，【连续性】选择【G1（相切）】，【形状】选择【圆形】，【半径 1】为 5mm，单击【确定】按钮完成命令，边倒圆 1 如图 3-69 所示。单击【边倒圆】命令，【连续性】选择【G1（相切）】，【形状】选择【圆形】，【半径 1】为 5mm，单击【确定】按钮完成命令，边倒圆 2 如图 3-70 所示。单击【边倒圆】命令，【连续性】选择【G1（相切）】，【形状】选择【圆形】，

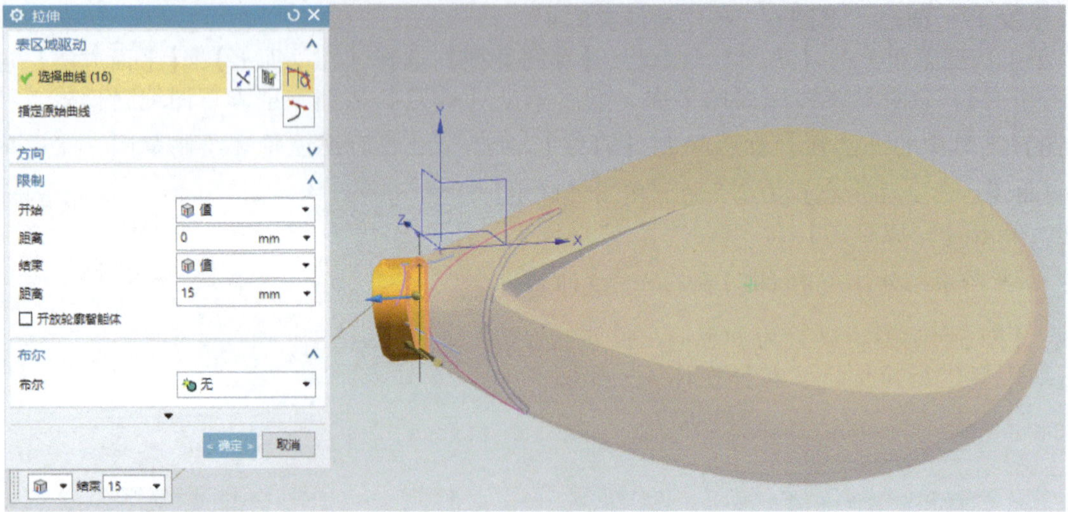

图 3-68 “拉伸实体 5”

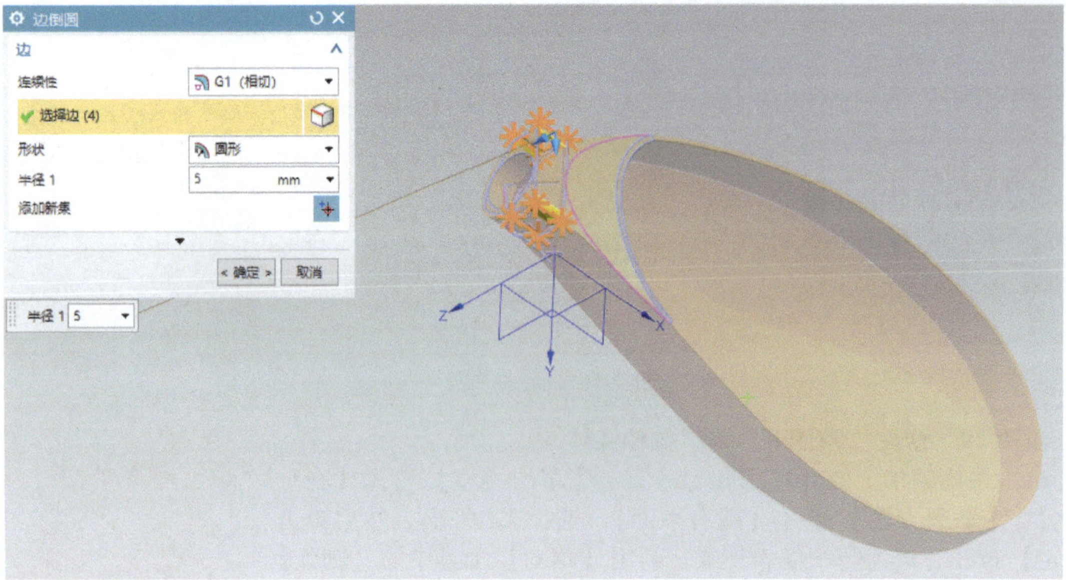

图 3-69 边倒圆 1

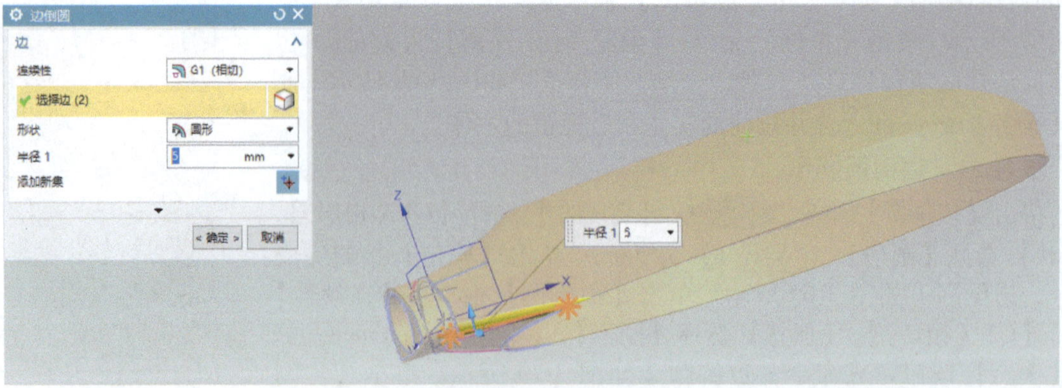

图 3-70 边倒圆 2

【半径 1】为 5mm，单击【确定】按钮完成命令，边倒圆 3 如图 3-71 所示，用边倒圆平滑过渡后视镜的直角边可以增加其美观性。

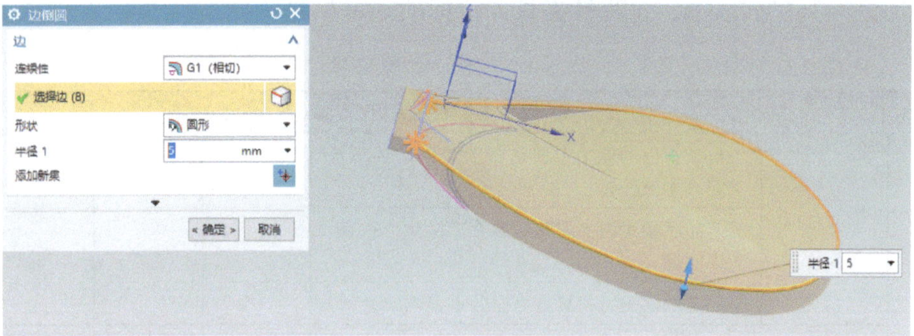

图 3-71　边倒圆 3

步骤 52　创建螺旋线，进行螺旋切除

单击【螺旋】命令，螺旋线中心为后视镜底座圆的圆心，【类型】选择【沿矢量】，【大小直径-值】为 25mm，【螺距-值】为 1mm，【长度-圈数】为 5 圈，螺旋线如图 3-72 所示。使用【管】命令，选择曲线沿螺旋线走，【横截面-外径】为 0. 5mm，【横截面-内径】为 0mm，【布尔】选择【减去】，【选择体】为后视镜主体，单击【确定】按钮完成命令，螺旋切除如图 3-73 所示。

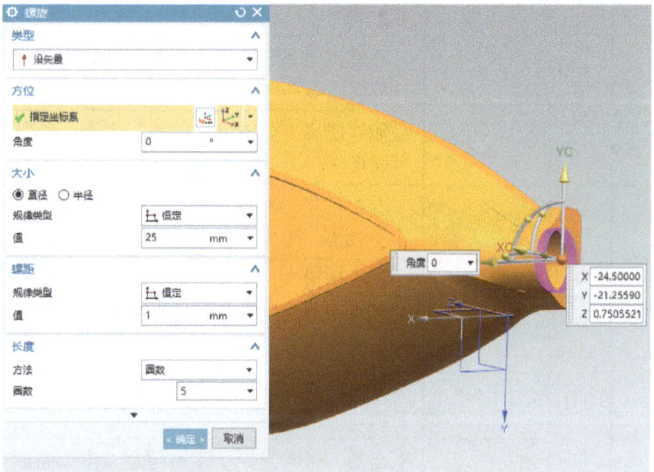

图 3-72　螺旋线

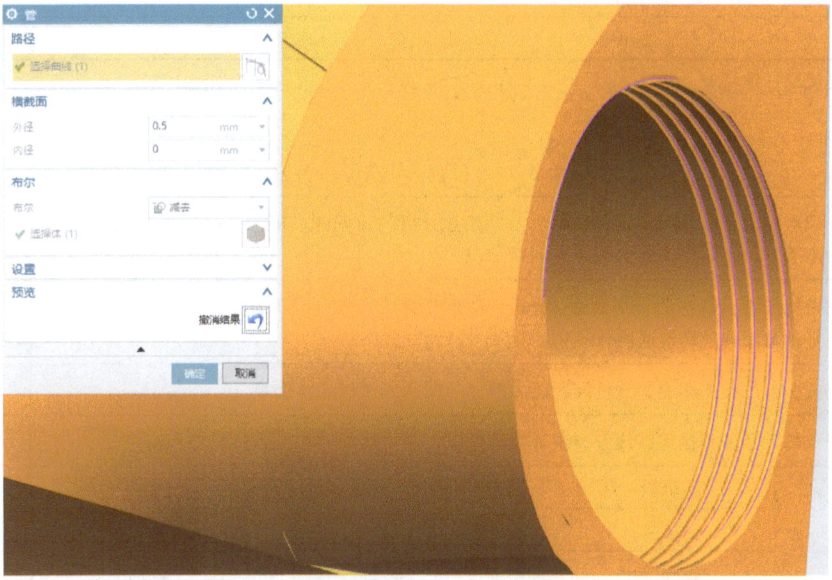

图 3-73　螺旋切除

【任务评价】

工作任务学习卡见表3-1，过程性考核评价标准见表3-2。

表 3-1　工作任务学习卡

序号	考核评价项目		考核内容	学生自评	小组互评	教师总评	分值
1	过程性考核	素质目标	自我管理的能力：能够按照教师的要求自觉完成相关任务				10
2			产品质量意识：能够从整个产品生产过程，考虑问题				5
3			一定的审美力，具有自己的审美判断力				5
4		知识目标	掌握零部件结构特点，进行数字化设计				10
5			掌握根据零部件结构，选择合适的造型方法				5
6			掌握根据3D打印机打印参数，选择零部件装配间隙				5
7		能力目标	能够使用NX 12.0【草图】命令，绘制零件截面图形				10
8			能够使用NX 12.0【拉伸】命令，绘制零件图形				10
9			能够使用NX 12.0【尺寸约束】【几何约束】功能，完成图形的精确绘制				10
11			能够使用NX 12.0【镜像曲线】、【偏置曲线】、【镜像几何特征】、【边倒圆】等命令进行零部件绘制				10
12			能够使用NX 12.0【网格曲面】命令，进行曲面造型				10
13		其他方面	出勤、课堂纪律、回答问题、作业完成情况等				10
小计							—
总评							

注：“总评”成绩计算按照“小计”中“学生自评”的20%，“小组互评”的30%，“教师总评”的50%进行综合计算。

表 3-2　过程性考核评价标准

能合理运用知识点完成考核任务，具有自主学习、独立分析解决问题的能力，良好的产品质量意识，具有一定的审美力，团队协作能力强，有创新意识	A
能较好地完成考核任务，但自主学习、独立分析解决问题能力稍差，具有产品质量意识，具有一定审美力，能很好地与团队成员沟通协作	B
基本完成考核任务，但自主学习、分析问题能力差，与团队成员沟通协作差	C
没有完成知识点的学习和考核工作任务，主观能动性差，与团队成员的沟通协作能力差	D

评价	班级		姓名	
	组号		组长签字	
	教师签字		日期	

任务 2　后视镜模型的切片输出

【学习目标】

素质目标：

（1）具有一定的审美力。

（2）具有自我管理的能力。

（3）具有产品的质量意识。

知识目标：

（1）掌握确定三维模型摆放方向的方法。

（2）掌握切片软件的基本操作。

（3）掌握切片软件参数的基本设置方法。

能力目标：

（1）能够确定不同的三维模型打印方向。

（2）能够添加合理的支撑。

（3）能够利用切片软件完成合理的参数设置。

【任务描述】

按照零件成形要求，使用 Cura 切片软件正确设置打印参数，完成零件切片。要求：设置参数合理，打印时间合适，打印质量满足要求。

【任务分析】

因为本项目任务 1 完成的后视镜模型为立体模型，所以让后视镜模型的底面接触打印板，这样可以减少支撑。打印参数按照实际需求进行设置。

【相关知识】

（1）Cura 软件的使用方法。

（2）Cura 软件参数说明。

（3）手机支架模型的导入。

Cura 软件的使用方法　　Cura 软件参数说明

【任务实施】

一、导出后视镜模型 STL 文件

在 NX 12.0 中，依次选择【菜单】→【文件】→【导出】→【STL】，弹出【STL 导入】对话框。在对话框中：①选择要导出的对象，框选全部实体特征；②选择要导出的路径并命名；③单击【确定】按钮，完成后视镜模型 STL 文件的导出。

二、切片软件中导入后视镜模型

步骤 1　将后视镜模型导入到切片软件

打开切片软件 Cura，导入 STL 模型。可选择菜单栏【文件】，读取模型文件或单击右侧 3D 浏览窗口左上角【Load】按钮选择模型并打开。

导入后视镜模型到切片软件界面如图 3-74 所示。

图 3-74　导入后视镜模型到切片软件界面

步骤 2　多种显示模式

在主窗口右上角，有模型多种显示模式的菜单，如图 3-75 所示。

图 3-75　多种显示模式菜单

各种显示模式效果图如图 3-76 所示。

图 3-76　各种显示模式效果图

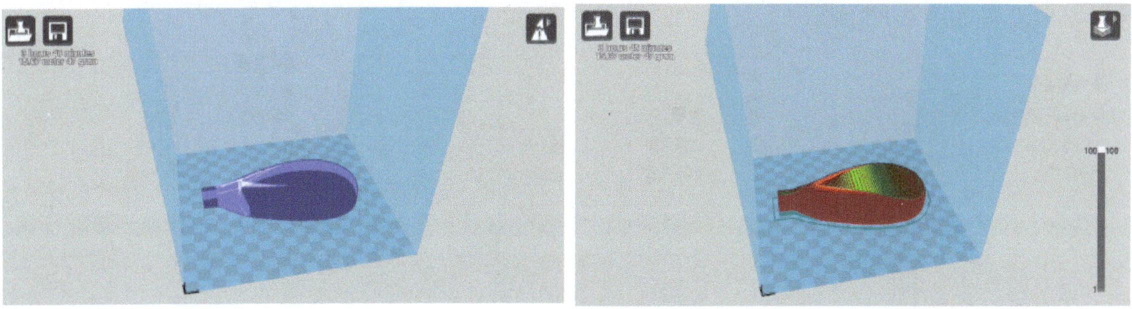

图 3-76　各种显示模式效果图（续）

步骤 3　模型调整

模型调整如图 3-77 所示。

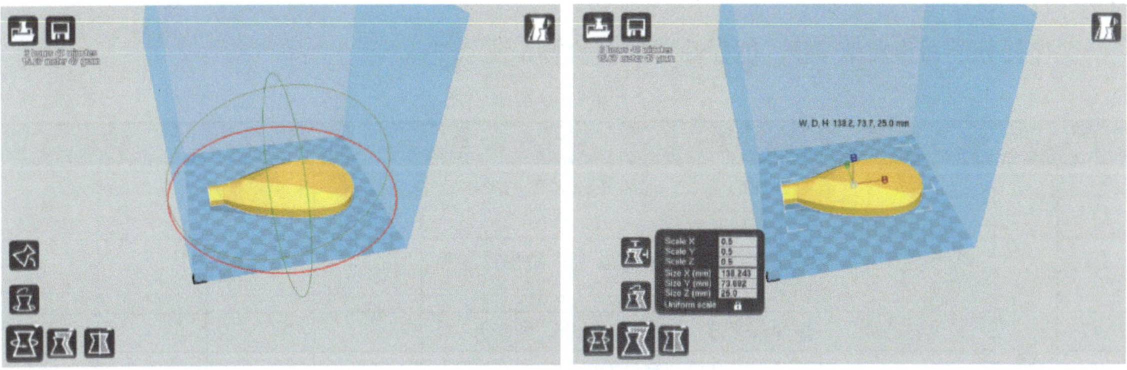

图 3-77　模型调整

三、主要参数设置

步骤 1　打印质量参数设置（层厚、壁厚、开启回退）

后视镜模型【层厚（mm）】为 0.15，【壁厚（mm）】为 0.8，选中【开启回退】，打印质量参数设置如图 3-78 所示。

步骤 2　填充参数设置（底层/顶层厚度、填充密度）

后视镜模型【底层/顶层厚度（mm）】为 0.75，【填充密度（%）】为 50，填充参数设置如图 3-79 所示。

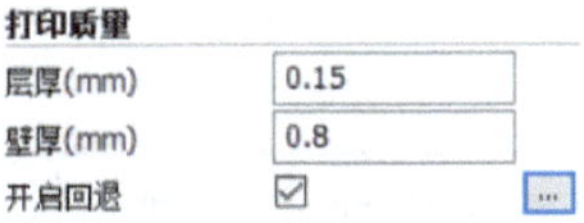

图 3-78　打印质量参数设置

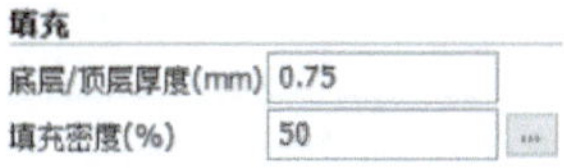

图 3-79　填充参数设置

步骤 3　速度和温度参数设置（打印速度、打印温度、热床温度）

后视镜模型【打印速度（mm/s）】为 60，【打印温度（C）】为 210，【热床温度】为 70，速度和温度参数设置如图 3-80 所示。

步骤 4　支撑参数设置（支撑类型和粘附平台）

后视镜模型【支撑类型】选择【所有悬空】，【粘附平台】选择【沿边】，支撑参数设置如图 3-81 所示。

步骤 5　打印材料参数设置（直径、流量和喷嘴孔径）

后视镜模型【直径（mm）】为 1.75，【流量（%）】为 100.0，【喷嘴孔径】为 0.4，打印材料参数设置如图 3-82 所示。

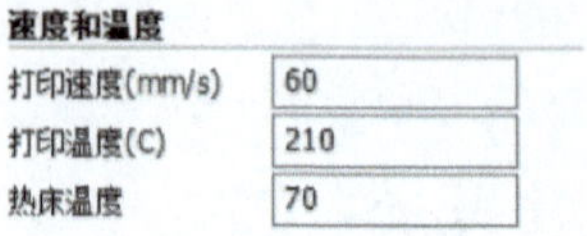

图 3-80 速度和温度参数设置

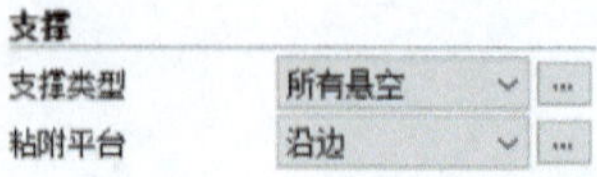

图 3-81 支撑参数设置

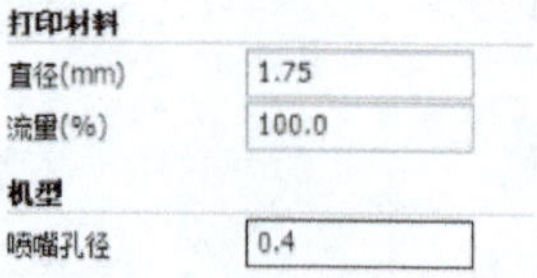

图 3-82 打印材料参数设置

四、输出 G-code 文件

后视镜模型摆放姿态调整好、参数设置完成之后，就可以导出 G-code 文件了。选择菜单栏【文件】→【SaveGcode】，在弹出对话框中选择保存的路径，输入文件的名字，单击【确定】按钮，打印文件输出完毕。

【任务评价】

工作任务学习卡见表 3-3，过程性考核评价标准见表 3-4。

表 3-3 工作任务学习卡

序号	考核评价项目		考核内容	学生自评	小组互评	教师总评	分值
1	过程性考核	素质目标	自我管理的能力：能够按照教师的要求自觉完成相关任务				10
2			产品质量意识：能够从整个产品生产过程考虑问题				5
3			一定的审美力：具有自己的审美判断力				5
4		知识目标	掌握确定三维模型摆放方向的方法				5
5			掌握切片软件参数的基本设置				25
6		能力目标	能够确定不同的三维模型打印方向				15
7			能够添加适当的支撑				15
8			能够利用切片软件完成合理的参数设置				10
9		其他方面	能够利用切片软件完成对三维模型的基本操作				10
小计							—
总评							

注："总评"成绩计算按照"小计"中"学生自评"的 20%，"小组互评"的 30%，"教师总评"的 50%进行综合计算。

表 3-4 过程性考核评价标准

能合理运用知识点完成考核任务，具有自主学习、独立分析解决问题的能力，良好的产品质量意识，具有一定的任务分析能力，团队协作能力强，有创新意识				A
能较好地完成考核任务，但自主学习、独立分析解决问题能力稍差，具有产品质量意识，具有一定任务分析能力，能很好地与团队成员沟通协作				B
基本完成考核任务，但自主学习、分析问题能力差，与团队成员沟通协作差				C
没有完成知识点的学习和考核工作任务，主观能动性差，与团队成员的沟通协作能力差				D
评价	班级		姓名	
	组号		组长签字	
	教师签字		日期	

任务3　后视镜模型打印及后处理

【学习目标】

素质目标：

（1）具有一定的任务分析能力。

（2）具有自我管理的能力。

（3）具有产品的质量意识。

知识目标：

（1）掌握3D打印机的开关方法。

（2）掌握使用3D打印机导入打印数据的方法。

能力目标：

（1）能完成打印任务前的打印机调试工作。

（2）能够使用3D打印机，完成模型的3D打印工作。

（3）能够完成打印完毕模型的后处理工作。

（4）能够完成部件的组装工作。

【任务描述】

在之前的任务环节，已经完成了后视镜模型创建工作，并在3D打印机配套的切片软件中完成了数据模型的切片工作，本任务环节将进行实践打印。通过学习讨论，完成工作任务，并填写工作任务学习卡。

将之前任务完成的切片数据文件，导入3D打印机中，完成模型的3D打印工作。在模型打印之后，还需要进行后处理及部件组装。

【任务分析】

本任务利用提供的已经完成切片的后视镜模型数据。本环节中，需要学习如何完成3D打印机开关机、打印前调试、切片数据文件导入打印机、打印件后处理、零部件装配等工作。在打印过程中还需要观察打印情况，适时调整打印机设置，以保证模型的高效完美打印。

【任务实施】

一、模型3D打印

步骤1　开机检查设备

在打印之前，需要开机检查设备。打开3D打印机电源，待设备开机运行准备完毕后，首先找到打印机 X、Y、Z 轴回原点界面，将三轴返回原点。过程中要注意打印机能否平稳运行，有无卡顿、异响或不能回到原点等异常问题。三轴回归原点后，根据打印机型号、打印件的难易程度等，决定是否需要涂抹打印机底面固定胶。

步骤2　切片数据文件导入

将之前完成任务获得的切片数据文件，导入3D打印机。

步骤3　打印并取出模型

在打印机执行打印程序后，需要观察打印机运行是否正常，打印程序执行是否正确，有无堵头、乱丝等现象，若有需要则应马上采取解决措施，否则无法完成打印工作。按照上面的流程，将所有模型打印完成（图 3-83），完成后将模型取出，关闭打印机并清理。

图 3-83　打印模型

二、打印件的后处理

步骤 1　取出支撑

使用工具（铲刀、钳子等），先去除底垫等大块支撑。拆除支撑过程中需要注意安全，避免划伤，如有必要可戴手套操作。

步骤 2　打磨

使用工具拆除支撑，不可避免地会出现拆除不净、划痕等问题，需要再使用砂纸打磨。

步骤 3　装配

按照上面的流程，将所有打印好的模型进行后处理后装配即可。

【任务评价】

工作任务学习卡见表 3-5，过程性考核评价标准见表 3-6。

表 3-5　工作任务学习卡

序号	考核评价项目		考核内容	学生自评	小组互评	教师总评	分值
1	过程性考核	素质目标	自我管理的能力：能够按照教师的要求自觉完成相关任务				10
2			产品质量意识：能够从整个产品生产过程考虑问题				5
3			一定的审美力，具有自己的审美判断力				5
4		知识目标	掌握 3D 打印机的开关方法				5
5			掌握 3D 打印机导入打印数据的方法				25
6		能力目标	能完成打印任务前的打印机调试工作				15
7			能够使用 3D 打印机，完成模型的 3D 打印工作				15
8			能够完成打印完毕模型的后处理工作				10
9		其他方面	能够完成部件的组装工作				10
小计							—
总评							

注：“总评”成绩计算按照“小计”中“学生自评”的 20%，“小组互评”的 30%，“教师总评”的 50%进行综合计算。

表 3-6　过程性考核评价标准

能合理运用知识点完成考核任务，具有自主学习、独立分析解决问题的能力，良好的产品质量意识，具有一定的任务分析能力，团队协作能力强，有创新意识				A
能较好地完成考核任务，但自主学习、独立分析解决问题能力稍差，具有产品质量意识，具有一定任务分析能力，能很好地与团队成员沟通协作				B
基本完成考核任务，但自主学习、分析问题能力差，与团队成员沟通协作差				C
没有完成知识点的学习和考核工作任务，主观能动性差，与团队成员的沟通协作能力差				D
评价	班级		姓名	
	组号		组长签字	
	教师签字		日期	

【知识广角】

3D 打印是直接从计算机图形数据中生成复杂结构的产品，逐层添加材料，按需耗材，在生产上能够优化结构、节省材料和能源，大幅提高生产效率，降低生产成本，助力实现无人化工厂。3D 打印基本不受零件形状的限制，可快速加工成形结构复杂的零件，特别内部结构复杂，用传统加工无法完成一体制造的，用 3D 打印可实现“自由制造”。同时，具有“去模具、减废料、降库存”等优点，是一种新型环保的绿色制造方式。

目前 3D 打印与传统精密加工相比还存在加工精度、表面粗糙度、可加工材料等方面的差距，尤其在大批量制造方面，传统精密加工技术在效率和成本上更具优势。3D 打印与传统加工方式将长期并存，共同为制造行业提供精细化、自动化、高效化的加工方案。

【COMET 职业能力测评】

COMET 职业能力测评评价表见表 3-7。

表 3-7　COMET 职业能力测评评价表

一级能力	二级能力	序号	考核内容评分项说明	完全不符	基本不符	基本符合	完全符合
功能性能力	直观性	1	是否与专业规范或技术标准相符合？				
	功能性	2	是否满足功能性要求？				
		3	是否达到“技术先进水平”？				
		4	是否可以实施？				
过程性能力	使用价值导向	5	是否考虑到功能扩展的可能性？				
		6	对于使用者来说，设计方案是否方便、易于使用？				
		7	是否具有使用价值？				
	经济性	8	实施设计方案的成本是否较低？				

项目4 手摇风扇一体化设计

任务1 创建手摇风扇模型特征

【学习目标】

素质目标：

（1）具有一定的审美力。

（2）具有自我管理的能力。

（3）具有产品的质量意识。

知识目标：

（1）掌握零部件的结构特点，进行数字化设计。

（2）掌握根据零部件的结构，选择合适的造型方法的操作。

（3）掌握根据3D打印机打印参数，选择零部件装配间隙的方法。

能力目标：

（1）能够使用NX 12.0【草图】命令，绘制零件截面图形。

（2）能够使用NX 12.0【拉伸】命令，创建零件模型。

（3）能够使用NX 12.0【边倒圆】命令，进行零件倒圆角。

【任务描述】

根据市场上大多数风扇尺寸，设计出一款满足客户要求的手摇风扇，要求体积适当，结构简单，外形美观，操作方便，稳定性好，强度足够。通过学习讨论，完成工作任务，并填写工作任务学习卡。

设计的手摇风扇由风扇前壳、风扇后壳、风扇扇叶、手摇把手、齿轮5部分组成。本次任务根据零部件结构选择合适的造型方法，绘制出数字模型，进行一体化设计，并根据3D打印机打印参数，选择合适的装配间隙。

【任务分析】

本任务要求设计出一款手摇风扇主要应用了旋转机构、齿轮传动带动扇叶旋转。设计时应考虑人体工程学，对手摇风扇手持部分进行边倒圆处理，采用上宽下窄设计，做到结构简单、操作方便、稳定性好。根据设计思路，选择了 NX 12.0 造型软件中的拉伸造型方法，绘制出数字模型，根据所使用的 3D 打印机打印参数，选择合适的装配间隙。

【相关知识】

(1) NX 12.0【拉伸】命令的使用方法。
(2) 3D 打印机打印参数说明。
(3) 识读手摇风扇模型图样。

手摇风扇-工程图

【任务实施】

一、风扇后壳建模

步骤 1 创建“草图”

单击快捷菜单上的【草图】命令，【草图类型】选择【在平面上】，【平面方法】选择【现有平面】，选择 *XY* 平面，然后单击【确定】按钮，进入草图编辑模式。利用【草图】工具【圆弧】命令绘制如图 4-1 所示尺寸的轮廓，利用【快速尺寸】命令标注相应的尺寸以约束草图，“草图 1”如图 4-1 所示。

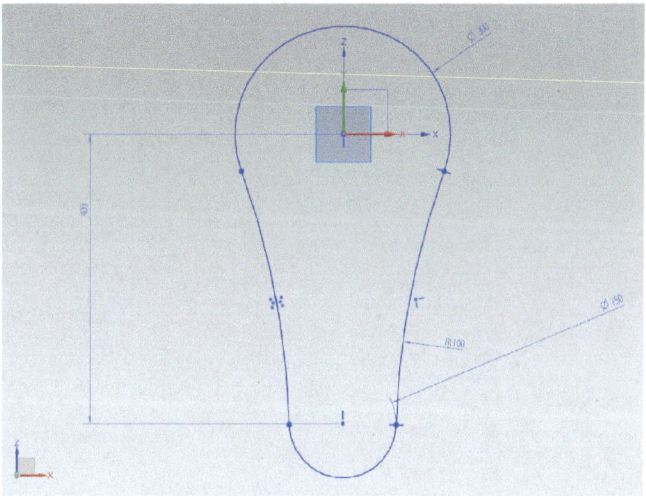

图 4-1 “草图 1”

步骤 2 创建“拉伸实体 1”

单击快捷菜单上的【拉伸】命令，截面选择“草图 1”，【方向】选择平面法向，【限制-开始-距离】为 0mm，【限制-结束-距离】为 50mm。【布尔】选择【无】，其他默认设置，单击【确定】按钮，“拉伸实体 1”如图 4-2 所示。

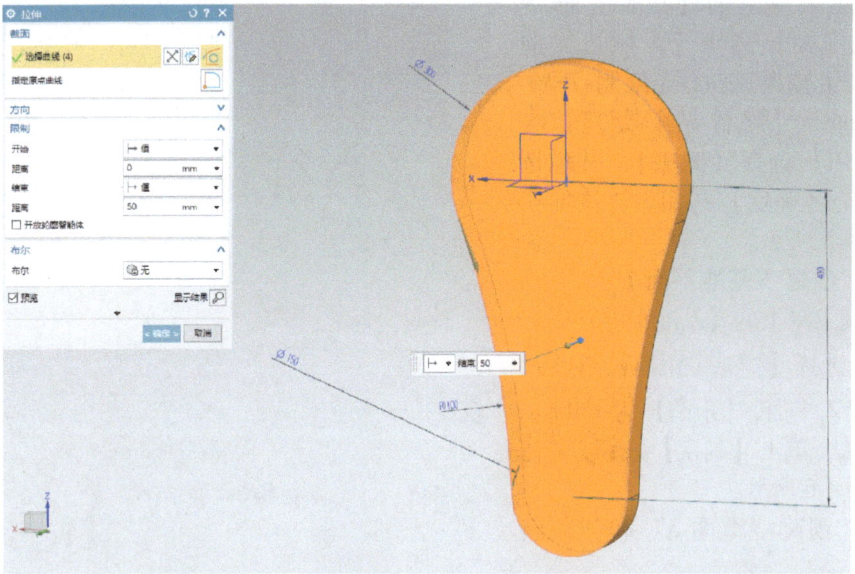

图 4-2 “拉伸实体 1”

步骤 3　后壳抽壳

单击快捷菜单上的【抽壳】命令，【类型】选择【移除面】，然后抽壳，选择 *XZ* 平面，【厚度】为 15mm，其他选项默认，单击【确定】按钮，抽壳如图 4-3 所示。

步骤 4　创建后壳与前壳配合主体“草图 2”

单击快捷菜单上的【草图】命令，使用【曲线】命令画出配合部分轮廓，利用【快速尺寸】命令标注相应的尺寸以约束草图，“草图 2”如图 4-4 所示。

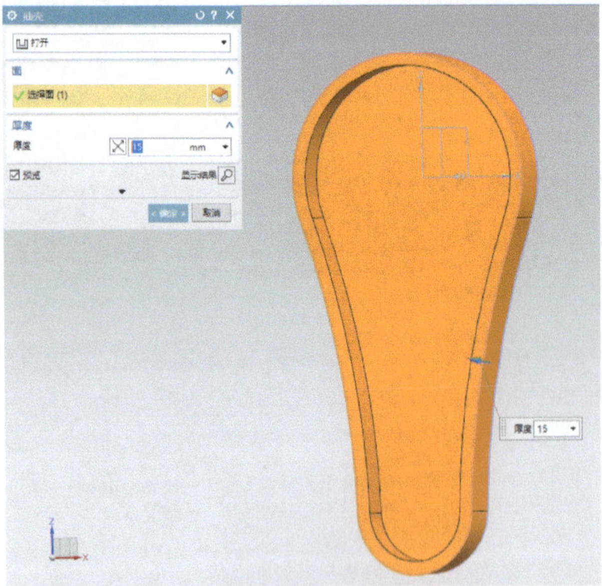

图 4-3　抽壳

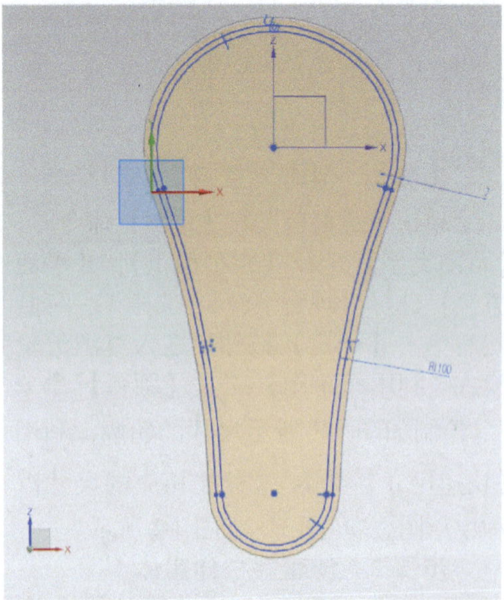

图 4-4　“草图 2”

退出命令，继续使用快捷菜单中的【偏置曲线】命令，【类型】选择【距离】，【要偏置的曲线】选择装配部分轮廓，【距离】为 7mm，其他选项默认，单击【确定】按钮。

步骤 5　创建“拉伸实体 2”

使用快捷菜单上的【拉伸】命令，【区域规则】选择【区域边界曲线】，指定矢量选择反向，【限制-开始-距离】为 0mm，【限制-结束-距离】为 10mm，【布尔】选择【减去】，其他选项默认，单击【确定】按钮，“拉伸实体 2”如图 4-5 所示。

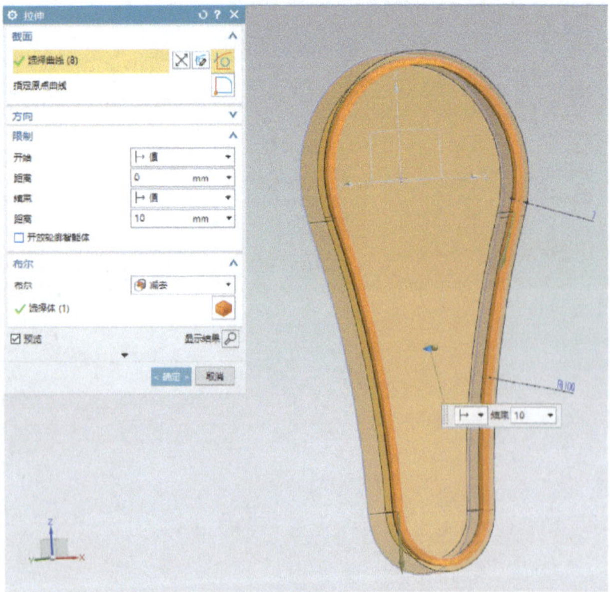

图 4-5　“拉伸实体 2”

步骤 6　创建“基准平面 1”

单击快捷菜单上的【基准平面】命令，【类型】选择【按某一距离】，【平面参考】选择 *XZ* 平面，【距离】为 150mm，其他选项默认，单击【确定】按钮，“基准平面 1”图 4-6 所示。

步骤 7　创建“草图 3”和“旋转拉伸实体”

单击快捷菜单上的【草图】命令，

基准面选择 *XY* 平面，单击快捷菜单上的【曲线】命令，绘制如图 4-7 所示的“草图 3”轮廓，单击【结束草图】命令。单击快捷菜单上的【旋转拉伸】命令，【指定矢量】选择 *Y* 方向，【指定点】选择圆心，【限制-开始-角度】为 0°，【限制-结束-角度】为 360°，【布尔】选择【无】，其他选项默认，单击【确定】按钮，“旋转拉伸实体”如图 4-8 所示。

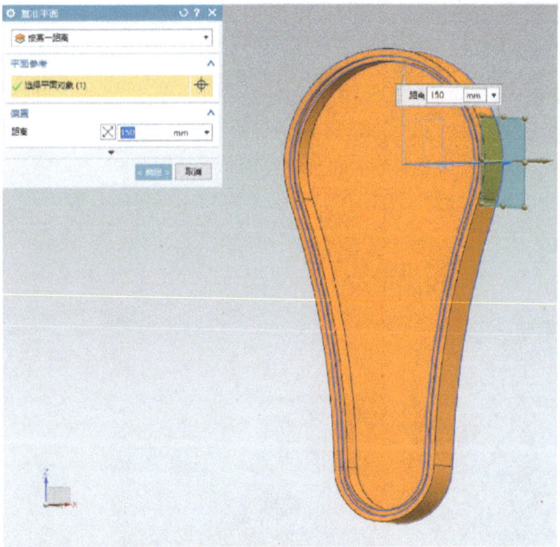

图 4-6　“基准平面 1”

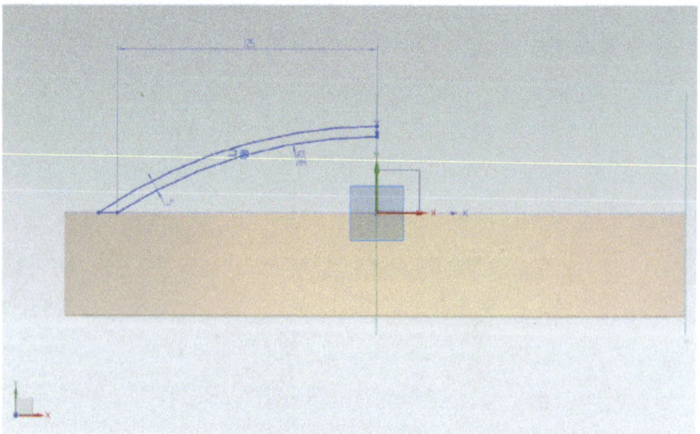

图 4-7　“草图 3”

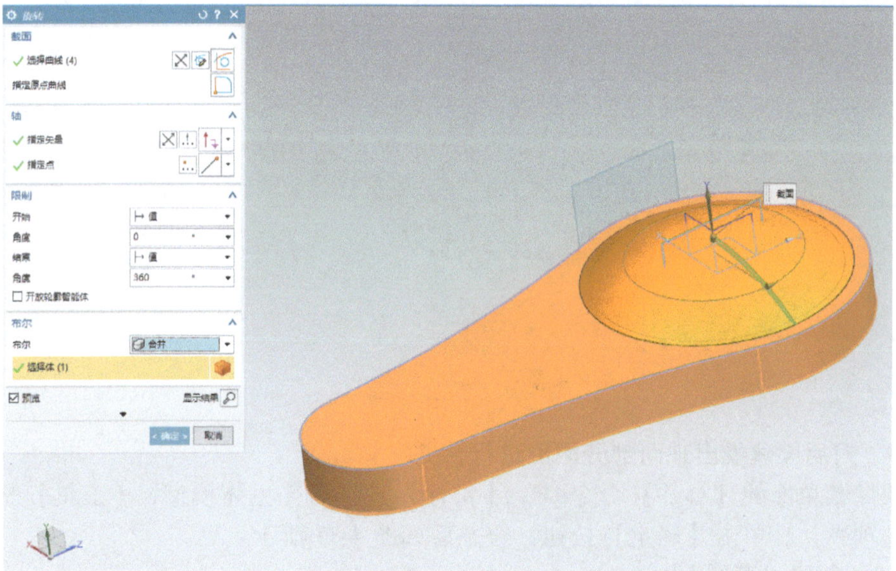

图 4-8　“旋转拉伸实体”

步骤 8　创建“草图 4”和“拉伸实体 3”

将（步骤 7）建模的图形与后壳主体模型打通合并。单击【草图】命令，基准面选择后壳内部，单击快捷菜单上的【圆】命令〇，绘制如图 4-9 所示的“草图 4”，利用【快速尺寸】命令标注相应的尺寸以约束草图，单击【结束草图】命令。单击快捷菜单上的【拉伸】命令，选中“草图 4”，【限制-开始-距离】为 0mm，【限制-结束-距离】为 15mm，【布尔】

选择【减去】,【选择体】为后壳主体模型，其他选项默认，单击【确定】按钮，“拉伸实体3”如图 4-10 所示。

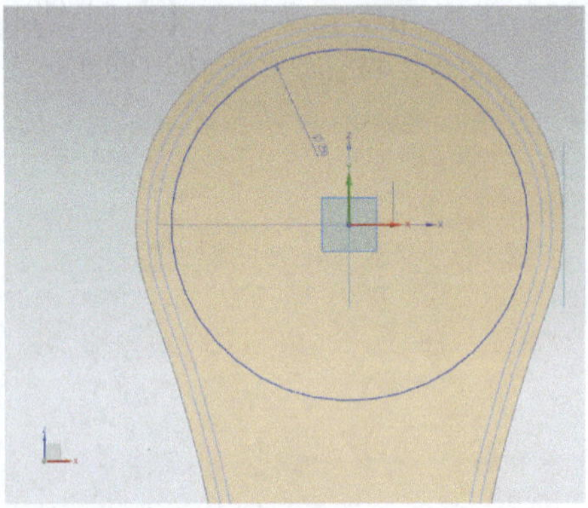

图 4-9 “草图 4”

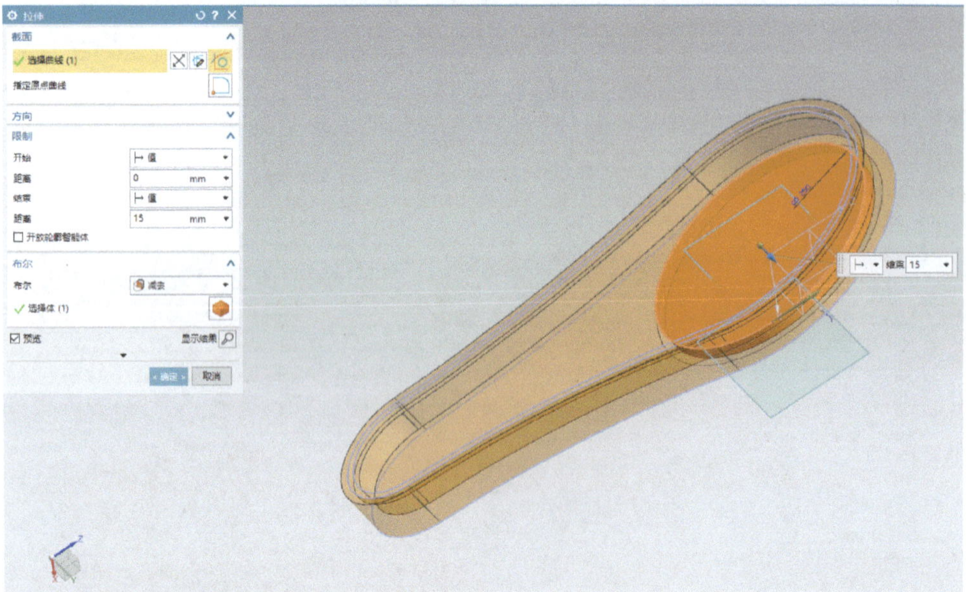

图 4-10 “拉伸实体 3”

步骤 9　对后壳建模出来两部分图形进行合并

单击快捷菜单上的【合并】命令，【目标】选择后壳主体模型，【工具】选择半圆模型，其他选项默认，单击【确定】按钮，合并后如图 4-11 所示。

步骤 10　创建“草图 5”

将后壳主体模型与前壳主体模型冲突部分割去。单击【草图】命令，基准面选择基准平面 1，单击快捷菜单上的【矩形】命令，绘制 1 个长为 83mm，宽为 45mm 的矩形，使用【角焊】命令倒 2 个半径为 12mm 的圆角，“草图 5”如图 4-12 所示。

步骤 11　创建“拉伸 4”，将后壳主体多余的部分切除

单击快捷菜单上的【拉伸】命令，单击“草图 5”，【方向】选择平面法向，【限制-开始-距离】为 0mm，【限制-结束-距离】为 79mm，【布尔】选择【减去】，选择后壳主体模型，其他选项默认，单击【确定】按钮，完成主体框架切除，“拉伸 4”如图 4-13 所示。

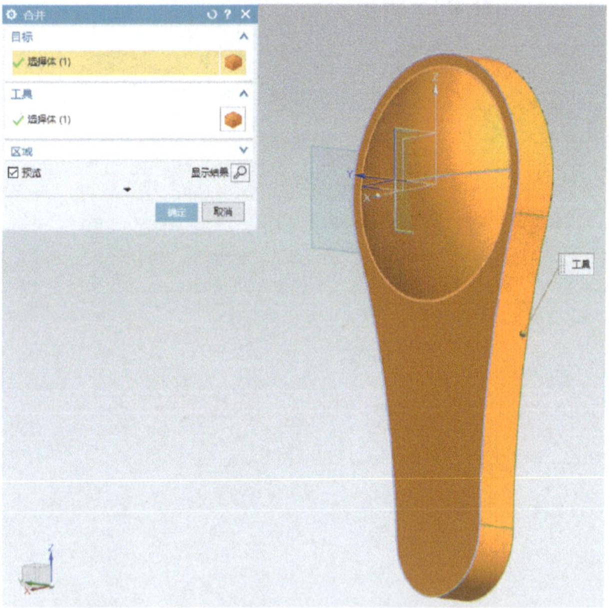

图 4-11　合并

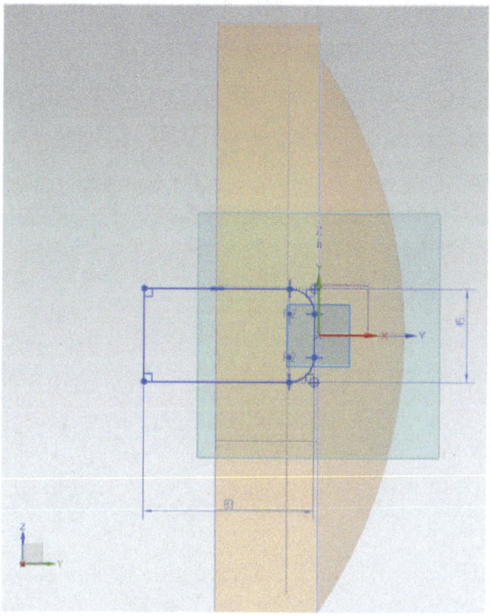

图 4-12　“草图 5”

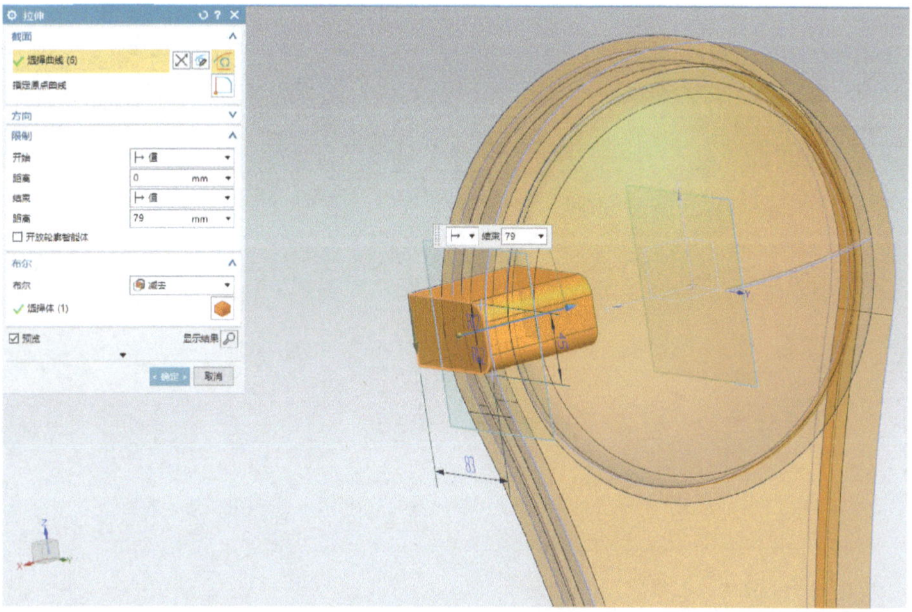

图 4-13　“拉伸 4”

步骤 12　后壳主体模型边倒圆

单击快捷菜单上的【边倒圆】命令，【混合面连续性】选择【G1（相切）】，下面选择需要倒圆角的边，【形状】选择【圆形】，【半径 1】为 15mm，选择需要倒圆角的边，单击鼠标中键确认，然后单击【确定】按钮，完成边倒圆，如图 4-14 所示。

步骤 13　后壳主体模型后部边倒圆

单击快捷菜单上的【边倒圆】命令，【混合面连续性】选择【G1（相切）】，下面选择需倒圆角的边，【形状】选择【圆形】，【半径 1】为 10mm，选择需要倒圆角的边，单击鼠标中键确认，然后单击【确定】按钮，完成边倒圆，如图 4-15 所示。

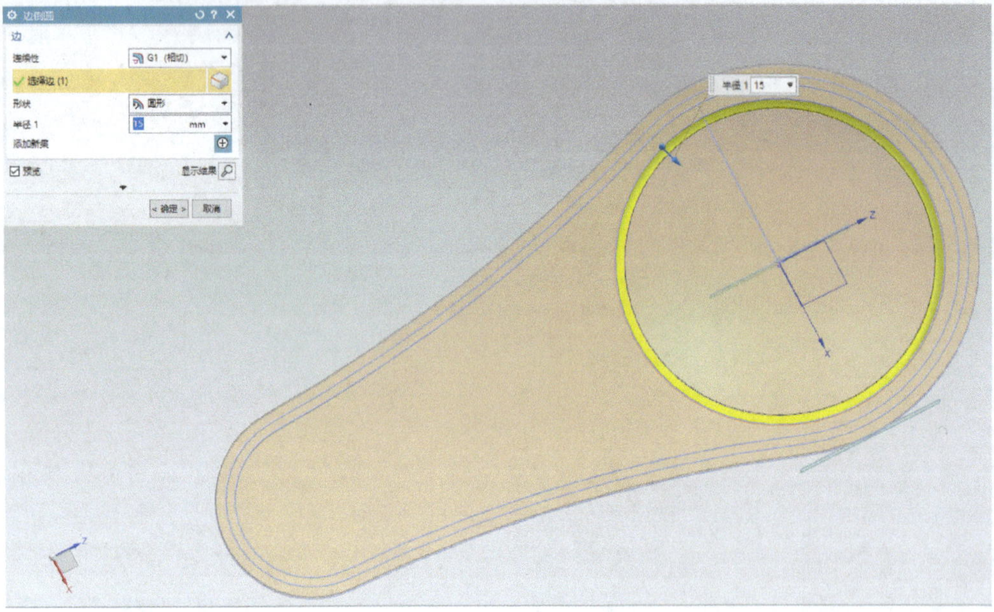

图 4-14　后壳主体模型边倒圆

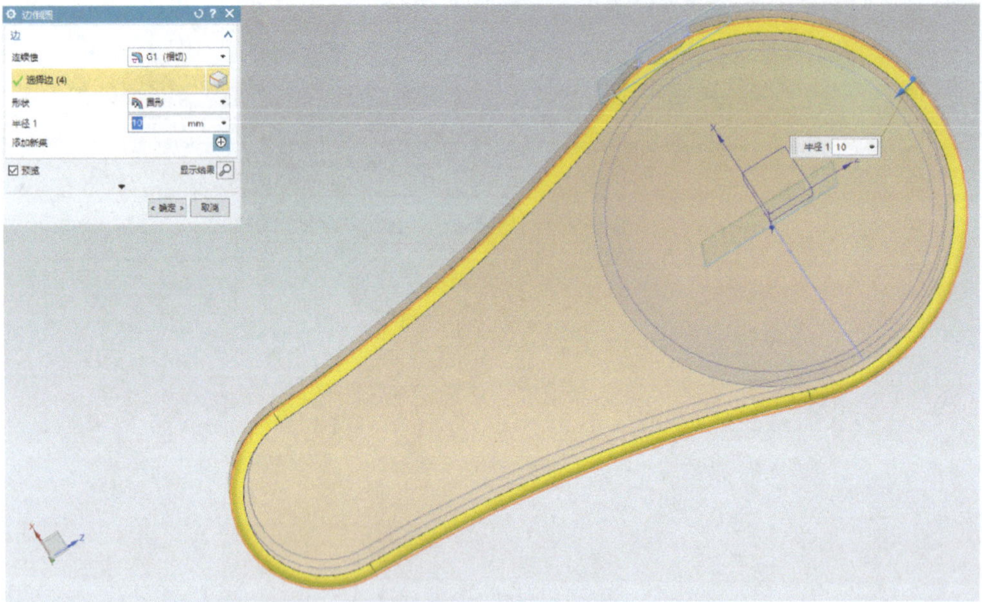

图 4-15　后壳主体模型后部边倒圆

二、风扇扇叶建模

步骤 1　创建“拉伸实体 5”

进入草图编辑模式，利用【草图】工具中的【圆】命令〇绘制直径为 60mm 的圆，利用【快速尺寸】命令快速尺寸标注相应的尺寸，单击使用快捷工具栏【拉伸】命令，单击图 4-16 相应的草图，【限制-开始-距离】为 0mm，【限制-结束-距离】为 30mm，【布尔】选择无，其他选项默认。单击【确定】按钮，完成主体框架拉伸，效果如图 4-16 所示。

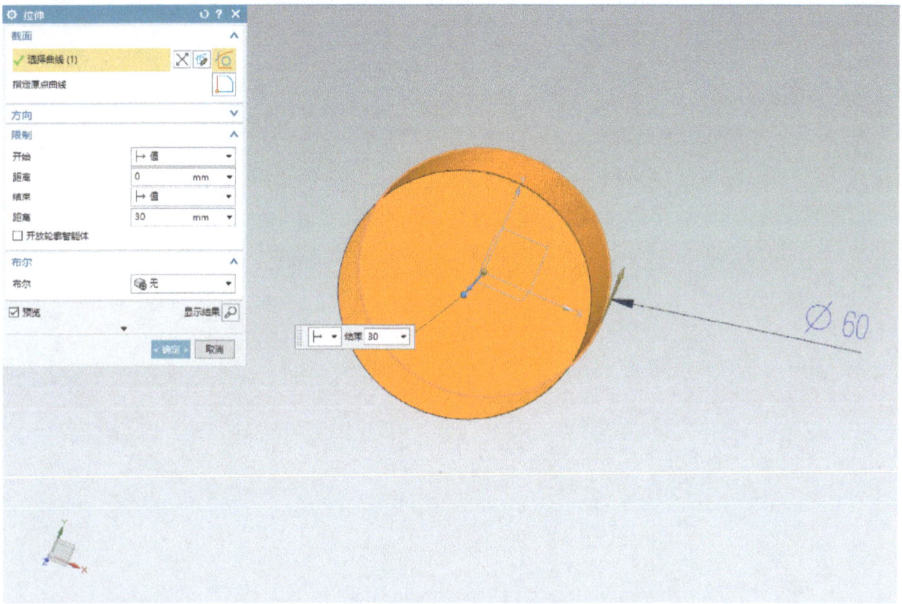

图 4-16　“拉伸实体 5”

步骤 2　创建“草图 6”

进入草图编辑模式，利用【草图】工具中的【曲线】命令绘制扇叶的轮廓线，利用【快速尺寸】命令标注相应的尺寸以约束草图，“草图 6”如图 4-17 所示。

步骤 3　创建“拉伸实体 6”

单击快捷菜单上的【拉伸】命令，截面选择“草图 6”，【方向】选择平面法向，【限制-开始-距离】为 0mm，【限制-结束-距离】为 25mm，【布尔】选择【无】，其他默认设置，单击【确定】按钮，完成“拉伸实体 6”的创建，如图 4-18 所示。

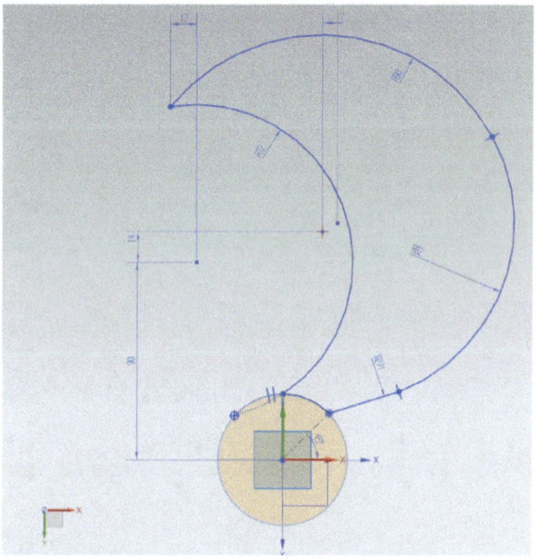

图 4-17　“草图 6”

步骤 4　创建阵列特征

单击快捷菜单上的【阵列特征】命令【要形成阵列的特征】选择“拉伸实体 6”，【布局】选择【圆形】，【指定矢量】选择 Z 轴，【指定点】选择原点，【间距】选择【数量和间隔】，【数量】为 3 个，【间隔角】为 120°，其他选项默认设置，单击【确定】按钮，完成阵列特征的创建，如图 4-19 所示。

步骤 5　创建“草图 7”

单击快捷菜单上的【草图】命令进入草图编辑模式，利用【草图】工具中的【矩形】命令和【直线】命令，绘制出如图 4-20 所示的轮廓线，利用【快速尺寸】命令标注相应的尺寸以约束草图，“草图 7”如图 4-20 所示。

步骤 6　创建“拉伸实体 7”

单击快捷菜单上的【拉伸】命令，截面选择“草图 7”，【方向】选择平面法向，【限制-开始-距离】为−30mm，【限制-结束-距离】为 250mm，【布尔】选择【无】，其他默认设置，

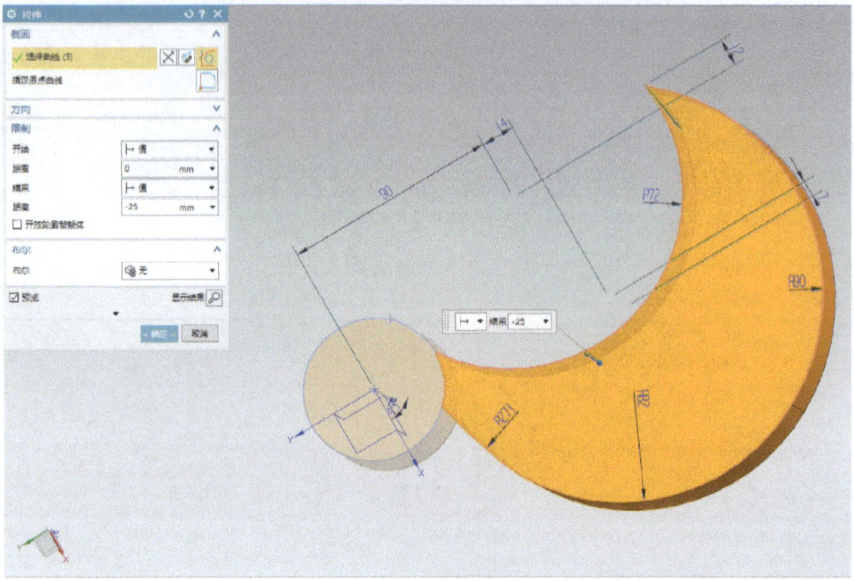

图 4-18 “拉伸实体 6”

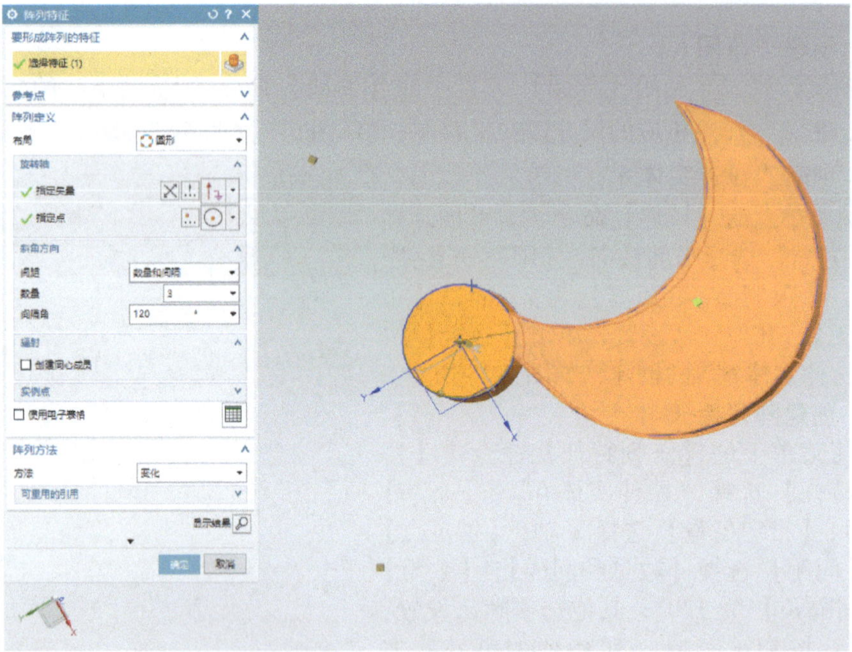

图 4-19 阵列特征

单击【确定】按钮，完成“拉伸实体 7”的创建，如图 4-21 所示。

步骤 7 创建阵列特征

单击快捷菜单上的【阵列特征】命令，【要形成阵列的特征】选择“拉伸实体 7”，【布局】选择【圆形】，【指定矢量】选择 Z 轴，【指定点】选择原点，【间距】选择【数量和间隔】，【数量】为 3 个，【间隔角】为 120°，其他选项默认设置，单击【确定】按钮。

步骤 8 模型整合

单击快捷菜单上的【相交】命令，【目标选择体】选择“拉伸实体 7”，【工具选择体】

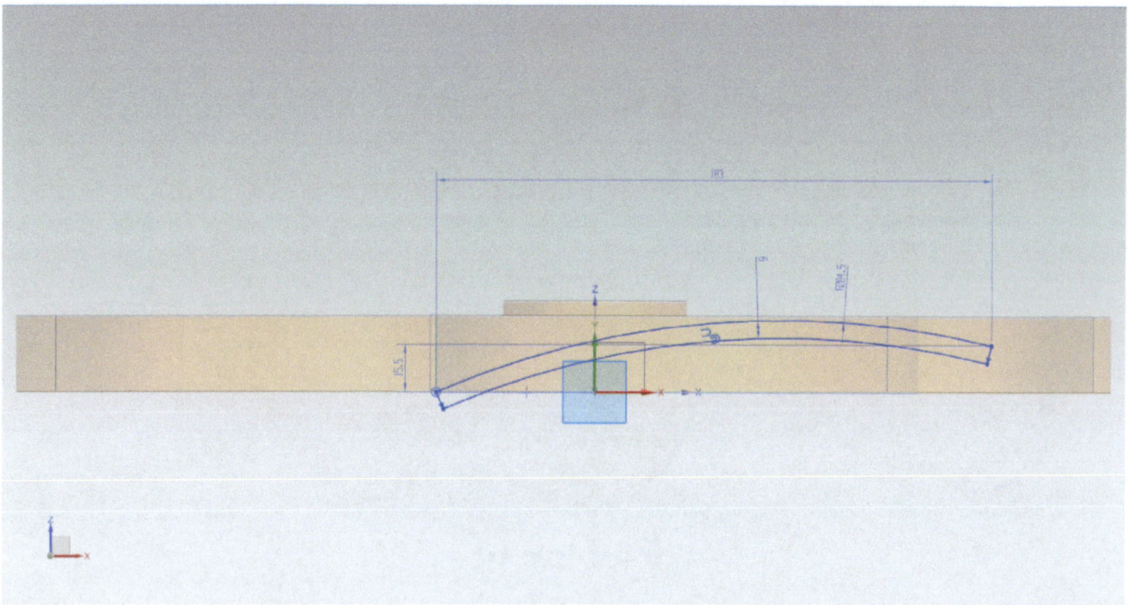

图 4-20　“草图 7”

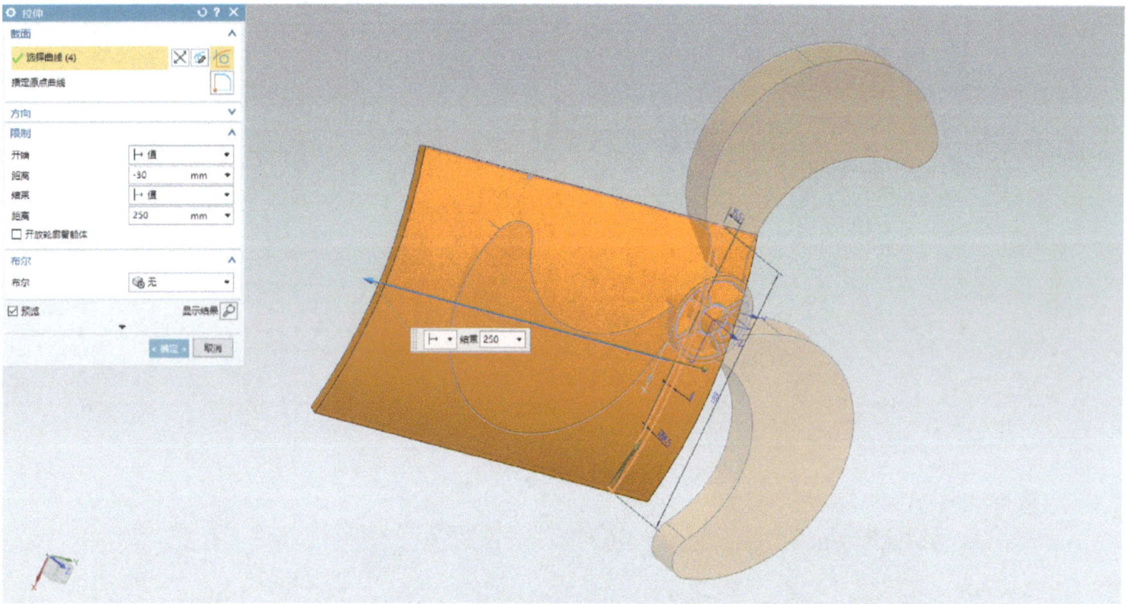

图 4-21　“拉伸实体 7”

选择“拉伸实体 6”，其他默认设置，单击【确定】按钮，完成扇叶模型整合，如图 4-23 所示。

其他扇叶同本步骤所示方法重复操作。

步骤 9　创建“草图 8”

单击快捷菜单上的【草图】命令，进入草图编辑模式，利用【草图】工具中的【矩形】命令和【直线】命令绘制出轮廓线，利用【快速尺寸】命令标注相应的尺寸以约束草图，“草图 8”如图 4-24 所示。

图 4-22　阵列特征

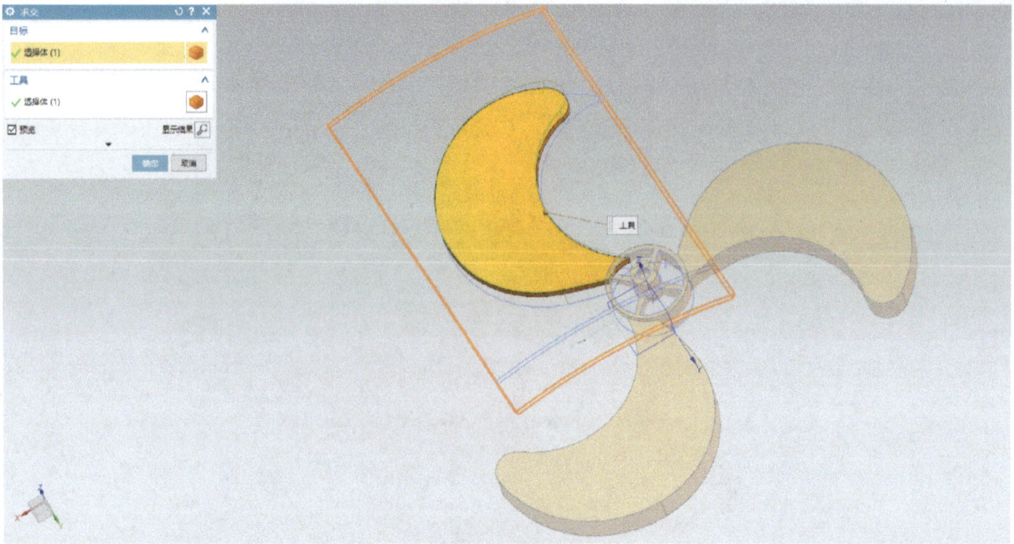

图 4-23　模型整合

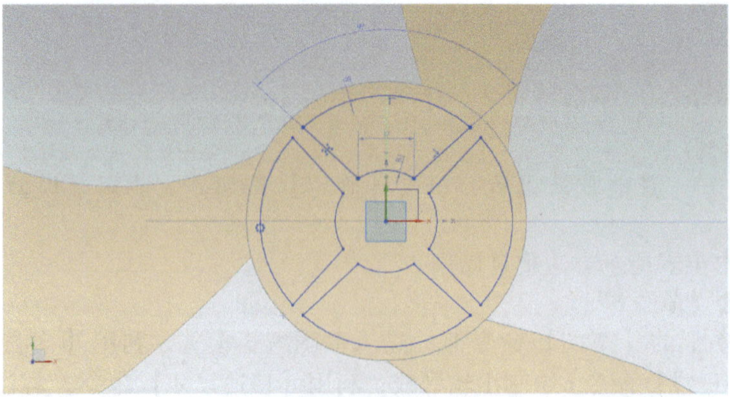

图 4-24　“草图 8”

步骤 10　创建“拉伸实体 8”

单击快捷菜单上的【拉伸】命令，截面选择“草图 8”，【方向】选择平面法向，【限制-开始-距离】为 0mm，【限制-结束-距离】为-25mm，【布尔】选择【减去】，【选择体】选择扇叶主体，其他默认设置，单击【确定】按钮，完成“拉伸实体 8”的创建，如图 4-25 所示。

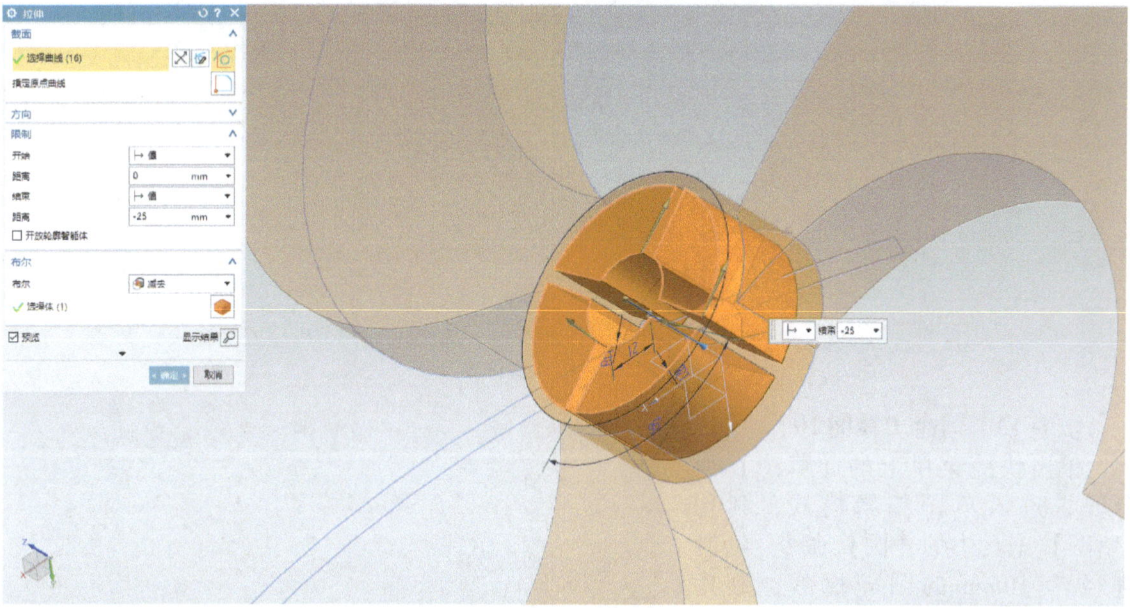

图 4-25　“拉伸实体 8”

步骤 11　创建“草图 9”

单击快捷菜单上的【草图】命令，进入草图编辑模式，利用【草图】工具中的【圆】命令绘制直径为 20mm 的圆轮廓线，利用【快速尺寸】命令标注相应的尺寸以约束草图，“草图 9”如图 4-26 所示。

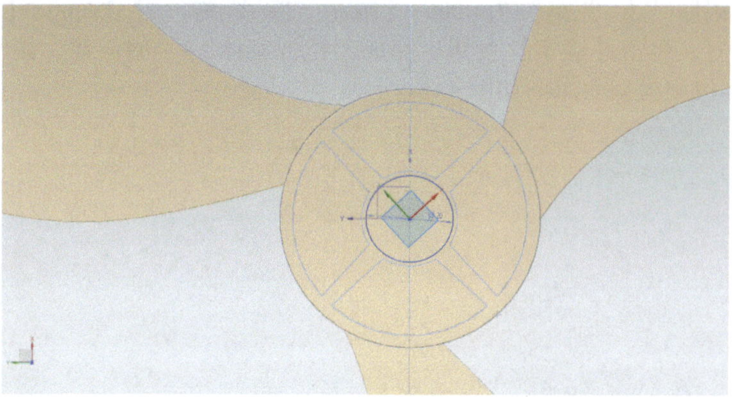

图 4-26　“草图 9”

步骤 12　创建“拉伸实体 9”

单击快捷菜单上的【拉伸】命令，截面选择“草图 9”，【方向】选择平面法向，【限制-开始-距离】为 0mm，【限制-结束-距离】为 15. 5mm，【布尔】选择【无】，其他默认设置，单击【确定】按钮，完成“拉伸实体 9”的创建，如图 4-27 所示。

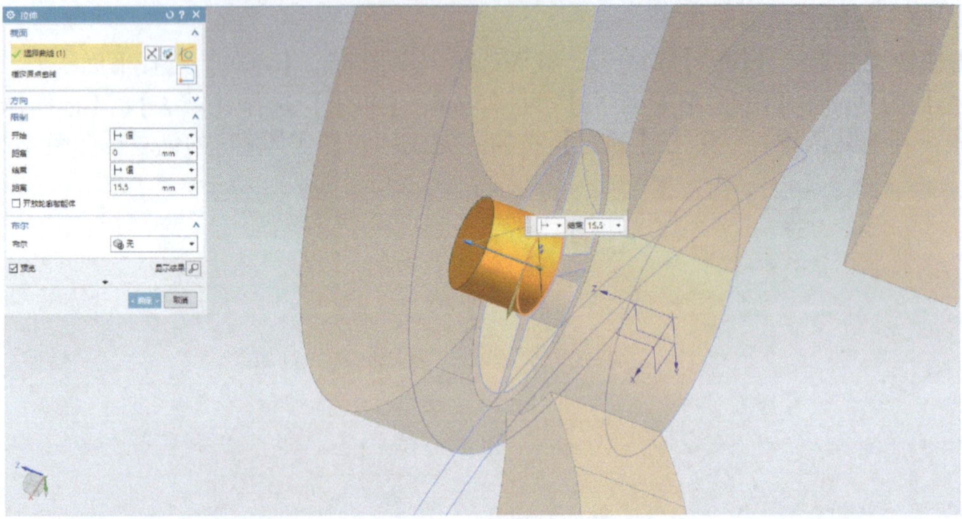

图 4-27 “拉伸实体 9”

步骤 13　创建“草图 10”

单击快捷菜单上的【草图】命令，进入草图编辑模式，利用【草图】工具中的【圆】命令绘制直径为 10mm 的圆轮廓线，利用【快速尺寸】命令标注相应的尺寸以约束草图，“草图 10”如图 4-28 所示。

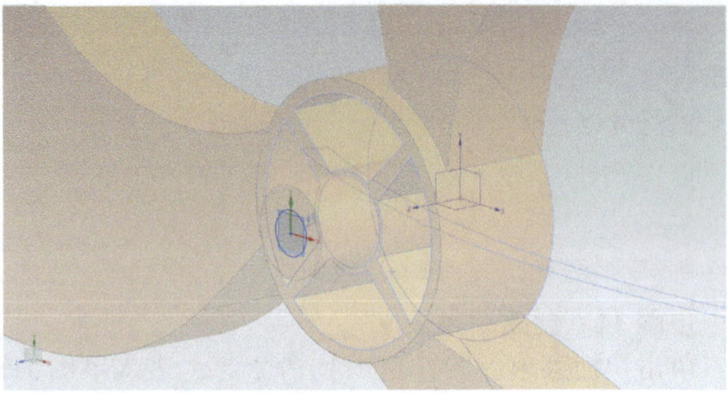

图 4-28 “草图 10”

步骤 14　创建“拉伸实体 10”

单击快捷菜单上的【拉伸】命令，截面选择“草图 10”，【方向】选择平面法向，【限制-开始-距离】为 0mm，【限制-结束-距离】为-10mm，【布尔】选择【减去】，其他默认设置，单击【确定】按钮，完成“拉伸实体 10”的创建，如图 4-29 所示。

完成后的手摇风扇模型效果图如图 4-30 所示。

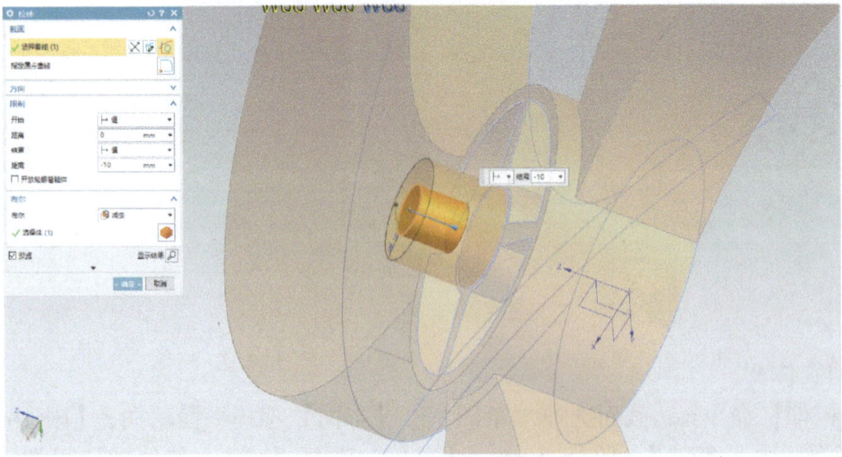

图 4-29 “拉伸实体 10”

图 4-30　手摇风扇模型效果图

【任务评价】

工作任务学习卡见表 4-1，过程性考核评价标准见表 4-2。

表 4-1　工作任务学习卡

序号	考核评价项目		考核内容	学生自评	小组互评	教师总评	分值
1	过程性考核	素质目标	自我管理的能力，能够按照教师的要求自觉完成相关任务				10
2			产品质量意识，能够从整个产品生产过程，考虑问题				6
3			一定的审美力：具有自己的审美判断力				4
4		知识目标	掌握零部件结构特点，进行数字化设计				10
5			掌握根据零部件结构，选择合适的造型方法				5
6			掌握根据 3D 打印机打印参数，选择零部件装配间隙				5
7		能力目标	能够使用 NX 12.0【草图】命令，绘制零件截面图形				10
8			能够使用 NX 12.0【拉伸】命令，绘制零件图形				10
9			能够使用 NX 12.0【尺寸约束】、【几何约束】功能，完成图形的精确绘制				10
10			能够使用 NX 12.0【镜像曲线】、【偏置曲线】、【镜像几何特征】、【边倒圆】等命令进行零部件绘制				10
11			能够使用 NX 12.0【网格曲面】命令，进行曲面造型				10
12		其他方面	出勤、课堂纪律、回答问题、作业完成情况等				10
小计							—
总评							

注：“总评”成绩计算按照“小计”中“学生自评”的 20%，“小组互评”的 30%，“教师总评”的 50%进行综合计算。

表 4-2　过程性考核评价标准

能合理运用知识点完成考核任务，具有自主学习、独立分析解决问题的能力，良好的产品质量意识，具有一定的任务分析能力，团队协作能力强，有创新意识	A
能较好地完成考核任务，但自主学习、独立分析解决问题能力稍差，具有产品质量意识，具有一定任务分析能力，能很好地与团队成员沟通协作	B
基本完成考核任务，但自主学习、分析问题能力差，与团队成员沟通协作差	C
没有完成知识点的学习和考核工作任务，主观能动性差，与团队成员的沟通协作能力差	D

评价	班级		姓名	
	组号		组长签字	
	教师签字		日期	

任务2　风扇后壳模型的切片输出

【学习目标】

素质目标：

（1）具有一定的审美力。

（2）具有自我管理的能力。

（3）具有产品的质量意识。

知识目标：

（1）掌握确定三维模型摆放方向的方法。

（2）掌握切片软件的基本操作。

（3）掌握切片软件参数的基本设置方法。

能力目标：

（1）能够确定不同的三维模型打印方向。

（2）能够添加合理的支撑。

（3）能够利用切片软件完成合理的参数设置。

【任务描述】

按照零件成形要求，使用 Cura 切片软件正确设置打印参数，完成零件切片。要求：设置参数合理，打印时间适合，打印质量满足要求。

【任务分析】

因为本项目任务 1 完成的风扇后壳模型为立体模型，所以让风扇后壳的底面接触打印板，圆环面竖直朝上，这样可以减少支撑。打印参数按照实际需求进行设置。

【相关知识】

（1）Cura 软件的使用方法。

（2）Cura 软件参数说明。

（3）手摇风扇模型的导入。

Cura 软件的使用方法　　Cura 软件参数说明

【任务实施】

一、导出风扇后壳模型 STL 文件

在 NX 12.0 中，依次选择【菜单】→【文件】→【导出】→【STL】，弹出【STL】对话框。在对话框中：①选择要导出的对象，框选全部实体特征；②选择要导出的路径并命名；③单击【确定】按钮，完成风扇后壳模型 STL 文件的导出。

二、切片软件中导入风扇后壳

步骤 1　将风扇后壳模型导入到切片软件

打开切片软件 Cura，导入模型可选择菜单栏【文件】→读取模型文件，或单击右侧 3D 浏览窗口左上角【Load】按钮，选择风扇后壳模型并打开。

导入风扇后壳模型到切片软件界面如图 4-31 所示。

图 4-31　导入风扇后壳模型到切片软件界面

步骤 2　多种显示模式

在主窗口右上角，有模型多种显示模式的菜单，如图 4-32 所示。

各种显示模式效果图如图 4-33 所示。

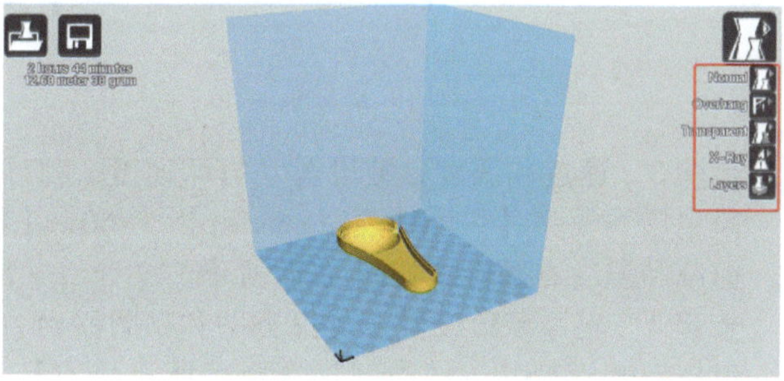

图 4-32　多种显示模式菜单

步骤 3　模型调整

模型调整如图 4-34 所示。

三、主要参数设置

步骤 1　打印质量参数设置（层厚、壁厚、开启回退）

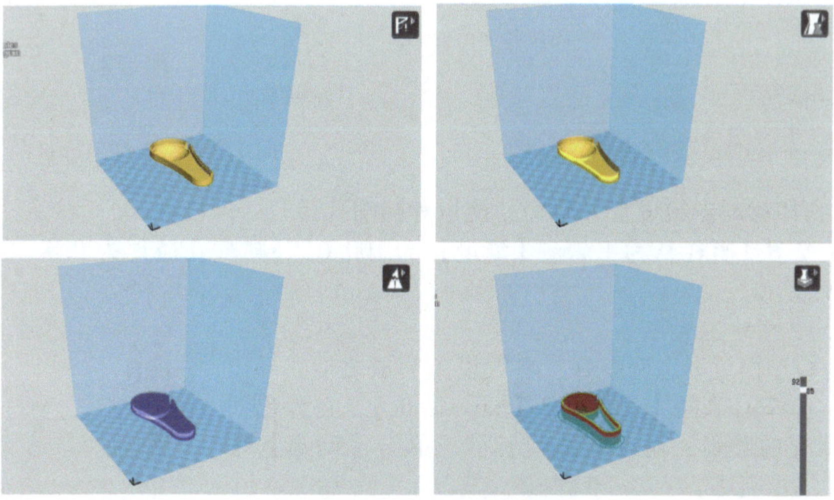

图 4-33　各种显示模式效果图

风扇后壳模型【层厚（mm）】为 0. 15，【壁厚（mm）】为 0. 8，选中【开启回退】，打印质量参数设置如图 4-35 所示。

图 4-34　模型调整

步骤 2　填充参数设置（底层/顶层厚度、填充密度）

风扇后壳模型【底层/顶层厚度（mm）】为 0.75，【填充密度（%）】为 50，填充参数设置如图 4-36 所示。

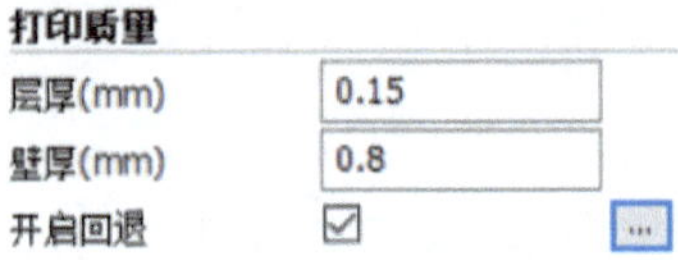

图 4-35　打印质量参数设置

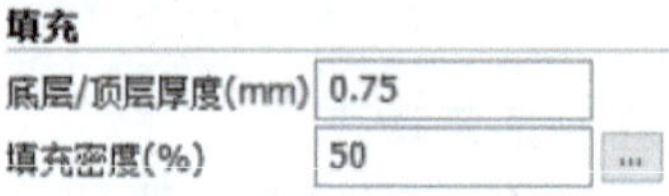

图 4-36　填充参数设置

步骤 3　速度和温度参数设置（打印速度、打印温度、热床温度）

风扇后壳模型【打印速度（mm/s）】为 60，【打印温度（C）】为 210，【热床温度】为 70，速度和温度参数设置如图 4-37 所示。

步骤 4　支撑参数设置（支撑类型和粘附平台）

风扇后壳模型【支撑类型】选择【所有悬空】，【粘附平台】选择【沿边】，支撑参数设置如图 4-38 所示。

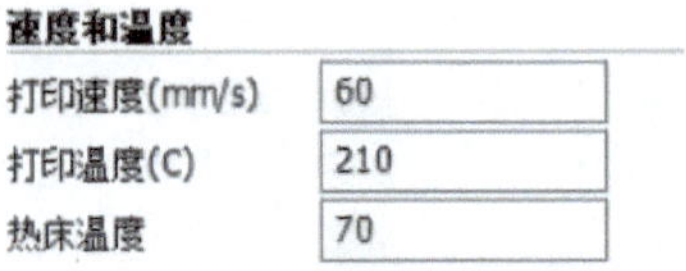

图 4-37　速度和温度参数设置

图 4-38　支撑参数设置

步骤 5　打印材料参数设置（直径、流量和喷嘴孔径）

风扇后壳模型【直径】为 1.75，【流量】为 100.0，【喷嘴孔径】为 0.4，打印材料参数设置如图 4-39 所示。

四、输出 G-code 文件

风扇后壳模型摆放姿态调整好，参数设置完成之后，导出 G-code 文件。选择菜单栏【文件】→【SaveGcode】，在弹出对话框中选择保存的路径，输入文件的名字，单击【确定】按钮，打印文件输出完毕。

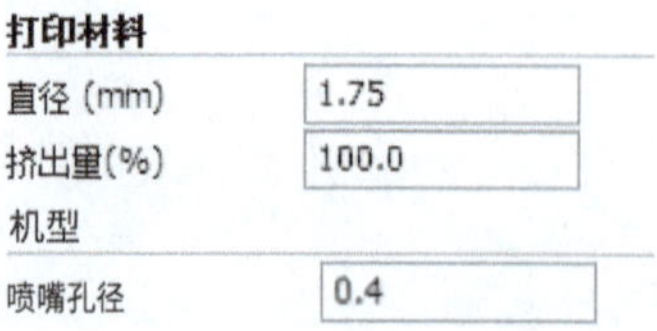

图 4-39　打印材料参数设置

【任务评价】

工作任务学习卡见表 4-3，过程性考核评价标准见表 4-4。

表 4-3　工作任务学习卡

序号	考核评价项目		考核内容	学生自评	小组互评	教师总评	分值
1	过程性考核	素质目标	自我管理的能力：能够按照教师的要求自觉完成相关任务				10
2			产品质量意识：能够从整个产品生产过程，考虑问题				5
3			一定的审美力：具有自己的审美判断力				5
4		知识目标	掌握确定三维模型摆放方向的方法				5
5			掌握切片软件参数的基本设置				25
6		能力目标	能够确定不同的三维模型打印方向				15
7			能够添加适当的支撑				10
8			能够利用切片软件完成合理的参数设置				15
9		其他方面	能够利用切片软件完成对三维模型的基本操作				10
小计							—
总评							

注：“总评”成绩计算按照“小计”中“学生自评”的20%，“小组互评”的30%，“教师总评”的50%进行综合计算。

表 4-4　过程性考核评价标准

能合理运用知识点完成考核任务，具有自主学习、独立分析解决问题的能力，良好的产品质量意识，具有一定的任务分析能力，团队协作能力强，有创新意识	A
能较好地完成考核任务，但自主学习、独立分析解决问题能力稍差，具有产品质量意识，具有一定任务分析能力，能很好地与团队成员沟通协作	B
基本完成考核任务，但自主学习、分析问题能力差，与团队成员沟通协作差	C
没有完成知识点的学习和考核工作任务，主观能动性差，与团队成员的沟通协作能力差	D

评价	班级		姓名	
	组号		组长签字	
	教师签字		日期	

任务3　风扇后壳模型打印及后处理

【学习目标】

素质目标：

（1）具有一定的任务分析能力。

（2）具有自我管理的能力。

（3）具有产品的质量意识。

知识目标：

（1）掌握3D打印机的开关方法。

（2）掌握使用3D打印机导入打印数据的方法。

能力目标：

（1）能完成打印任务前的打印机调试工作。

（2）能够使用3D打印机，完成模型的3D打印工作。

（3）能够完成打印完毕模型的后处理工作。

（4）能够完成部件的组装工作。

【任务描述】

在之前的任务环节，已经完成了风扇后壳模型创建工作，并在3D打印机配套的切片软件中完成了数据模型的切片工作，本任务环节将进行实践打印。通过学习讨论，完成工作任务，并填写工作任务学习卡。

将之前任务完成的切片数据文件，导入3D打印机中，完成模型的3D打印工作。在模型打印之后，还需要进行后处理及部件组装。

【任务分析】

本任务给出一款风扇后壳模型数据，并已经完成切片。本环节需要学习如何完成3D打印机的开关机、打印前的调试、切片数据文件导入打印机、打印件的后处理、零部件装配等工作。打印过程中，还需要观察打印情况，适时调整打印机的参数设置，以保证模型高效完美地打印。

【任务实施】

一、模型3D打印

步骤1　开机检查设备

在打印之前，首先需要开机检查设备。打开3D打印机电源，待设备开机运行准备完毕后，首先根据手中打印机找到X、Y、Z轴回原点界面，将三轴返回原点。过程中要注意打印机能否平稳运行，有无卡顿、异响或不能回到原点等异常问题。三轴回归原点后，根据打印机型号、打印件的难易程度等，决定是否需要涂抹打印机底面固定胶。

步骤2　切片数据文件导入

将之前完成任务获得的切片数据文件，导入3D打印机。

步骤3　打印并取出模型

在打印机执行打印程序后，需要观察一段时间打印机运行是否正常，打印程序执行是否正确，有无堵头、乱丝等现象，若有需要则应马上采取解决措施，否则无法完成打印工作。直至打印机完成模型的打印，本任务中仅展示一体化设计部分—风扇后壳模型的打印（图4-40）。完成后将模型取出，关闭打印机并清理。

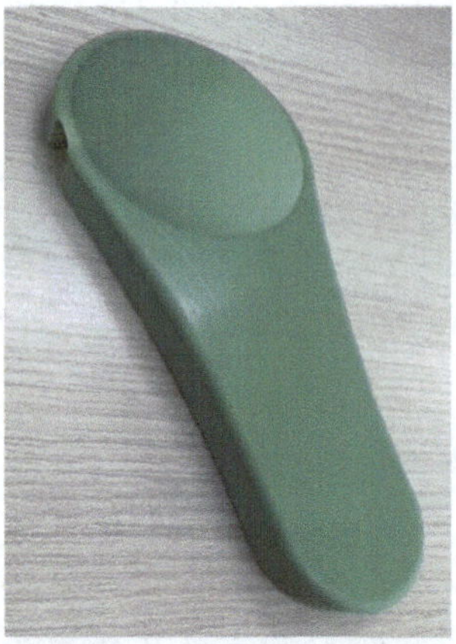

图4-40　风扇后壳模型

二、打印件的后处理

步骤1　取出支撑

使用工具（铲刀、钳子等），先去除底垫等大块支撑。拆除支撑过程中需要注意安全，避免划伤，如有必要可戴手套操作。

步骤 2 打磨

使用工具拆除支撑，不可避免地会出现拆除不净、划痕等问题，需要再使用砂纸打磨。

步骤 3 装配

按照上面的流程，将所有打印好的模型进行后处理后装配即可。

【任务评价】

工作任务学习卡见表 4-5，过程性考核评价标准见表 4-6。

表 4-5 工作任务学习卡

序号	考核评价项目		考核内容	学生自评	小组互评	教师总评	分值
1	过程性考核	素质目标	自我管理的能力：能够按照教师的要求自觉完成相关任务				10
2			产品质量意识：能够从整个产品生产过程考虑问题				5
3			一定的审美力，具有自己的审美判断力				5
4		知识目标	掌握 3D 打印机的开关方法				5
5			掌握 3D 打印机导入打印数据的方法				25
6		能力目标	能完成打印任务前的打印机调试工作				15
7			能够使用 3D 打印机，完成 3D 模型的打印工作				15
8			能够完成打印完毕模型的后处理工作				10
9		其他方面	能够完成部件的组装工作				10
小计							—
总评							

注：“总评”成绩计算按照“小计”中“学生自评”的 20%，“小组互评”的 30%，“教师总评”的 50%进行综合计算。

表 4-6 过程性考核评价标准

能合理运用知识点完成考核任务，具有自主学习、独立分析解决问题的能力，良好的产品质量意识，具有一定的任务分析能力，团队协作能力强，有创新意识	A
能较好地完成考核任务，但自主学习、独立分析解决问题能力稍差，具有产品质量意识，具有一定任务分析能力，能很好地与团队成员沟通协作	B
基本完成考核任务，但自主学习、分析问题能力差，与团队成员沟通协作差	C
没有完成知识点的学习和考核工作任务，主观能动性差，与团队成员的沟通协作能力差	D

评价	班级		姓名	
	组号		组长签字	
	教师签字		日期	

【知识广角】

3D 打印技术的未来：现如今我们可以看到 3D 打印正在彻底改变汽车、建筑或医疗等大领域的生产研发方式。2008 年，第一个 3D 打印的假肢的横空出世，让 3D 打印在媒体上的占有率进一步提高，人们发现 3D 打印不仅能打印传统零件，还能应用于人体修复。就建筑应用而言，现在 3D 打印房屋已经成为现实，2018 年人们第一次搬入 3D 打印房屋，房屋非常适合居住，总共花了两天时间打印。3D 打印尚未达到发展极限，在未来还有许多令人惊叹的项目在默默的研发当中。

【COMET 职业能力测评】

COMET 职业能力测评评价表见表 4-7。

表 4-7 COMET 职业能力测评评价表

一级能力	二级能力	序号	考核内容评分项说明	完全不符	基本不符	基本符合	完全符合
功能性能力	直观性	1	是否与专业规范或技术标准相符合？				
	功能性	2	是否满足功能性要求？				
		3	是否达到“技术先进水平”？				
		4	是否可以实施？				
过程性能力	使用价值导向	5	是否考虑到功能扩展的可能性？				
		6	对于使用者来说，设计方案是否方便、易于使用？				
		7	是否具有使用价值？				
	经济性	8	实施设计方案的成本是否较低？				
	工作过程导向	9	是否考虑到生产流程？				
		10	是否考虑到超出本职工作范围内容？				

项目5　势能小车一体化设计

任务1　创建势能小车模型特征

【学习目标】

素质目标：

（1）具有一定的审美力。

（2）具有自我管理的能力。

（3）具有产品的质量意识。

知识目标：

（1）掌握零部件的结构特点，进行数字化设计。

（2）掌握根据零部件的结构，选择合适的造型方法。

（3）掌握根据3D打印机打印参数，选择零部件装配间隙。

能力目标：

（1）能够使用NX 12.0【草图】命令，绘制零件截面图形。

（2）能够使用NX 12.0【拉伸】命令，绘制零件图形。

（3）能够使用NX 12.0【边倒圆】命令，对零件倒圆角。

（4）能够使用NX 12.0【旋转】命令，绘制零件外形。

（5）能够使用NX 12.0【减去】命令，进行零件编辑。

（6）能够使用NX 12.0【倒斜角】命令，对零件倒斜角。

（7）能够使用NX 12.0【阵列特征】命令，创建零件阵列特征。

【任务描述】

设计一款势能小车。已知金属钩码200g，线绳2m，请根据势能动能转换原理，以金属钩码重量为动力源，设计制作一款四轮结构势能动力小车，其传动部分为齿轮传动，要求小车可以沿直线自动行驶一段距离。通过学习讨论，完成工作任务，并填写工作任务学习卡。

根据市场上现有的势能小车，设计出一款结构简单能满足所需要的移动，由车体、上盖、支杆、连接杆、一体化齿轮、键等 17 个零件组成。本次任务是根据零部件结构选择合适的造型方法，绘制出数字模型，进行一体化设计，并根据 3D 打印机的打印参数，选择合适的装配间隙。

【任务分析】

本任务中的势能小车主要应用了齿轮配合机构达到小车运动距离，设计时要考虑一体化设计。整个结构能够使势能小车沿直线移动一段路线和距离，做到结构简单、操作方便、稳定性好。根据设计思路，选择 NX 12.0 造型软件及拉伸造型方法，绘制出数字模型，并选择合适的打印参数。

【相关知识】

（1）NX 12.0【拉伸】命令的使用方法。

（2）FDM 型 3D 打印机打印参数说明。

（3）识读势能小车模型图样。

势能小车-工程图

【任务实施】

一、车体主体建模

步骤 1　创建“草图 1”

单击快捷菜单上的【草图】命令，【草图类型】选择【在平面上】，【平面方法】选择【现有平面】，选择 *XY* 平面，然后单击【确定】按钮，进入草图编辑模式。利用【草图】工具中的【矩形】命令绘制长 150mm，宽 100mm 的矩形轮廓线，利用【草图】工具【直线】命令和【圆】命令进行绘制，利用【快速尺寸】命令标注相应的尺寸以约束草图，“草图 1”如图 5-1 所示。

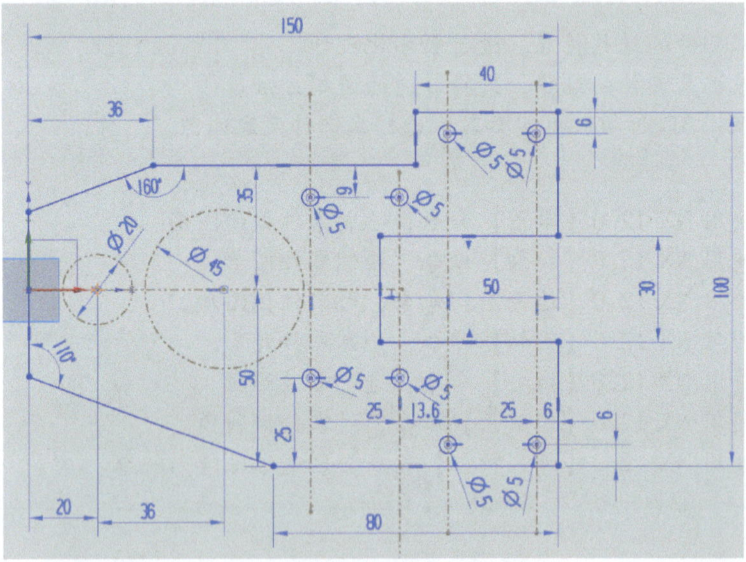

图 5-1　“草图 1”

步骤 2　创建“拉伸实体 1”

单击快捷菜单栏上的【拉伸】命令，选择“草图 1”，【方向】选择平面法向，【限制-结束】选择【值】，【限制-结束-距离】为 5mm，【布尔】选择【无】，其他默认设置，单击【确定】按钮，完成“拉伸实体 1”的创建，如图 5-2 所示。

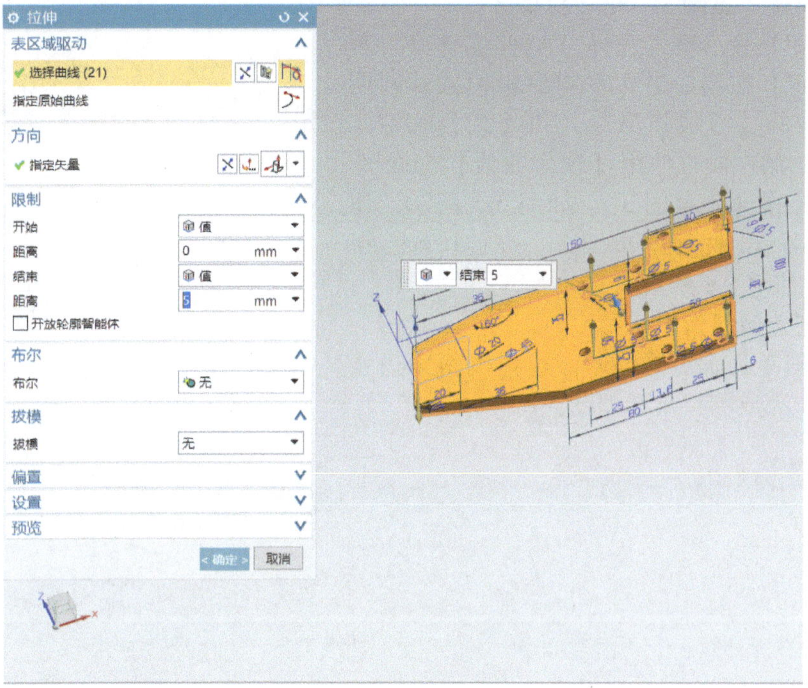

图 5-2　“拉伸实体 1”

步骤 3　创建“草图 2”和“拉伸实体 2”

单击【草图】命令，选择“拉伸实体 1”表面，单击【确定】按钮，进入草图编辑模式。利用【草图】工具中的【直线】命令绘制线框，利用【快速尺寸】命令标注相应的尺寸以约束草图，然后使用【镜像曲线】命令进行镜像操作，得到“草图 2”，如图 5-3 所示。单击【拉伸】命令，选择“草图 2”，【方向】选择一侧单击【反向】命令完成反向，【限制-结束-距离】为 15mm，【布尔】选择【合并】，完成“拉伸实体 2”的创建，如图 5-4 所示。

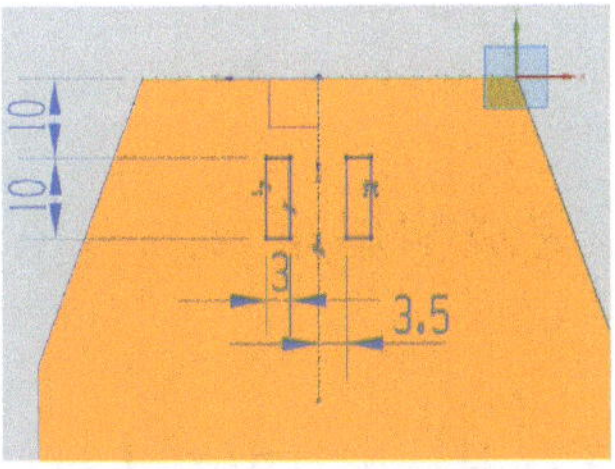

图 5-3　“草图 2”

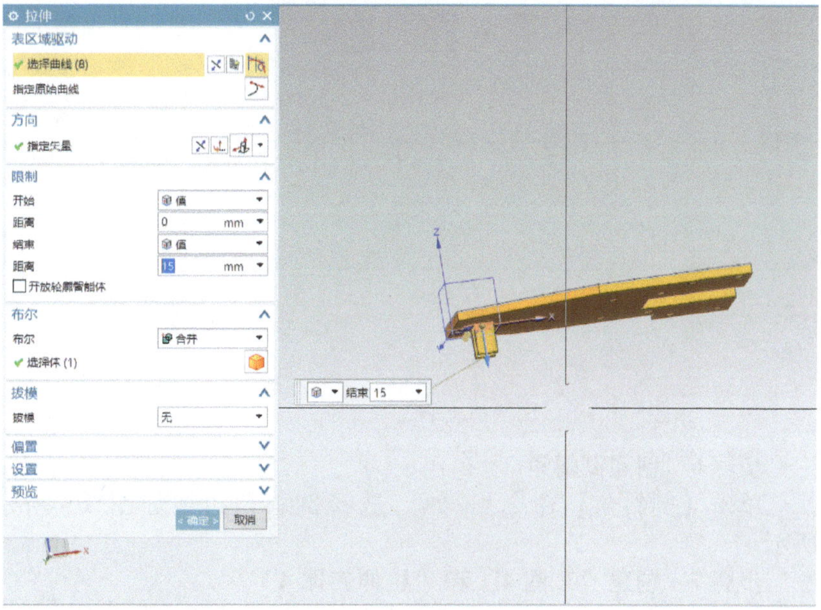

图 5-4　“拉伸实体 2”

步骤 4　创建“草图 3”和“拉伸 3”

单击【草图】命令，选择“拉伸实体 2”表面，单击【确定】按钮，进入草图编辑模式。利用【草图】工具中的【直线】命令和【圆】命令进行绘制，先绘制左侧再使用【镜像曲线】命令进行镜像操作，得到“草图 3”，如图 5-5 所示。使用【拉伸】命令，选择“草图 3”进行切除，得到“拉伸 3”，如图 5-6 所示。

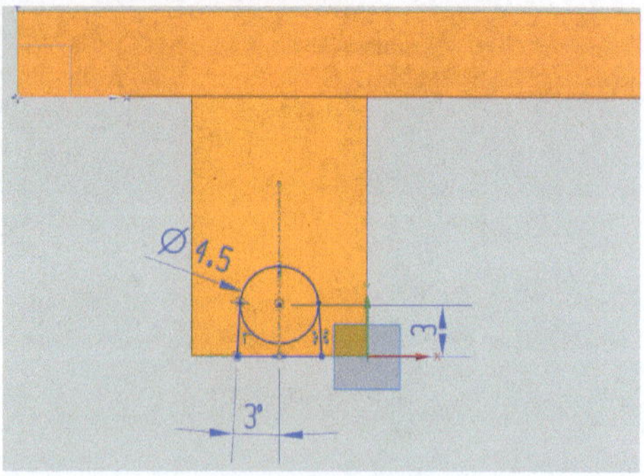

图 5-5　“草图 3”

步骤 5　创建倒斜角 1

单击【倒斜角】命令，选择倒斜角边线如图 5-7 所示。完成倒斜角，如图 5-8 所示。

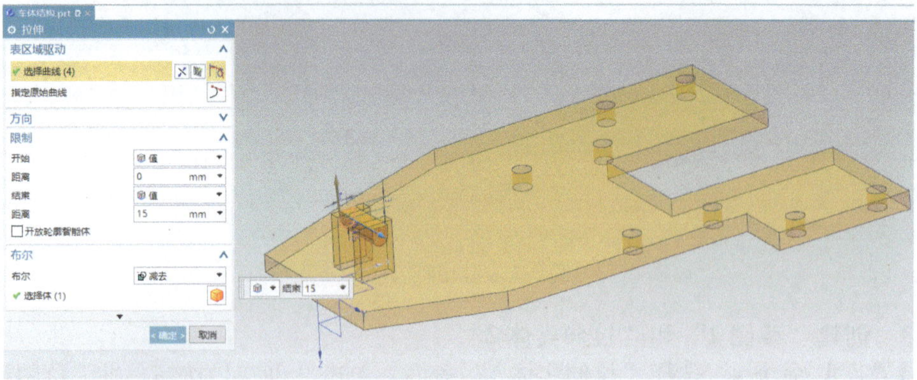

图 5-6　“拉伸 3”

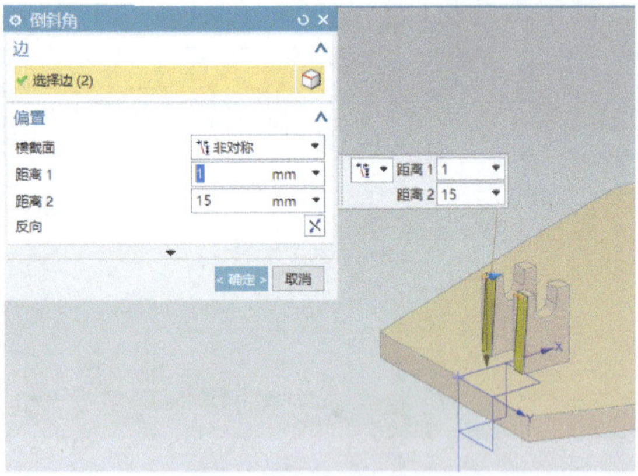

图 5-7　选择倒斜角边线

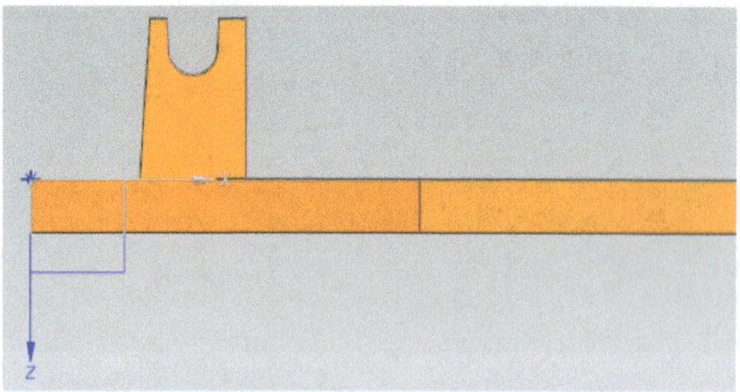
图 5-8　完成倒斜角

步骤 6　创建倒斜角 2

单击【倒斜角】命令，选择倒斜角边线如图 5-9 所示。完成倒斜角如图 5-10 所示。

步骤 7　创建“草图 4”和“拉伸实体 4”

单击【草图】命令，选择实体表面，单击【确定】按钮，利用【草图】工具中的【圆】命令进行绘制，利用【快速尺寸】命令标注相应的尺寸以约束草图，完成“草图 4”，如

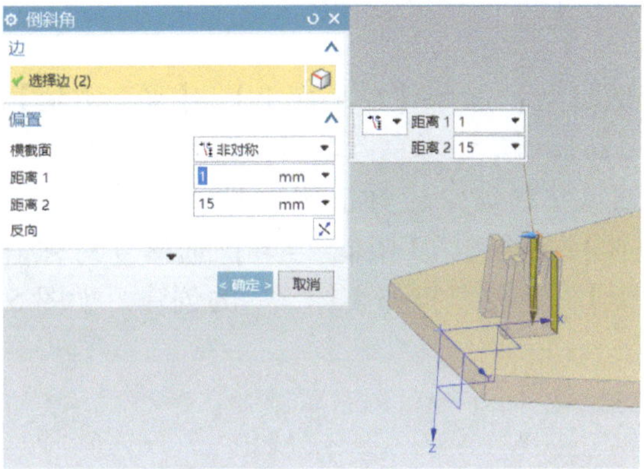

图 5-9　选择倒斜角边线

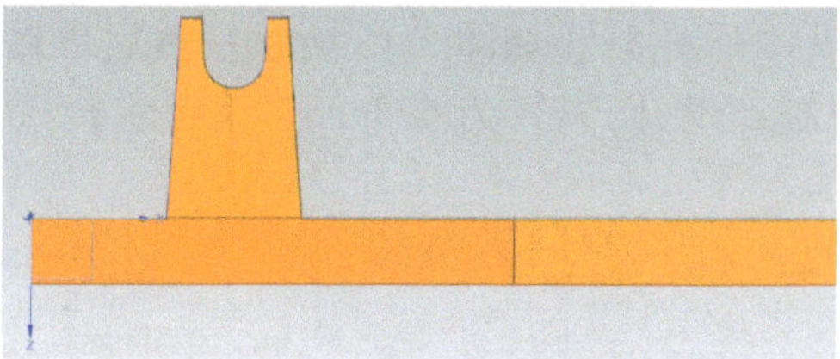

图 5-10　完成倒斜角

图 5-11 所示。然后单击【拉伸】命令，选择“草图 4”，【方向】选择一侧单击【反向】命令完成反向，【限制-结束-距离】为 8mm，【布尔】选择【合并】，完成“拉伸实体 4”的创建，如图 5-12 所示。

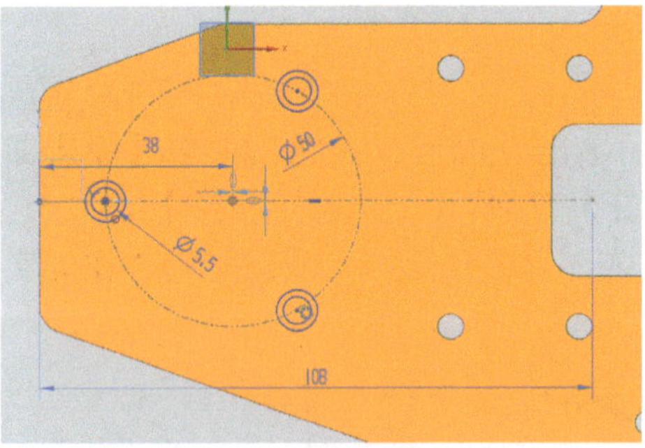

图 5-11　“草图 4”

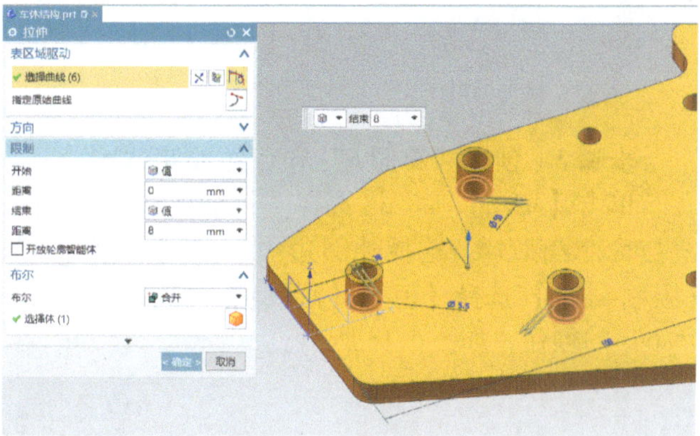

图 5-12　“拉伸实体 4”

步骤 8　创建倒斜角 3

单击【倒斜角】命令，【横截面】选择【非对称】，【距离 1】为 0.5mm，【距离 2】为 8mm，选择倒斜角边线如图 5-13 所示。完成倒斜角，如图 5-14 所示效果。

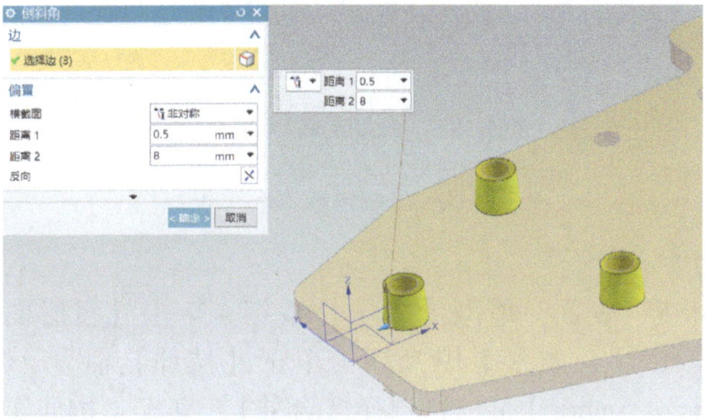

图 5-13　选择倒斜角边线

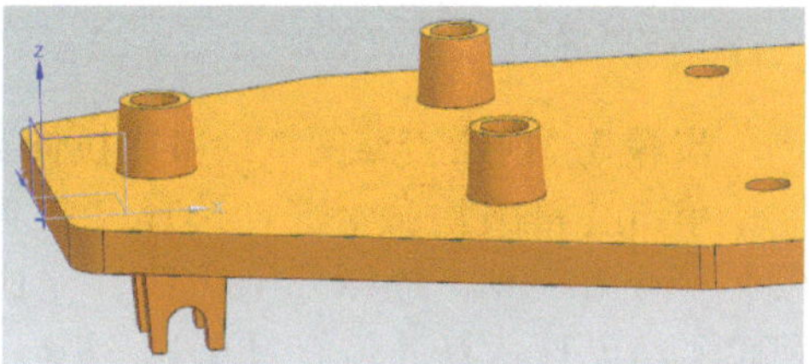

图 5-14　完成倒斜角

二、滑轮建模

步骤 1　创建“草图 5”和“拉伸实体 5”

单击快捷菜单栏上的【草图】命令，【草图类型】选择【在平面上】，【平面方法】选择【现有平面】，选择 *XY* 平面，然后单击【确定】按钮，进入草图编辑模式，利用【圆】命令绘制圆，再把左侧圆设置为参考，利用【快速尺寸】命令标注相应的尺寸以约束草图，完成“草图 5”，如图 5-15 所示。然后单击【拉伸】命令，【限制-结束】选择【对称值】，【限制-结束-距离】为 4.5mm，【布尔】选择【无】，完成“拉伸实体 5”的创建，如图 5-16 所示。

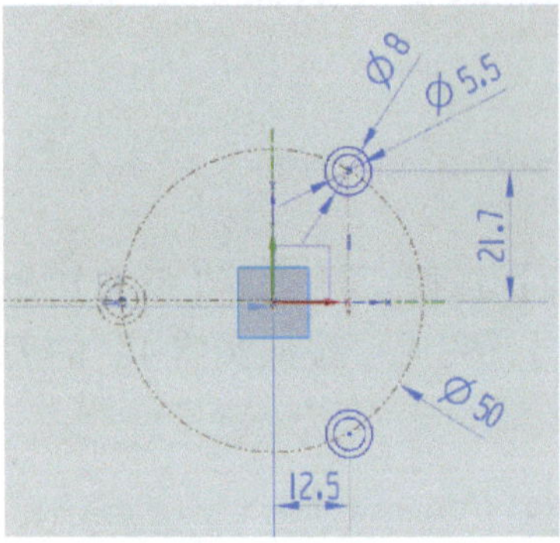

图 5-15　“草图 5”

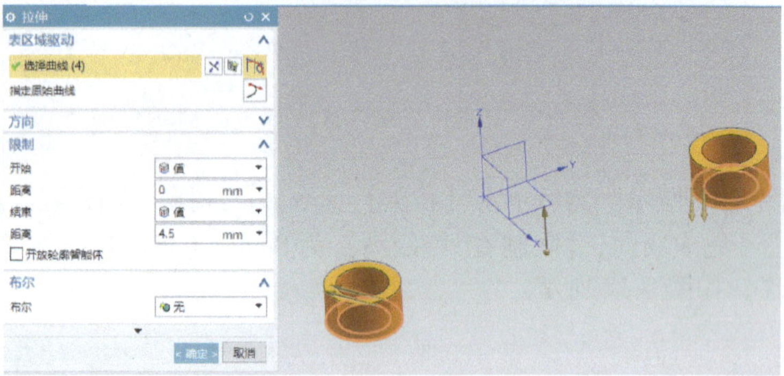

图 5-16　“拉伸实体 5”

步骤 2　创建“草图 6”和“拉伸实体 6”

单击【草图】命令选择“拉伸实体 5”表面，然后单击【确定】按钮，单击【投影曲线】命令，选择外围边线，完成“草图 6”，如图 5-17 所示。单击【拉伸】命令，【限制-结束】选择【值】，【限制-结束-距离】为 8mm，【布尔】选择【合并】，完成“拉伸实体 6”的创建，如图 5-18 所示。

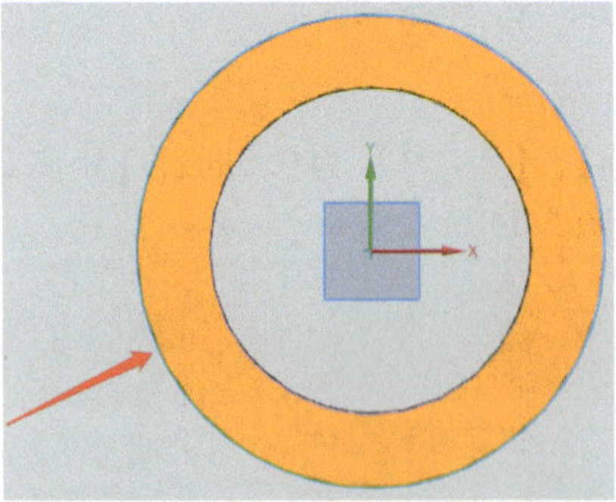

图 5-17　“草图 6”

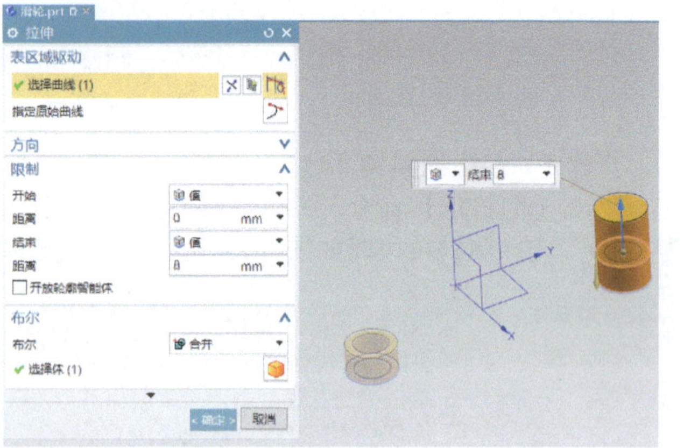

图 5-18　“拉伸实体 6”

步骤 3　创建“草图 7”和“拉伸实体 7”

单击【草图】命令，选择“拉伸实体 5”表面，单击【确定】按钮，单击【投影曲线】命令，选择外围边线，完成“草图 7”，如图 5-19 所示。单击【拉伸】命令，【限制-结束】选择【值】，【限制-结束-距离】为 8mm，【布尔】选择【合并】，完成“拉伸实体 7”的创建，如图 5-20 所示。

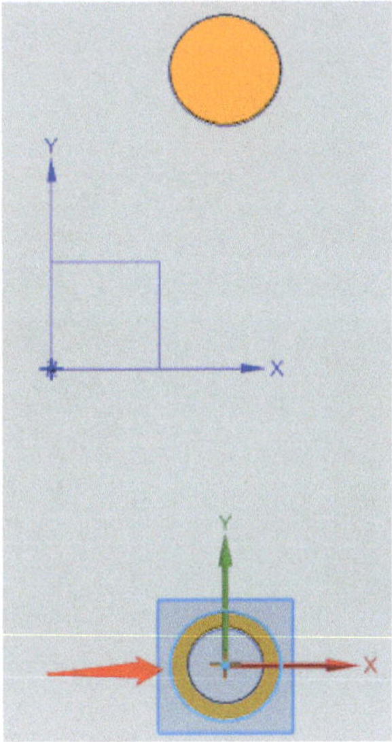

图 5-19　“草图 7”

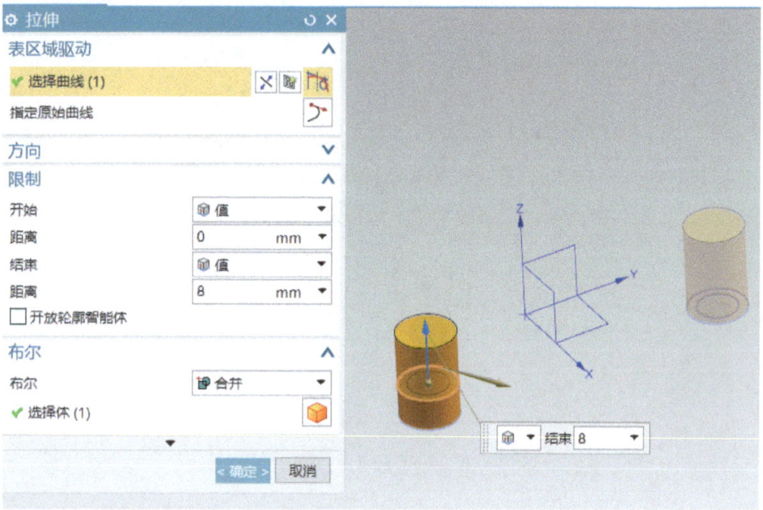

图 5-20　“拉伸实体 7”

步骤 4　创建“草图 8”和“拉伸实体 8”

单击【草图】命令，选择“拉伸实体 7”表面，单击【确定】按钮，单击【矩形】命令，以坐标点为中心绘制，完成“草图 8”，如图 5-21 所示。再单击【拉伸】命令，【限制-结束】选择【值】，【限制-结束-距离】为 5mm，【布尔】选择【无】，完成“拉伸实体 8”的创建，如图 5-22 所示。

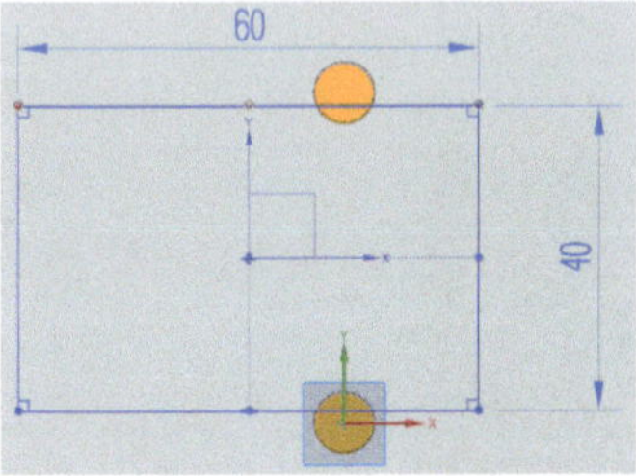

图 5-21　“草图 8”

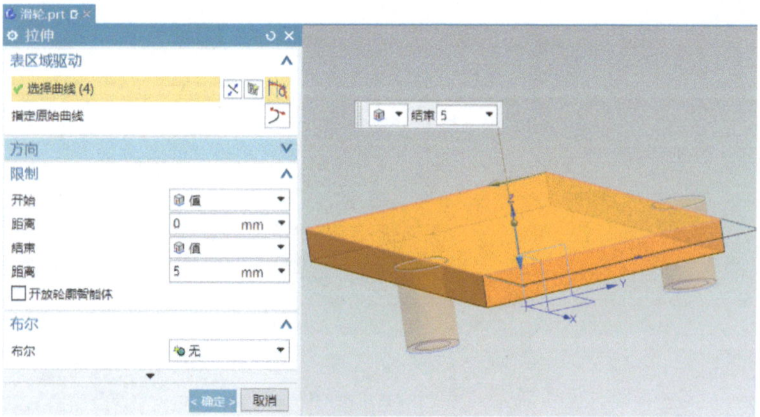

图 5-22　“拉伸实体 8”

步骤 5　减去操作

单击【减去】命令，先选择“拉伸实体 6”，再选择“拉伸实体 8”，如图 5-23 所示。完成后单击【确定】按钮，完成“减去 1”如图 5-24 所示。

步骤 6　减去操作

单击【减去】命令，先选择“拉伸实体 7”，再选择“拉伸实体 8”，如图 5-25 所示。完成后单击【确定】按钮，完成“减去 2”，如图 5-26 所示。

步骤 7　创建“草图 9”和“拉伸实体 9”

选择减去后的“拉伸实体 6”内侧表面，单击【草图】命令，然后单击【确定】按钮，

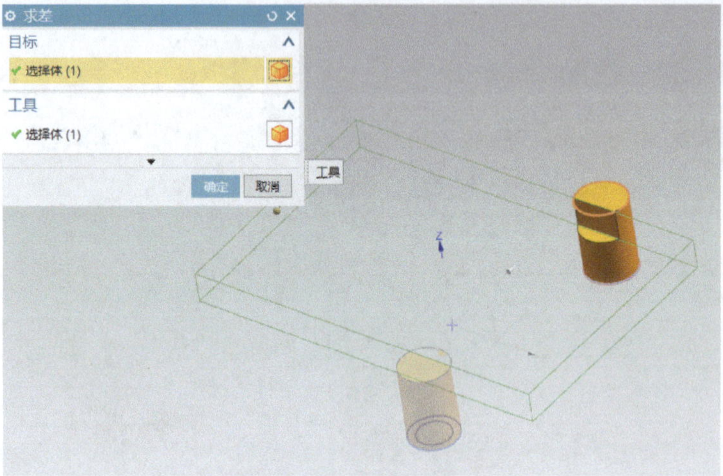

图 5-23 “减去 1”

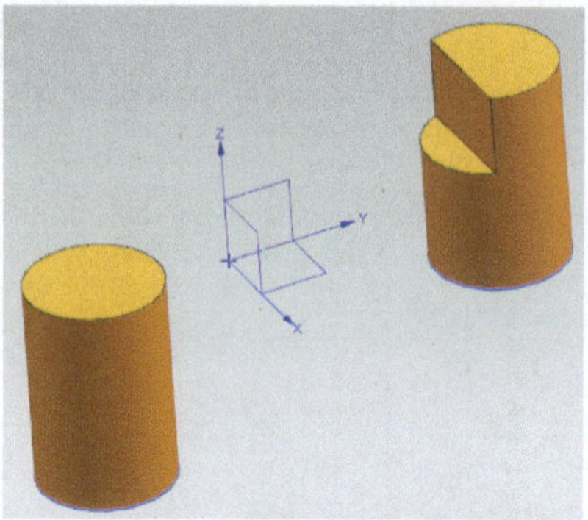

图 5-24 完成“减去 1”

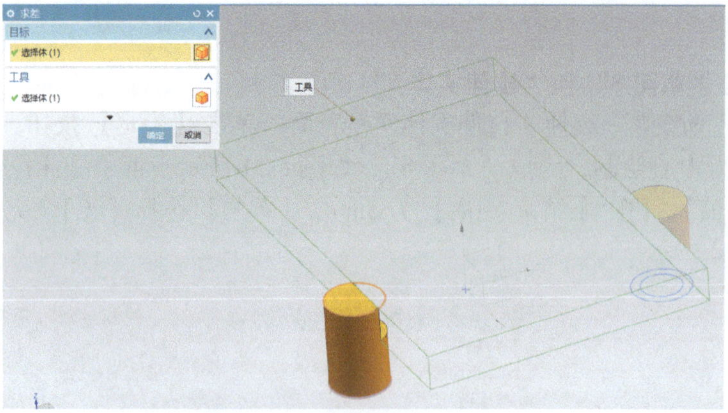

图 5-25 “减去 2”

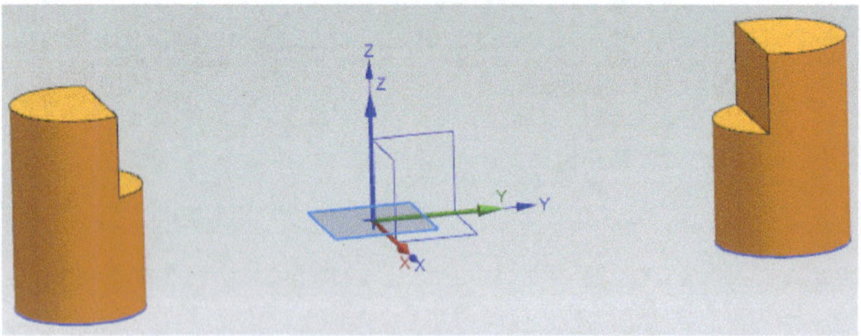

图 5-26 完成“减去 2”

再选择【圆】命令在中心先画 1 条轴线，在轴线上画 1 个直径为 4.5mm 的圆，完成“草图 9”，如图 5-27 所示。单击【拉伸】命令，【限制-开始-距离】为−1mm，【限制-结束-距离】为 41mm，【布尔】选择【合并】，完成“拉伸实体 9”的创建，如图 5-28 所示。

步骤 8　合并操作

单击主页上的【合并】命令，单击图中选择目标中的 3 个实体使其合并，如图 5-29 所示。完成合并如图 5-30 所示。

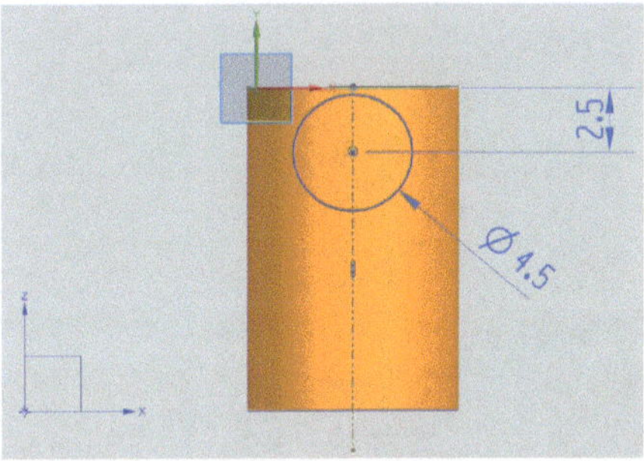

图 5-27 “草图 9”

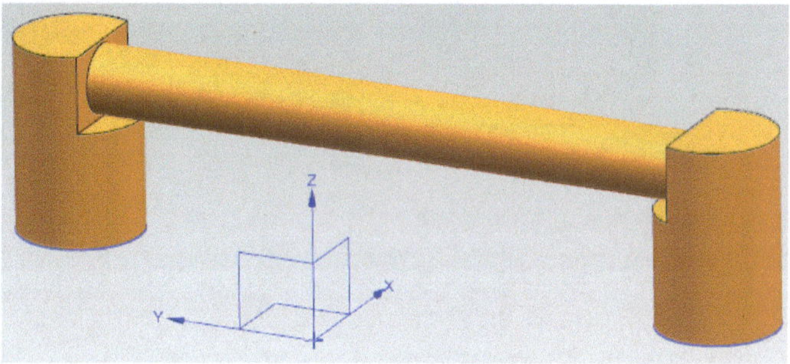

图 5-28 “拉伸实体 9”

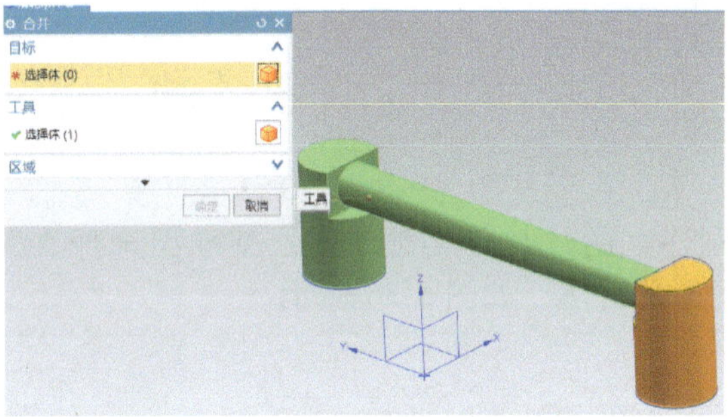

图 5-29 合并

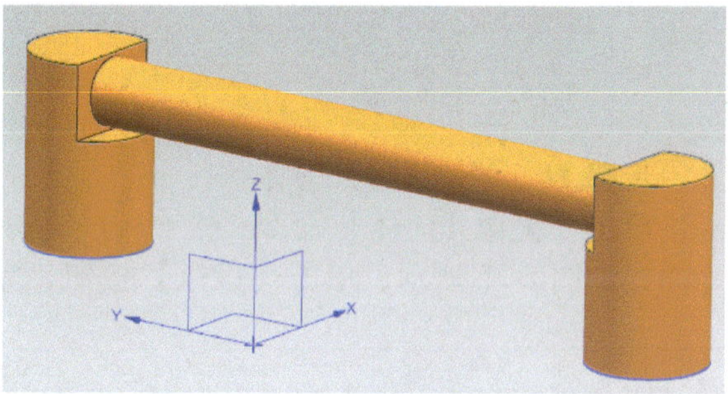

图 5-30 完成合并

步骤 9 创建“草图 10”和“拉伸实体 10”

单击【草图】命令，选择 *XZ* 平面，单击【圆】命令，在圆柱的中心画 1 个直径为 6mm 的圆和 1 个直径为 15mm 的圆，完成“草图 10”，如图 5-31 所示。然后单击【拉伸】命令，【限制-结束】选择【对称值】，【限制-结束-距离】为 5mm，【布尔】选择【无】，完成“拉伸实体 10”的创建，如图 5-32 所示。

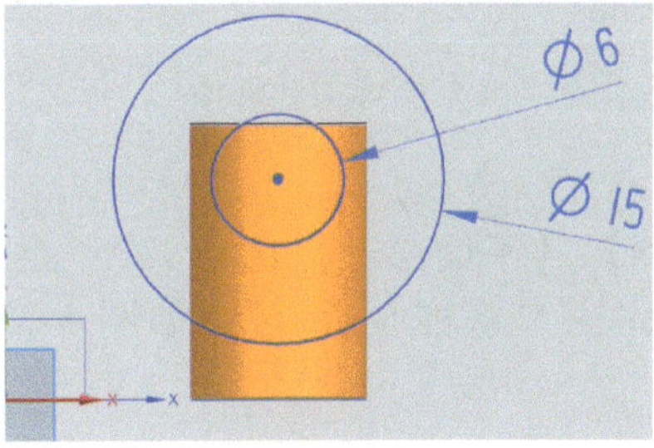

图 5-31 “草图 10”

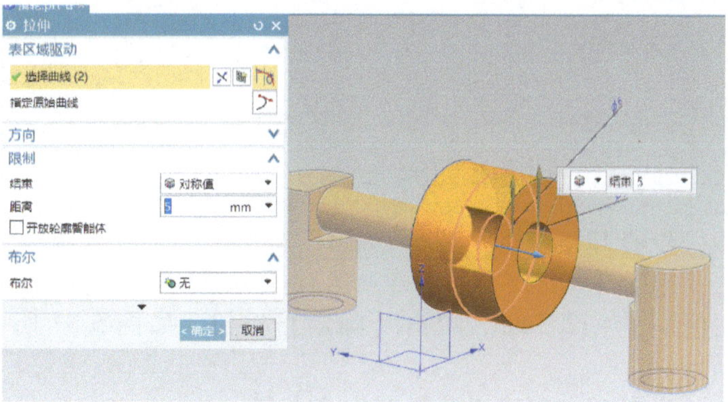

图 5-32 “拉伸实体 10”

步骤 10 创建“草图 11”和“拉伸实体 11”

单击【草图】命令，选择 *XZ* 基准面，单击【圆】命令，在圆柱的中心画 1 个直径为 9mm 的圆，完成“草图 11”，如图 5-33 所示。然后单击【拉伸】命令，【限制-开始-距离】为 10mm，【限制-结束-距离】为 6mm，【布尔】选择【合并】，完成“拉伸实体 11”的创建，如图 5-34 所示。

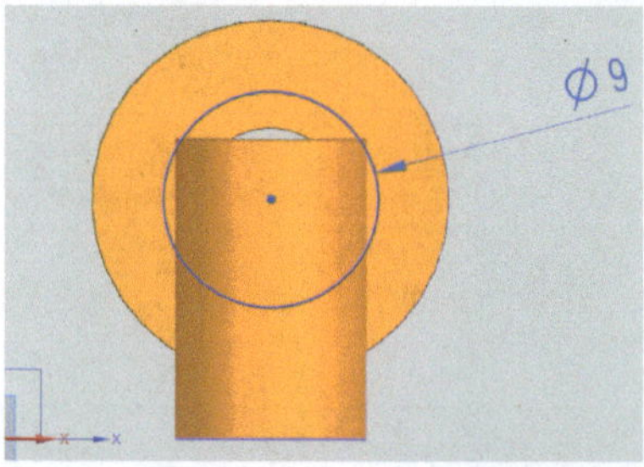

图 5-33 “草图 11”

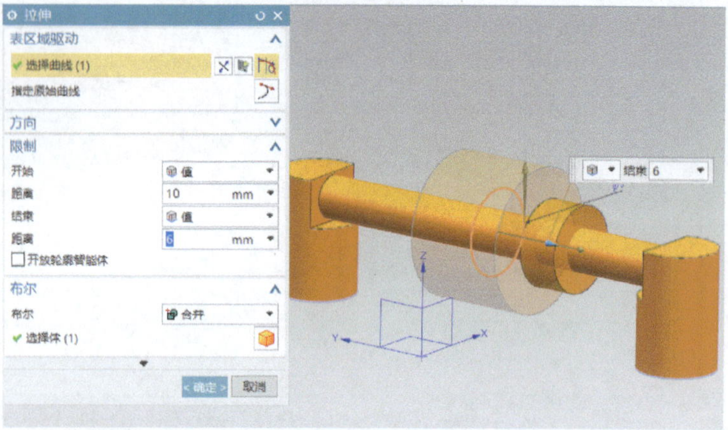

图 5-34 “拉伸实体 11”

步骤 11 创建镜像几何体

单击【镜像几何体】命令，实体选择刚建立的“拉伸实体 11”，基准面选择 *XZ* 平面，如图 5-35 所示，单击【确定】按钮，完成镜像几何体，如图 5-36 所示。

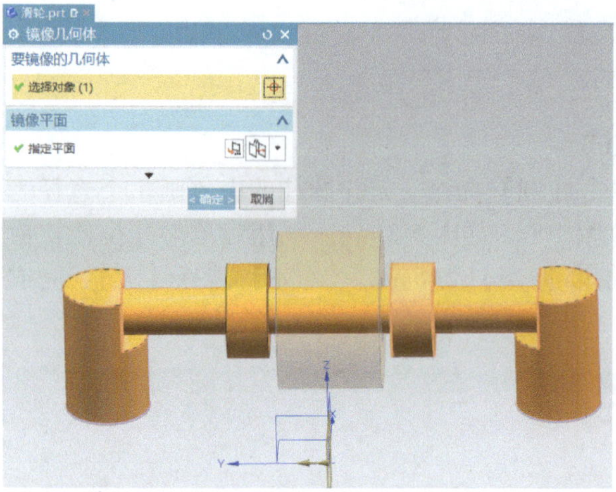

图 5-35 镜像几何体

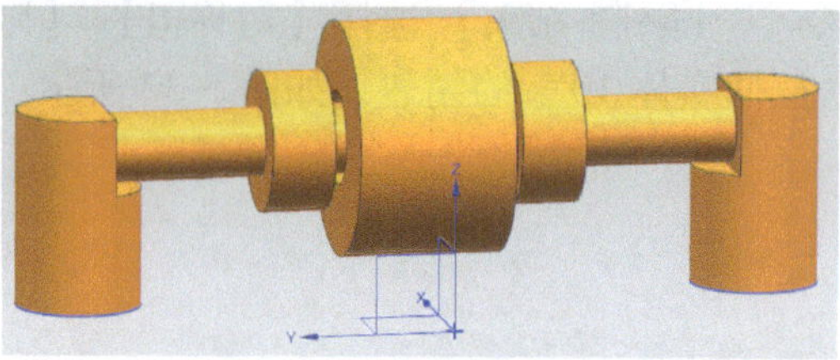

图 5-36 完成镜像几何体

步骤 12 创建“基准平面 1”

单击【基准平面】命令然后【类型】选择【按某一距离】,【平面参考】选择 *YZ* 平面,【距离】为 12.5mm，单击【确定】按钮，如图 5-37 所示，完成“基准平面 1”，如图 5-38 所示。

步骤 13 创建“草图 12”并旋转

单击【草图】命令，单击“基准平面 1”，绘制如图 5-39 所示图形，完成“草图 12”。然后单击【确定】按钮，再单击【旋转】命令，【角度】为 360°，【布尔】选择【减去】，完成旋转，如图 5-40 所示。

三、驱动齿轮建模

步骤 1 选择齿轮类型，设置齿轮参数

单击【柱齿轮建模】命令，选择【直齿轮-外啮合齿轮】,【加工】选择【滚齿】，单击

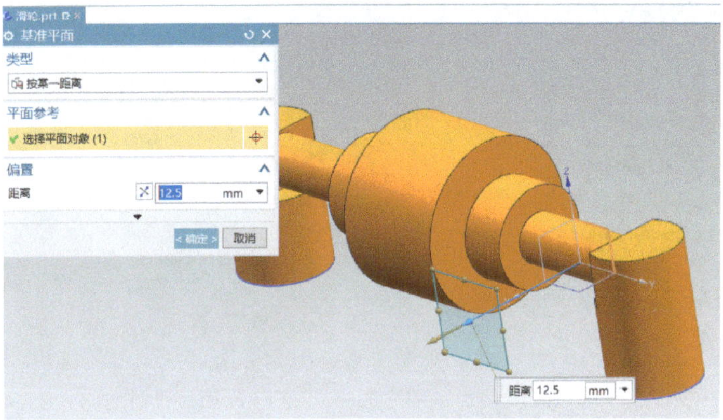

图 5-37　新建“基准平面 1”

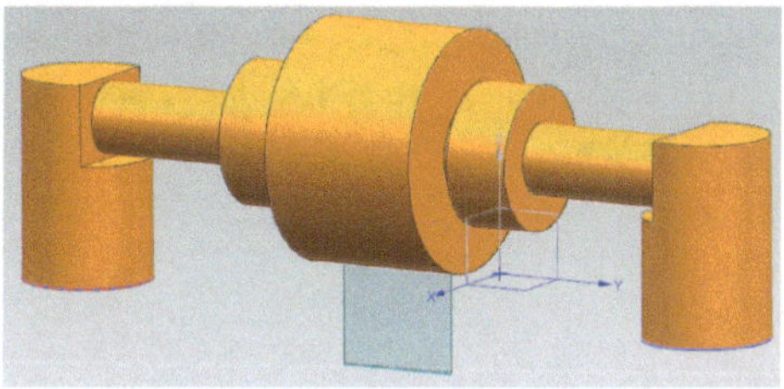

图 5-38　完成“基准平面 1”

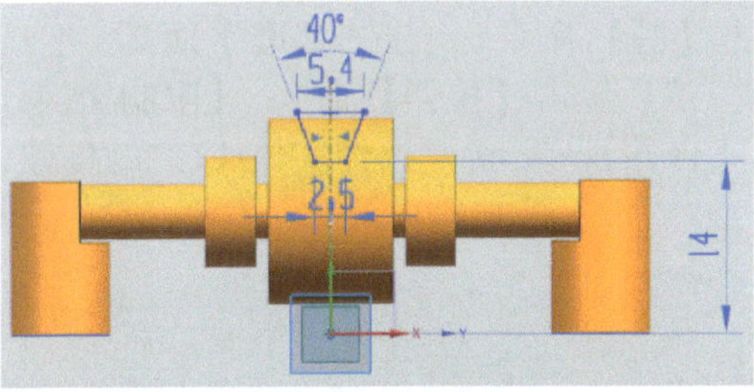

图 5-39　“草图 12”

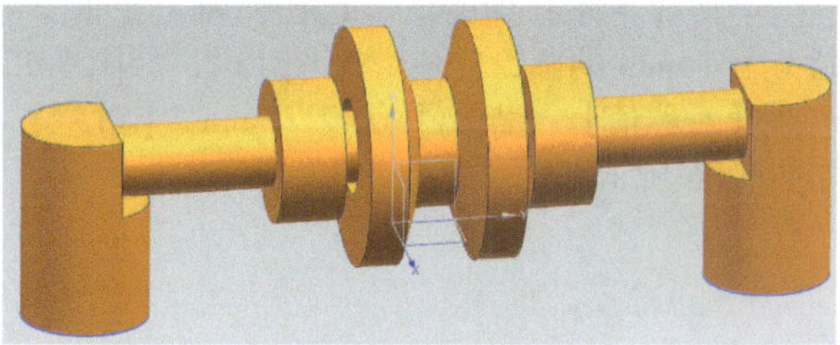

图 5-40　旋转

【确定】按钮，选择齿轮类型如图 5-41 所示。【模数（毫米）】为 2mm，【牙数】为 30，【齿宽（毫米）】为 7mm，【压力角（度数）】为 20°，【齿轮建模精度】选择【中部】，单击【确定】按钮，设置齿轮参数如图 5-42 所示。

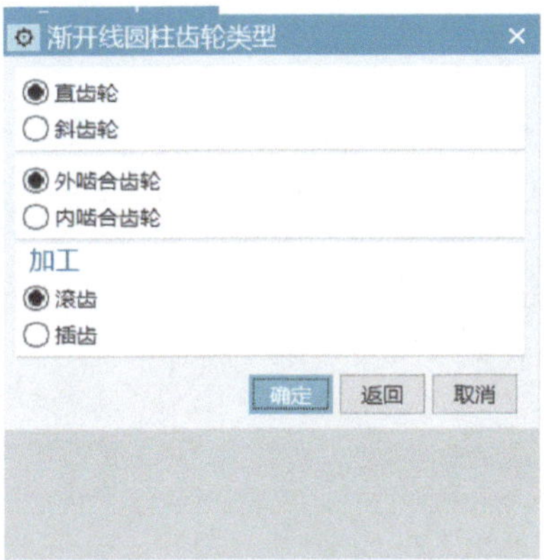

图 5-41　选择齿轮类型

图 5-42　设置齿轮参数

步骤 2　创建“基准平面 2”

单击【基准平面】命令，【类型】选择【二等分】，再选择齿轮的两侧，如图 5-43 所示。完成“基准平面 2”的创建，如图 5-44 所示。

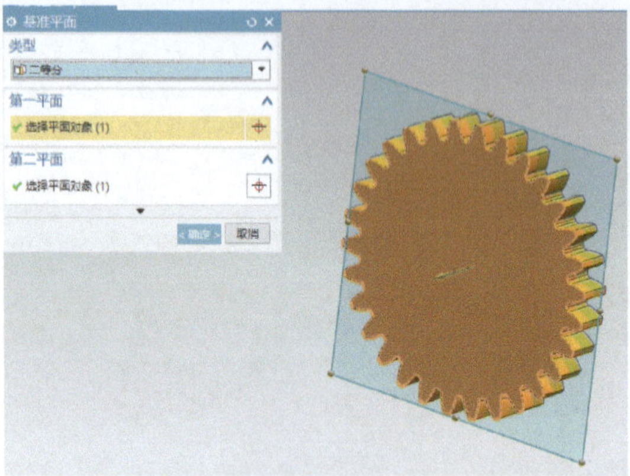

图 5-43　新建“基准平面 2”

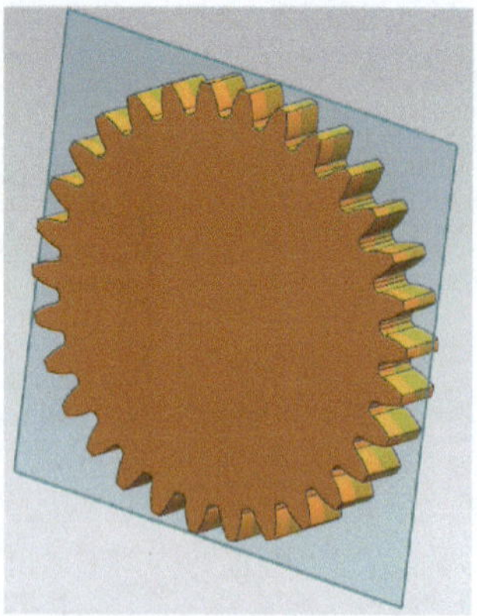
图 5-44　完成“基准平面 2”

步骤 3　创建“草图 13”和“拉伸实体 12”

单击【草图】命令，选择“基准平面 2”，单击【圆】命令，在“基准平面 2”上绘制 1 个 ϕ6mm 的圆，完成“草图 13”，如图 5-45 所示。然后单击【拉伸】命令，【限制-结束】选择【对称值】，【距离】为 71/2mm，【布尔】选择【合并】，完成“拉伸实体 12”的创建，如图 5-46 所示。

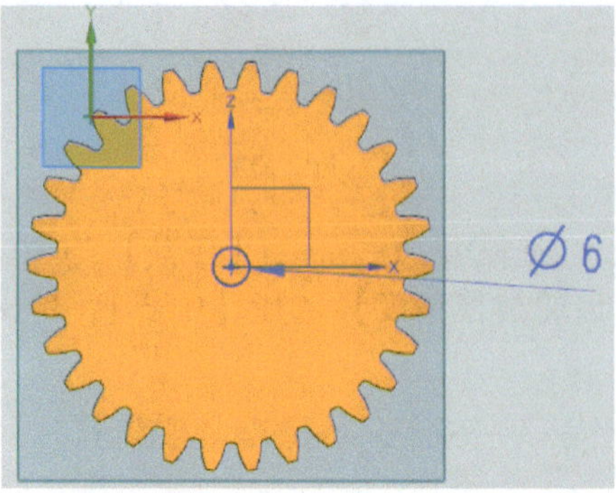

图 5-45　“草图 13”

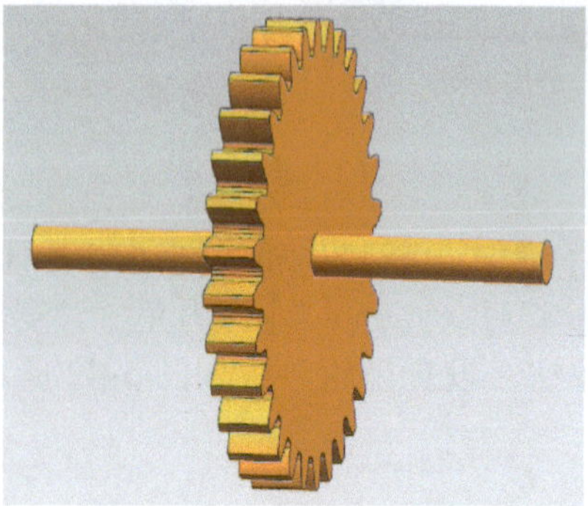
图 5-46　“拉伸实体 12”

步骤 4　创建“草图 14”和“拉伸实体 13”

单击【草图】命令，选择左侧端面，利用【投影曲线】命令投影，完成“草图 14”，如图 5-47 所示。然后单击【拉伸】命令，【限制-结束-距离】为 10mm，【布尔】选择【减去】，完成“拉伸实体 13”的创建，如图 5-48 所示。

步骤 5　创建“草图 15”和“拉伸实体 14”

单击【草图】命令，选择右侧端面利用【投影曲线】命令投影，完成“草图 15”，如图 5-49 所示。然后单击【拉伸】命令，【限制-结束-距离】为 10mm，【布尔】选择【合并】，完成“拉伸实体 14”的创建，如图 5-50 所示。

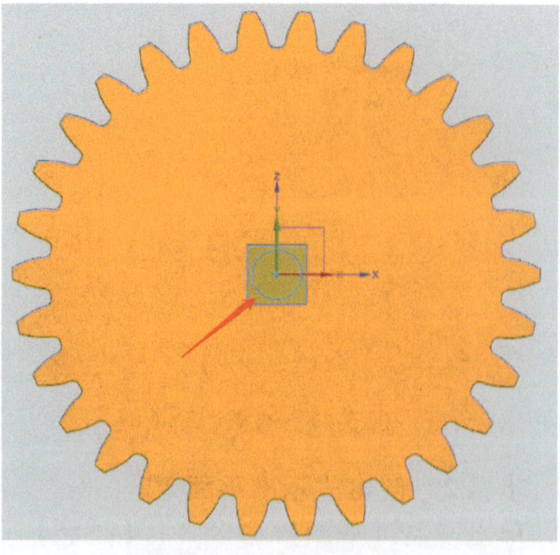
图 5-47　“草图 14”

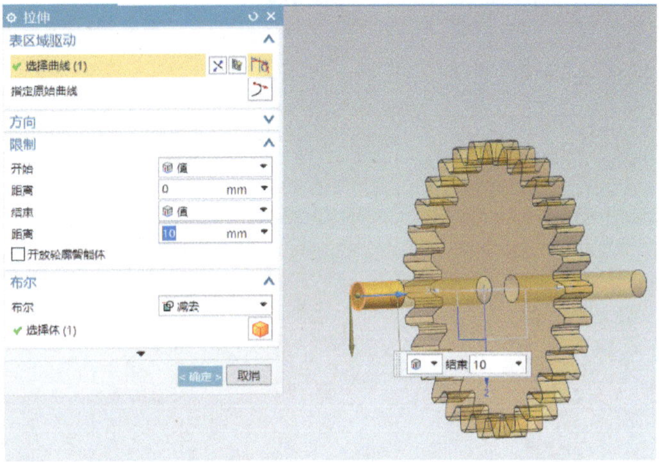

图 5-48 “拉伸实体 13”

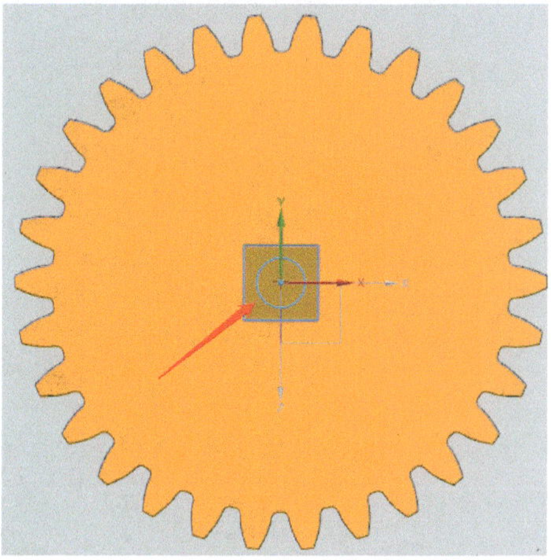

图 5-49 “草图 15”

步骤 6 创建“草图 16”和“拉伸实体 15”

在模型上选择齿轮左端面，单击【草图】命令，再单击【圆】命令，绘制一个直径为 20mm 的圆，完成“草图 16”，如图 5-51 所示。然后单击【拉伸】命令，【限制-开始-距离】为 6.5mm，【限制-结束-距离】为 4.5mm，【布尔】选择【合并】，完成“拉伸实体 15”的创建，如图 5-52 所示。

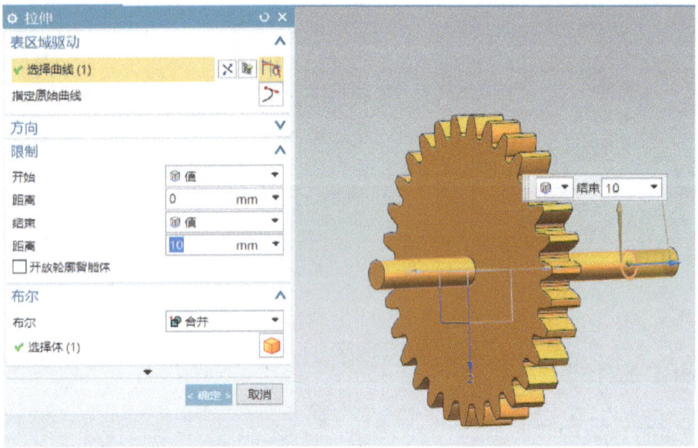

图 5-50 “拉伸实体 14”

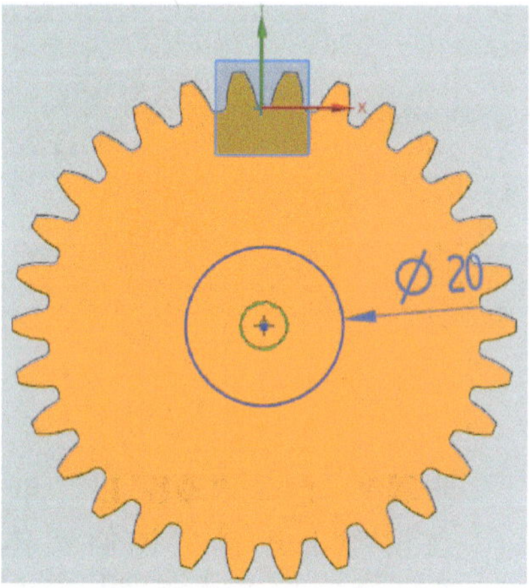

图 5-51 “草图 16”

步骤 7 创建“草图 17”和“拉伸实体 16”

在模型上选择齿轮右端面，单击【草图】命令，再单击【圆】命令，绘制 1 个直径为 20mm 的圆，完成“草图 17”，如图 5-53 所示。单击【拉伸】命令，【限制-开始-距离】为 26.5mm，【限制-结束-距离】为 24.5mm，【布尔】选择【合并】，完成“拉伸实体 16”的创建，如图 5-54 所示。

步骤 8 创建“草图 18”和“拉伸实体 17”

在模型上选择齿轮右端面，单击【草图】命令，再单击【圆】命令，绘制 1 个直径为 20mm 的圆，完成“草图 18”，如图 5-55 所示。单击【拉伸】命令，【限制-结束-距离】为 2mm，【布尔】选择【合并】，完成“拉伸实体 17”的创建，如图 5-56 所示。

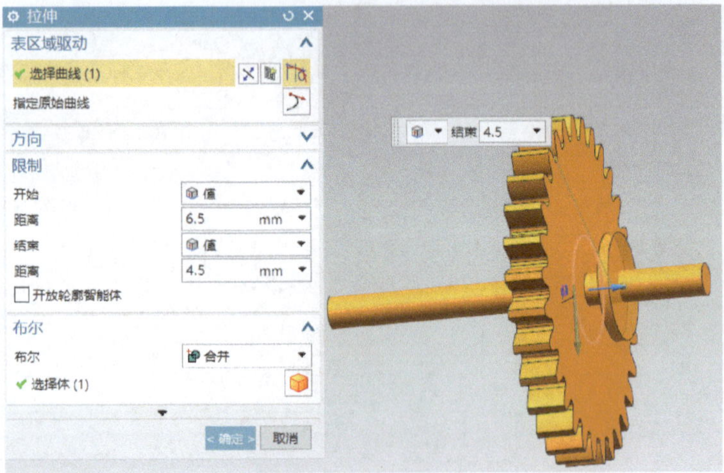

图 5-52 “拉伸实体 15”

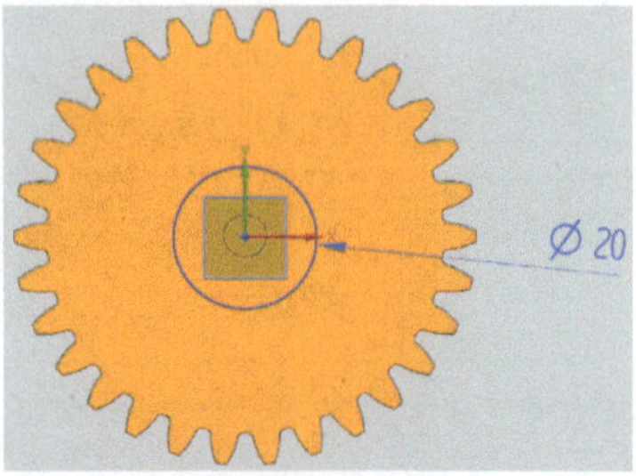

图 5-53 “草图 17”

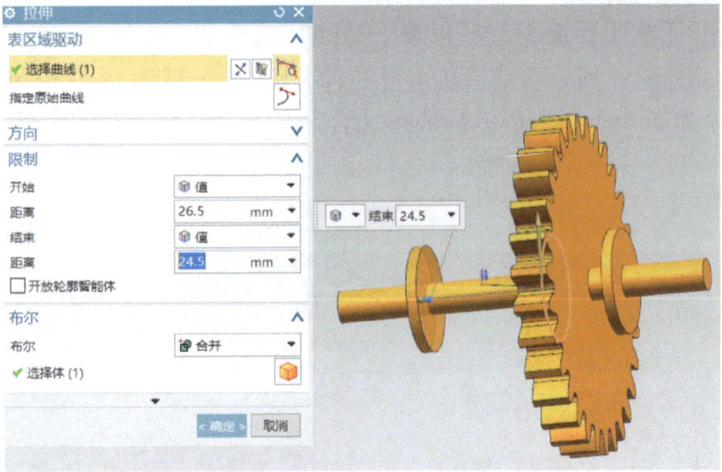

图 5-54 “拉伸实体 16”

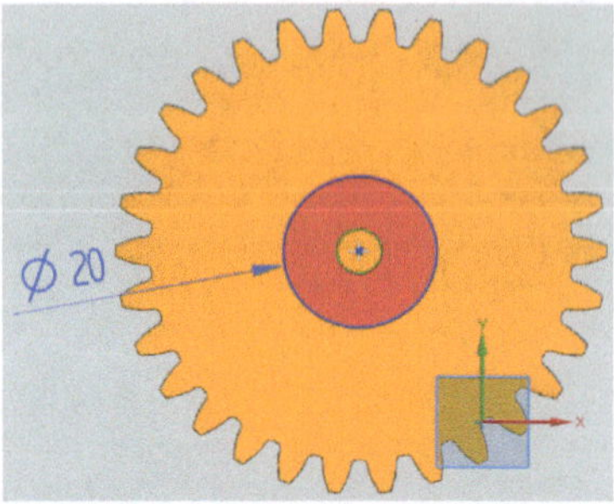

图 5-55 “草图 18”

步骤 9 创建“草图 19”和“拉伸实体 18”

在模型上选择“拉伸实体17”右端面，单击【草图】命令，选择实体表面，单击【确定】按钮，再单击【圆】命令，画 1 个直径为 17mm 的圆，完成“草图 19”，如图 5-57 所示。然后单击【拉伸】命令，选择“草图 18”，【限制-结束-距离】为 15mm，【拔模】选择【从起始限制】，【角度】为 15°，完成“拉伸实体 18”的创建，如图 5-58 所示。

图 5-56 “拉伸实体 17”

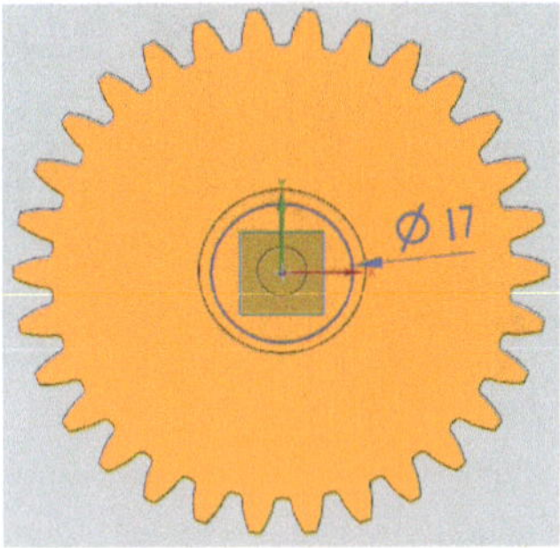

图 5-57　“草图 19”

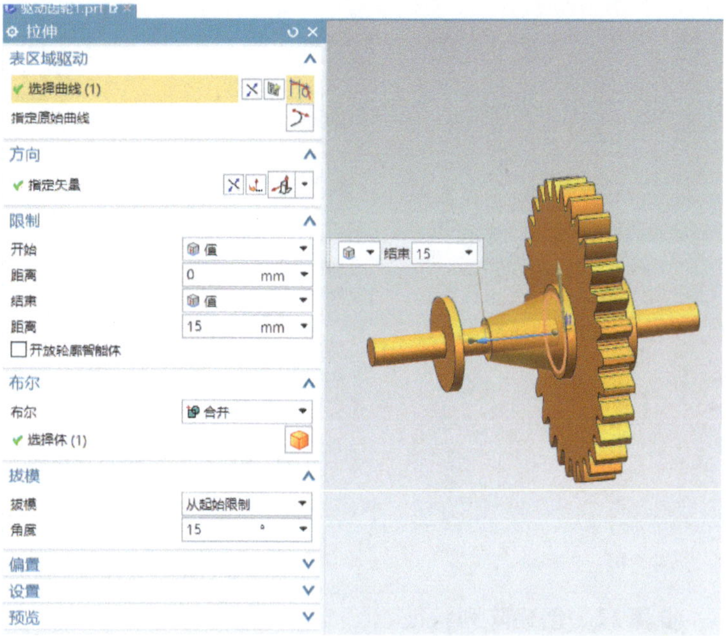

图 5-58　“拉伸实体 18”

步骤 10　创建“草图 20”和“拉伸实体 19”

在模型上选择“拉伸实体 18”右端面，单击【草图】命令，选择实体表面，单击【确定】按钮，再单击【圆】命令，绘制 1 个直径为 15mm 的圆，完成“草图 20”，如图 5-59 所示。然后单击【拉伸】命令，选择“草图 20”完成转向，【限制-结束-距离】为 2mm，【布尔】选择【合并】，完成“拉伸实体 19”的创建，如图 5-60 所示。

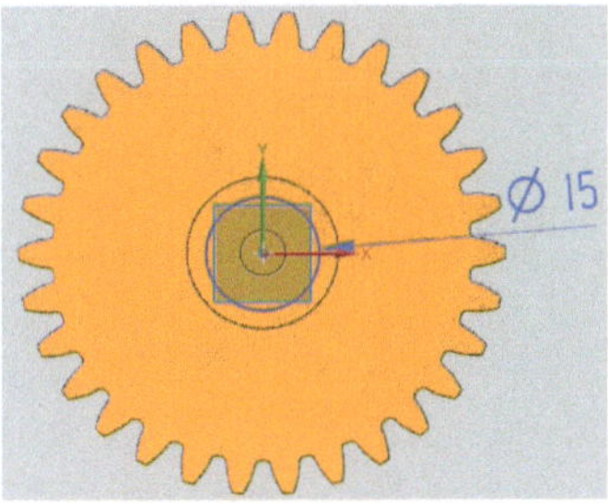

图 5-59　“草图 20”

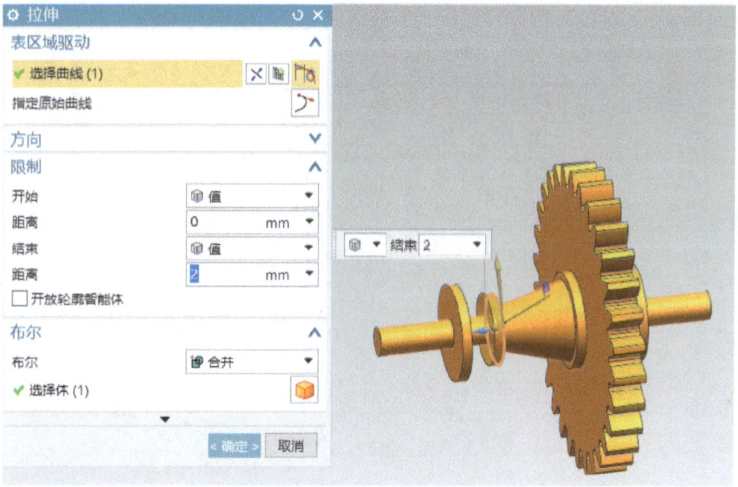

图 5-60　“拉伸实体 19”

步骤 11　创建“草图 21”和“拉伸 20”

在模型上选择“拉伸实体 18”右端面，单击【草图】命令，选择实体表面，单击【确定】按钮，单击【圆】命令，绘制 1 个直径为 12mm 的圆，标注离轴线距离 18mm，完成“草图 21”，如图 5-61 所示。然后单击【拉伸】命令，选择“草图 21”完成转向，【限制-结束-距离】为 7mm，【布尔】选择【减去】，完成“拉伸 20”的创建，如图 5-62 所示。

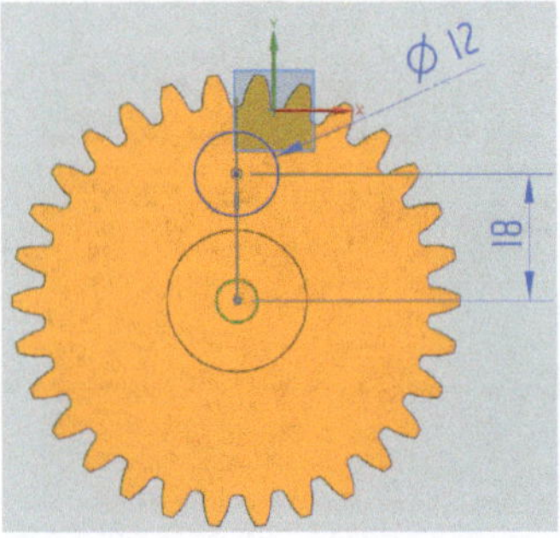

图 5-61　“草图 21”

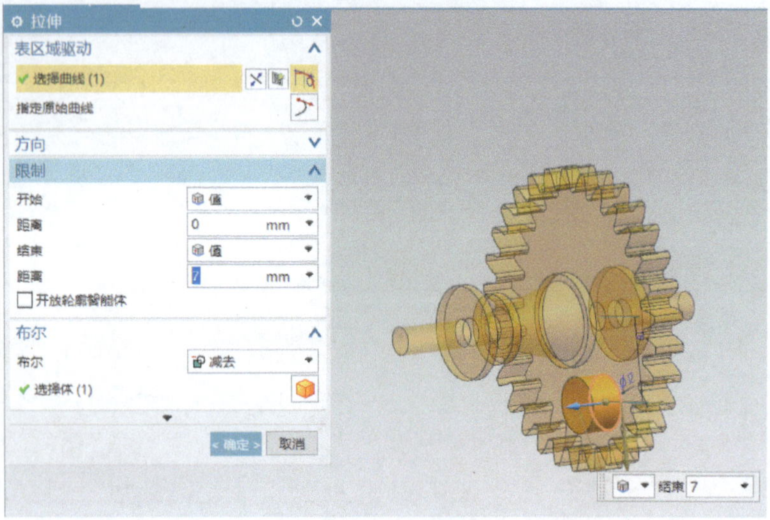

图 5-62　“拉伸 20”

步骤 12　创建阵列特征

单击【阵列特征】命令，单击“拉伸 20”，【数量】为 6，【节距角】为 360°/6，如图 5-63 所示。单击【确定】按钮完成阵列特征的创建，如图 5-64 所示。

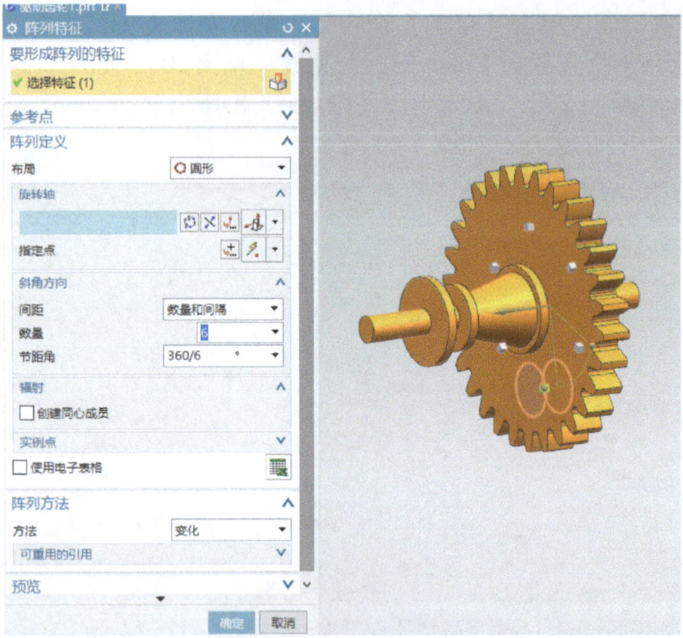

图 5-63　阵列特征

图 5-64　完成阵列特征

四、从动齿轮建模过程

步骤 1　设置齿轮参数

单击【柱齿轮建模】命令，选择【直齿轮-外啮合齿轮加工】选择【滚齿】，单击【确定】按钮，选择齿轮类型。【模数（毫米）】为 2mm，【牙数】为 15，【齿宽（毫米）】为 7mm，【压力角（度数）】为 20°，【齿轮建模精度】选择【中部】，设置齿轮参数如图 5-65 所示。单击【确定】按钮，完成建模如图 5-66 所示。

步骤 2 创建“草图 22”和“拉伸实体 21”

在模型上选择齿轮右端面，单击【草图】命令，选择实体表面，单击【确定】按钮，单击【圆】命令，绘制 1 个直径为 6mm 的圆，完成“草图 22”，如图 5-67 所示。然后单击【拉伸】命令，选择“草图 22”，完成转向，【限制-结束-距离】为 45mm，【布尔】选择【合并】，完成“拉伸实体 21”的创建，如图 5-68 所示。

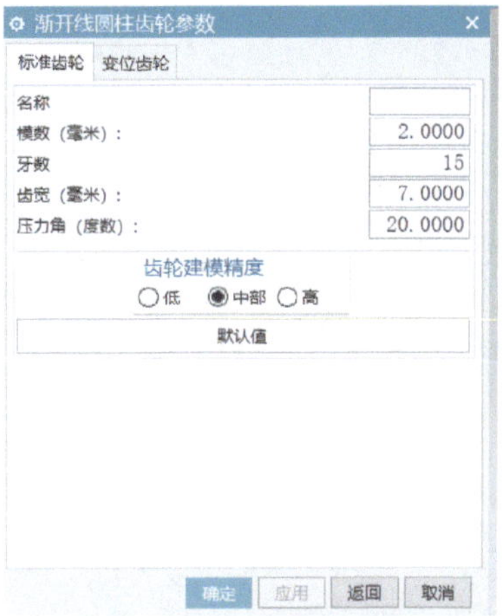

图 5-65 设置齿轮参数

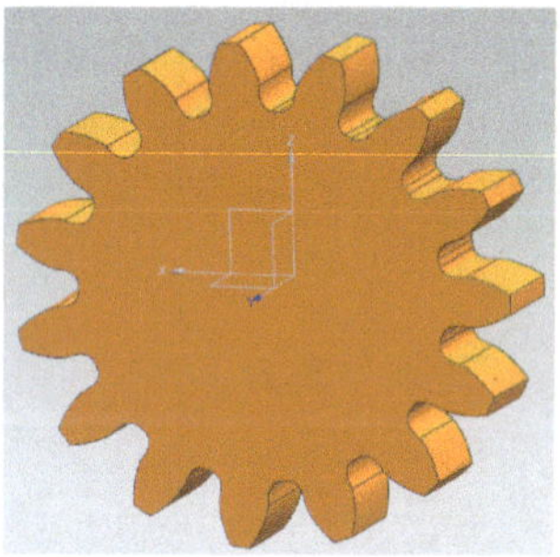

图 5-66 完成建模

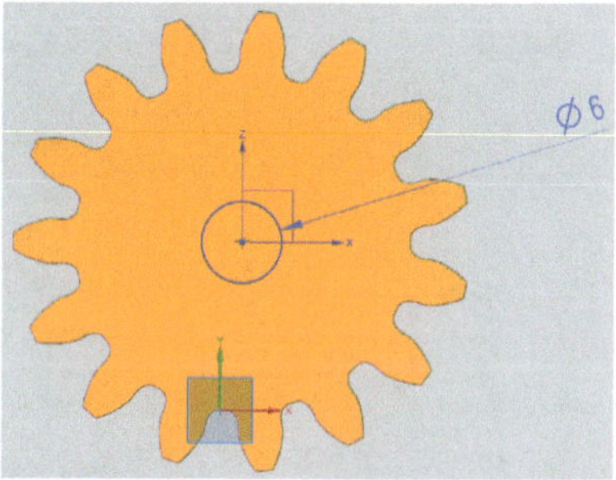

图 5-67 “草图 22”

步骤 3 创建“草图 23”和“拉伸实体 22”

在模型上选择“拉伸实体 21”右端面，单击【草图】命令，选择实体表面，单击【确定】按钮，单击【矩形】命令，绘制 1 个 4 条边都为 4mm 的正方形，完成“草图 23”，如图 5-69 所示。然后单击【拉伸】命令，选择“草图 23”，完成转向，【限制-结束-距离】为 7mm，【布尔】选择【合并】，完成“拉伸实体 22”的创建，如图 5-70 所示。

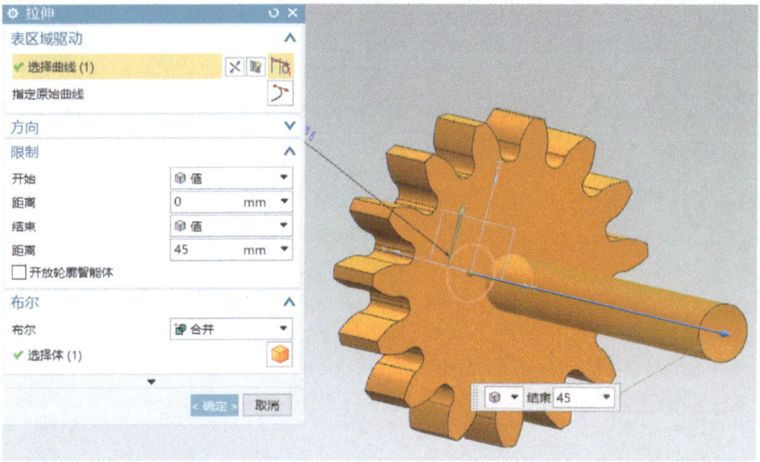

图 5-68 “拉伸实体 21”

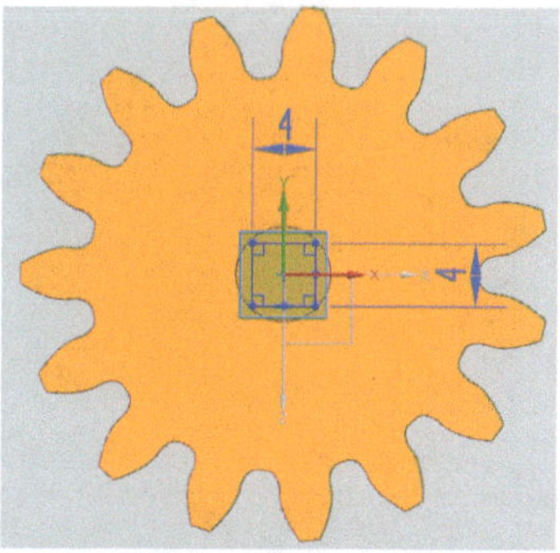

图 5-69 “草图 23”

步骤 4 创建“草图 24”和“拉伸实体 23”

在模型上选择齿轮左端面，单击【草图】命令，选择实体表面，单击【确定】按钮，单击【矩形】命令，绘制 1 个 4 条边都为 3mm 的正方形，完成“草图 24”，如图 5-71 所示。然后单击【拉伸】命令，选择“草图 24”，【限制-结束-距离】为 10mm，【布尔】选择【减去】，完成“拉伸实体 23”的创建，如图 5-72 所示。

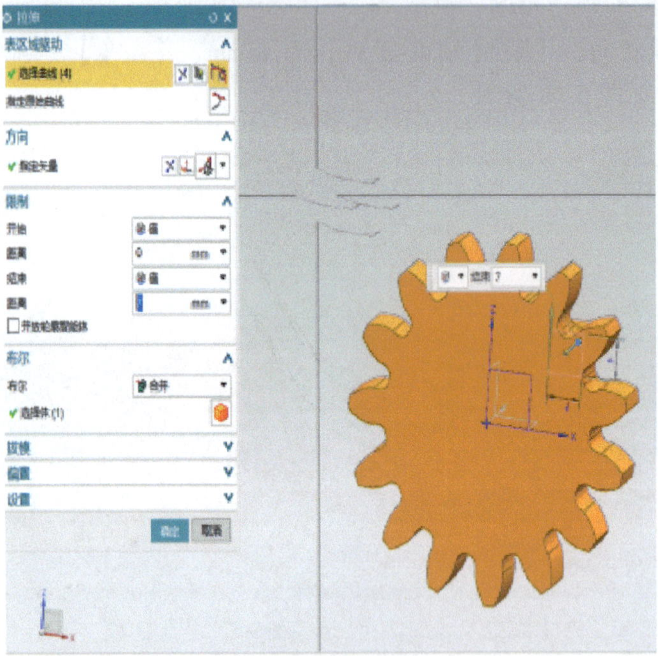

图 5-70 “拉伸实体 22”

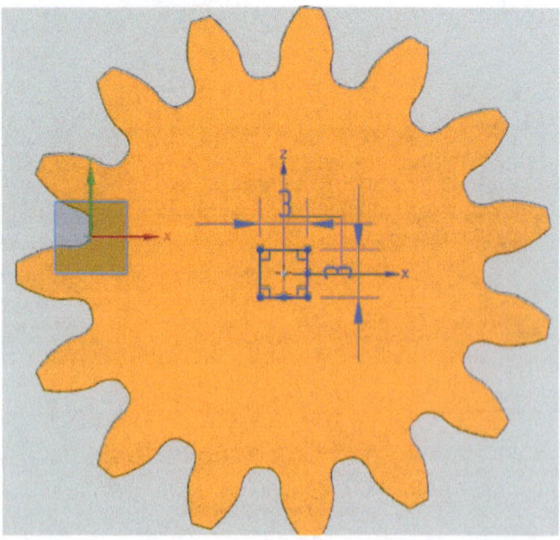

图 5-71 “草图 24”

其他零件建模过程省略。势能小车模型效果如图 5-73 所示。

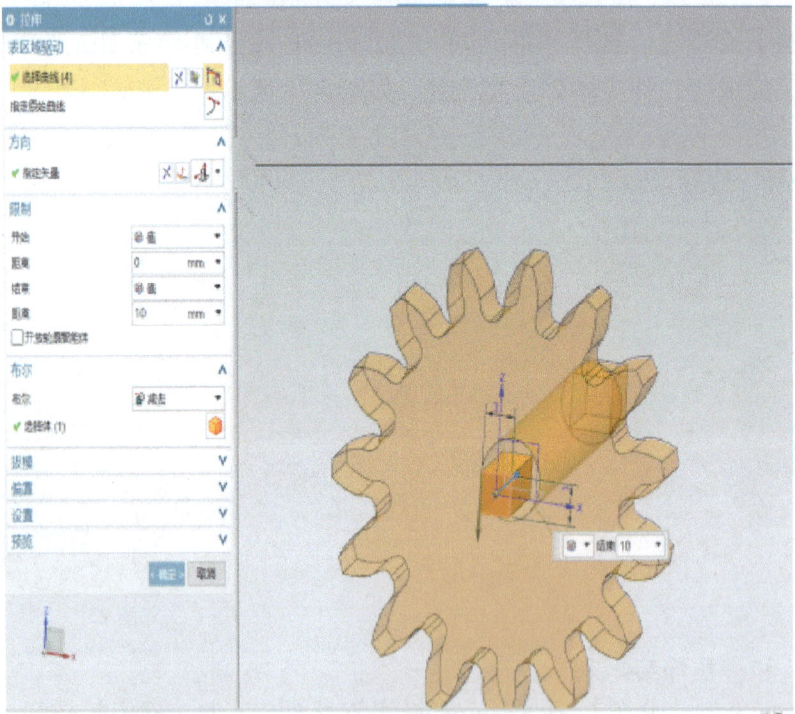

图 5-72 “拉伸实体 23”

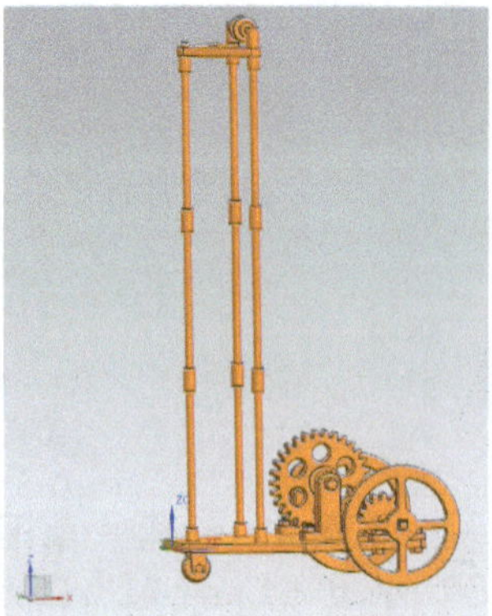

图 5-73 势能小车模型效果

【任务评价】

工作任务学习卡见表 5-1，过程性考核评价标准见表 5-2。

表 5-1　工作任务学习卡

序号	考核评价项目		考核内容	学生自评	小组互评	教师总评	分值
1	过程性考核	素质目标	自我管理的能力：能够按照教师的要求自觉完成相关任务				10
2			产品质量意识：能够从整个产品生产过程考虑问题				5
3			一定的审美力：具有自己的审美判断力				5
4		知识目标	掌握零部件结构特点，进行数字化设计				20
5			掌握根据零部件结构，选择合适的造型方法				5
6			掌握根据 3D 打印机打印参数，选择零部件装配间隙				5
7		能力目标	能够使用 NX 12.0【草图】命令，绘制零件截面图形等				15
8			能够使用 NX 12.0【拉伸】命令，绘制零件图形等				15
9			能够使用 NX 12.0【边倒圆】命令，将零件倒圆角等				10
10		其他方面	出勤、课堂纪律、回答问题、作业完成情况等				10
小计							—
总评							

注：“总评”成绩计算按照“小计”中“学生自评”的 20%，“小组互评”的 30%，“教师总评”的 50%进行综合计算。

表 5-2　过程性考核评价标准

能合理运用知识点完成考核任务，具有自主学习、独立分析解决问题的能力，良好的产品质量意识，具有一定的审美力，团队协作能力强，有创新意识				A
能较好地完成考核任务，但自主学习、独立分析解决问题能力稍差，具有产品质量意识，具有一定审美力，能很好地与团队成员沟通协作				B
基本完成考核任务，但自主学习、分析问题能力差，与团队成员沟通协作差				C
没有完成知识点的学习和考核工作任务，主观能动性差，与团队成员的沟通协作能力差				D
评价	班级		姓名	
	组号		组长签字	
	教师签字		日期	

任务2 滑轮模型的切片输出

【学习目标】

素质目标：

（1）具有一定的审美力。
（2）具有自我管理的能力。
（3）具有产品的质量意识。

知识目标：

（1）掌握确定三维模型摆放方向的方法。
（2）掌握切片软件的基本操作。
（3）掌握切片软件参数的基本设置方法。

能力目标：

（1）能够确定不同的三维模型打印方向。
（2）能够添加合理的支撑。
（3）能够利用切片软件完成合理的参数设置。

【任务描述】

前面已经完成了势能小车一体化部分零件的设计任务，这里选取了其中的滑轮模型进行切片任务，下面根据滑轮模型的特点，完成切片任务。通过学习讨论，完成工作任务，并填写工作任务学习卡。

【任务分析】

因为本项目任务1完成的滑轮模型的两侧为两个圆柱体，所以让滑轮的圆柱体底面接触打印板，这样接触面较大，能够使模型打印出来在打印板上比较牢固。打印参数按照实际需求进行设置。

【相关知识】

（1）Cura 软件的使用方法。
（2）Cura 软件参数说明。
（3）滑轮模型的导入。

Cura 软件的使用方法　　Cura 软件参数说明

【任务实施】

一、导出滑轮模型 STL 文件

在 NX 12.0 中，选择【菜单】→【文件】→【导出】→【STL】，弹出【STL】对话框。在对话框中：①选择要导出的对象，框选全部实体特征；②选择要导出的路径并命名；③单击【确定】按钮，完成后视镜模型 STL 文件的导出。

二、导入滑轮模型

步骤1　将滑轮模型导入切片软件

打开切片软件 Cura，导入模型。可选择菜单栏【文件】→读取模型文件，或单击右侧 3D

浏览窗口左上角【Load】按钮，选择滑轮模型并单击打开。导入滑轮模型到切片软件界面如图 5-74 所示。

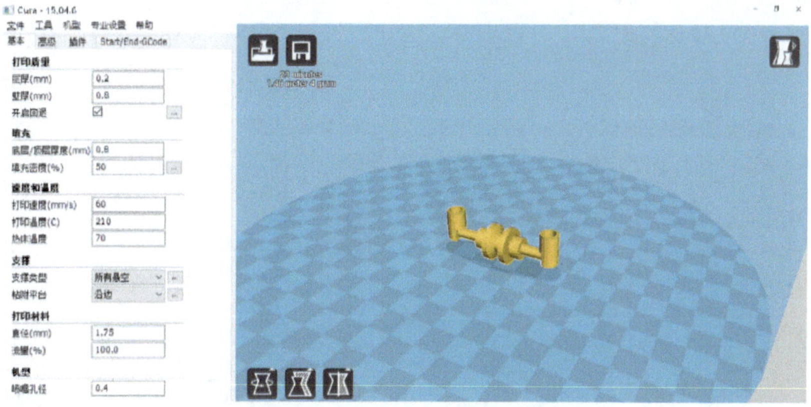

图 5-74　导入滑轮模型到切片软件界面

步骤 2　查看初始进度条信息

载入模型后，可以立刻在主窗口内看到载入模型的 3D 图形。初始进度条信息，如图 5-75 所示。

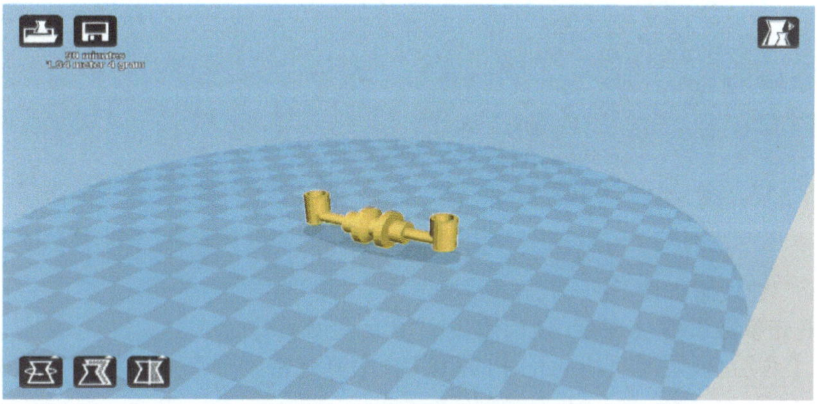

图 5-75　初始进度条信息

步骤 3　多种显示模式

在主窗口右上角，有多种显示模式的菜单，这是一个高级的观察模式。如图 5-76 所示。

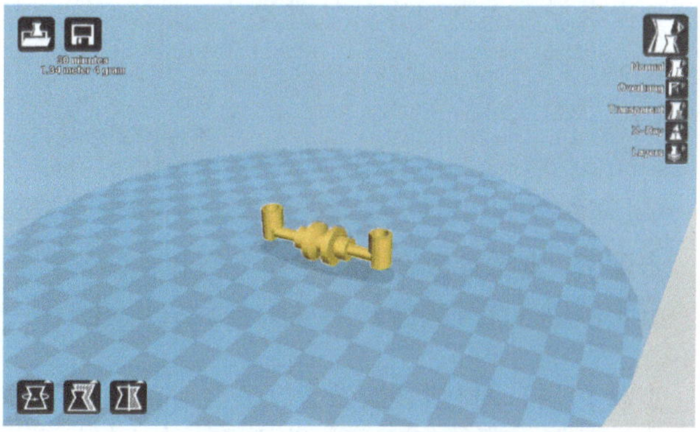

图 5-76　多种显示模式菜单

各种显示模式效果图如图 5-77 所示。

步骤 4　模型调整

模型调整如图 5-78 所示。

三、主要参数设置

步骤 1　打印质量参数设置（层厚、壁厚、开启回退）

滑轮模型【层厚（mm）】为 0.2，【壁厚（mm）】为 0.8，选中【开启回

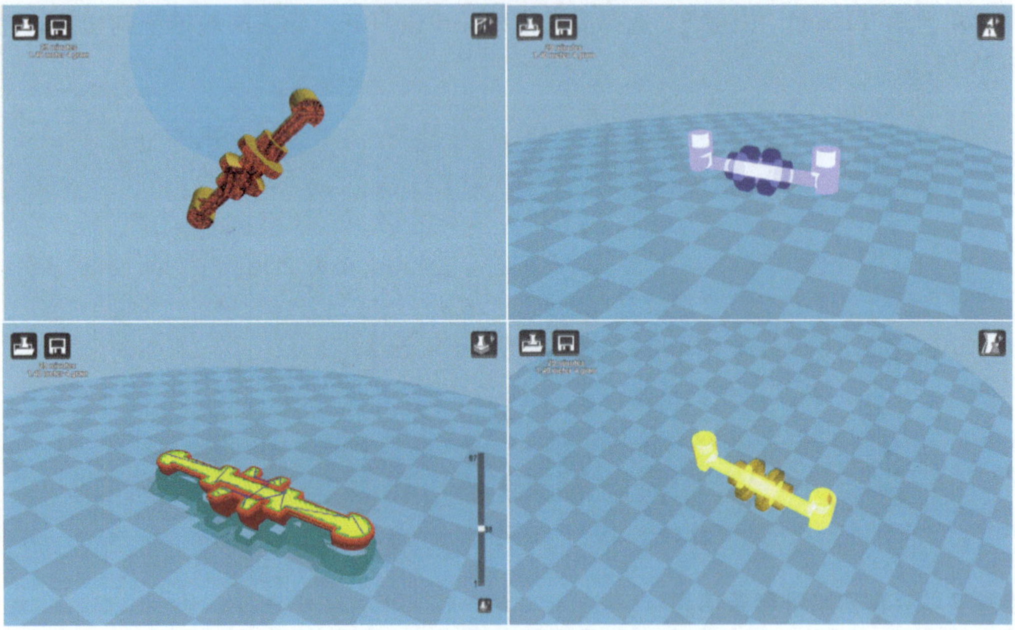

图 5-77　各种显示模式效果图

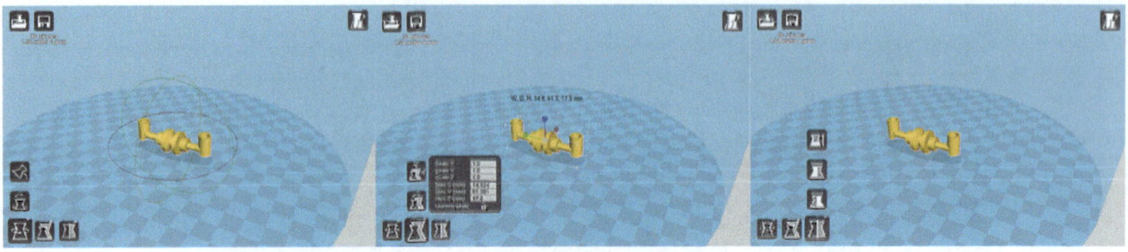

图 5-78　模型调整

退】，打印质量参数设置如图 5-79 所示。

步骤 2　填充参数设置（底层/顶层厚度、填充密度）

滑轮模型【底层/顶层厚度（mm）】为 0.8，【填充密度（%）】为 50，填充参数设置如图 5-80 所示。

步骤 3　速度和温度参数设置（打印速度、打印温度、热床温度）

滑轮模型【打印速度（mm/s）】为 60，【打印温度（C）】为 210，【热床温度】为 70，速度和温度参数设置如图 5-81 所示。

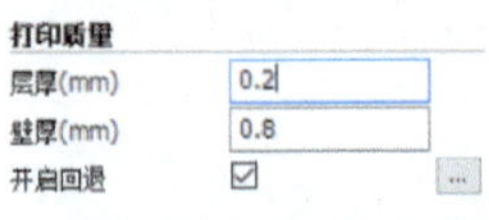

图 5-79　打印质量参数设置

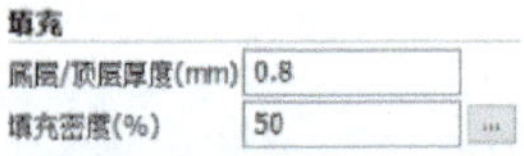

图 5-80　填充参数设置

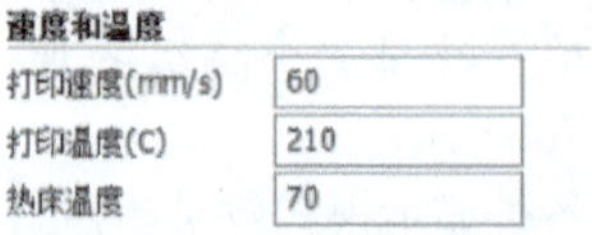

图 5-81　速度和温度参数设置

步骤 4　支撑参数设置（支撑类型和粘附平台）

滑轮模型【支撑类型】为【所有悬空】，【粘附平台】为【沿边】，支撑参数设置如图 5-82 所示。

步骤 5　打印材料参数设置（直径、流量和喷嘴孔径）

滑轮模型【直径（mm）】为 1.75，【流量（%）】为 100.0，【喷嘴孔径】为 0.4，打印材料参数设置如图 5-83 所示。

图 5-82　支撑参数设置

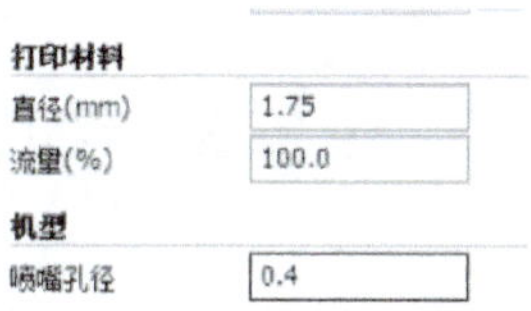

图 5-83　打印材料参数设置

四、输出 G-code 文件

滑轮模型调整好、参数设置完成之后，就可以导出 G-code 文件了。选择菜单栏【文件】→【SaveGcode】，在弹出对话框中选择保存的路径，输入文件的名字，单击【确定】按钮，打印文件输出完毕。

【任务评价】

工作任务学习卡见表 5-3，过程性考核评价标准见表 5-4。

表 5-3　工作任务学习卡

序号	考核评价项目		考核内容	学生自评	小组互评	教师总评	分值
1	过程性考核	素质目标	自我管理的能力：能够按照教师的要求自觉完成相关任务				10
2			产品质量意识：能够从整个产品生产过程考虑问题				5
3			一定的审美力，具有自己的审美判断力				5
4		知识目标	掌握确定三维模型摆放方向的方法				5
5			掌握切片软件参数的基本设置				25
6		能力目标	能够确定不同的三维模型打印方向				15
7			能够添加适当的支撑				15
8			能够利用切片软件完成合理的参数设置				10
9		其他方面	能够利用切片软件完成对三维模型的基本操作				10
小计							—
总评							

注：“总评”成绩计算按照“小计”中“学生自评”的 20%，“小组互评”的 30%，“教师总评”的 50%进行综合计算。

表 5-4　过程性考核评价标准

能合理运用知识点完成考核任务，具有自主学习、独立分析解决问题的能力，良好的产品质量意识，具有一定的任务分析能力，团队协作能力强，有创新意识	A
能较好地完成考核任务，但自主学习、独立分析解决问题能力稍差，具有产品质量意识，具有一定任务分析能力，能很好地与团队成员沟通协作	B
基本完成考核任务，但自主学习、分析问题能力差，与团队成员沟通协作差	C
没有完成知识点的学习和考核工作任务，主观能动性差，与团队成员的沟通协作能力差	D

评价	班级		姓名	
	组号		组长签字	
	教师签字		日期	

任务3　势能小车模型打印及后处理

【学习目标】

素质目标：

（1）具有一定的任务分析能力。

（2）具有自我管理的能力。

（3）具有产品的质量意识。

知识目标：

（1）掌握3D打印机的开关方法。

（2）掌握使用3D打印机导入打印数据的方法。

能力目标：

（1）能完成打印任务前的打印机调试工作。

（2）能够使用3D打印机，完成模型的3D打印工作。

（3）能够完成打印完毕模型的后处理工作。

（4）能够完成部件的组装工作。

【任务描述】

在之前的任务环节，已经完成了势能小车模型部分零件的设计工作，并在3D打印机配套的切片软件中完成了滑轮模型的切片工作，本任务环节将进行实践打印。通过学习讨论，完成工作任务，并填写工作任务学习卡。

将之前任务完成的切片数据文件，导入身边的3D打印机中，完成模型的3D打印工作。在模型打印之后，还需要进行后处理及部件组装。

【任务分析】

本任务给出一款势能小车模型的部分零件数据，并已经完成滑轮模型切片。本环节中，需要学习如何完成3D打印机的开关机、打印前的调试、切片数据文件导入打印机、打印件后处理、零部件装配等工作。在打印过程中，还需要观察打印情况，适时调整打印机的参数设置，以保证模型高效完美地打印。

【任务实施】

一、模型3D打印

步骤1　开机检查设备

在打印之前，首先需要开机检查设备。打开3D打印机电源，待设备开机运行准备完毕后，首先根据打印机找到 X、Y、Z 轴回原点界面，将三轴回原点。过程中要注意打印机能否平稳运行，有无卡顿、异响或不能回到原点等异常问题。三轴回归原点后，根据打印机型号、打印件的难易程度等，决定是否需要涂抹打印机底面固定胶。

步骤2　切片数据文件导入

将之前完成任务获得的切片数据文件，导入3D打印机。

步骤 3　打印并取出模型

在打印机执行打印程序后，需要观察打印机运行是否正常，打印程序执行是否正确，有无堵头、乱丝等现象，若有则需要马上采取解决措施，否则无法完成打印工作。直至打印机完成模型打印，本任务中仅展示滑轮模型的打印，如图 5-84 所示。完成后将模型取出，关闭打印机并清理。

二、打印件的后处理

步骤 1　取出支撑

使用工具（铲刀、钳子等），先去除底垫等大块支撑，如图 5-85 所示。拆除支撑过程中需要注意安全，避免划伤，必要时可戴手套操作。支撑去除完毕如图 5-86 所示。

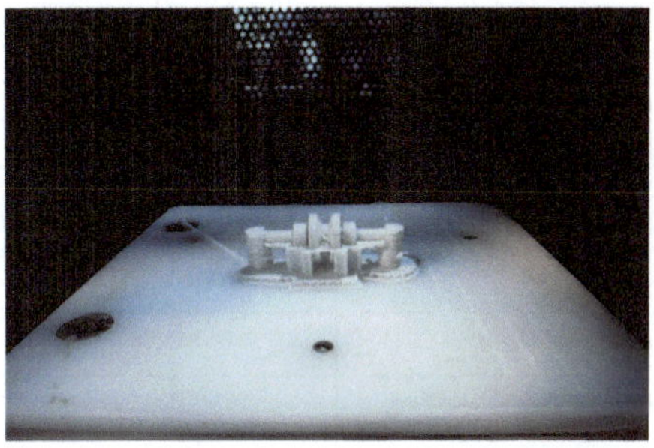

图 5-84　滑轮模型

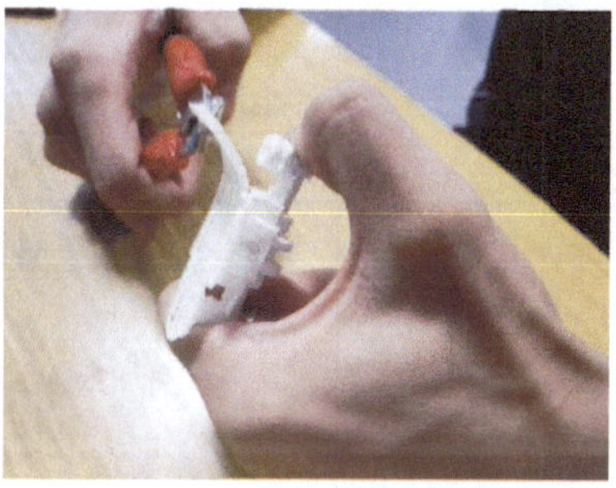

图 5-85　去除支撑

步骤 2　打磨

使用工具拆除支撑，不可避免地会发生拆除不净、划痕等问题，需要再使用砂纸打磨，打磨处理如图 5-87 所示。

图 5-86　支撑去除完毕

图 5-87　打磨处理

步骤 3　分开一体化设计模型

由于滑轮采用一体化设计，最后还需要将滑轮体与主体分开，在设计和支撑添加合理的情况下，只需要轻轻旋转滑轮体便可，如图 5-88、图 5-89 所示。

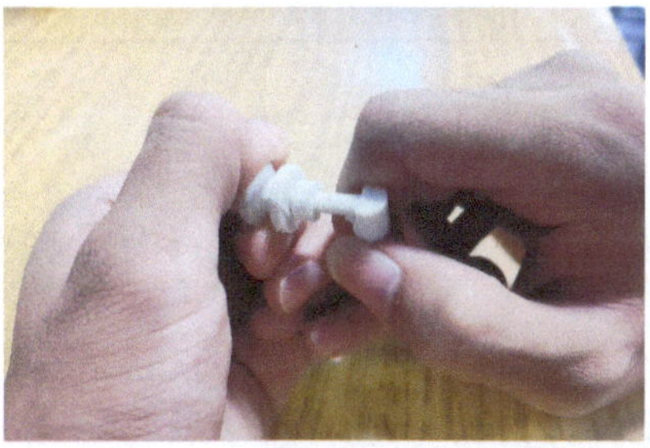

图 5-88　分开一体化设计模型 1

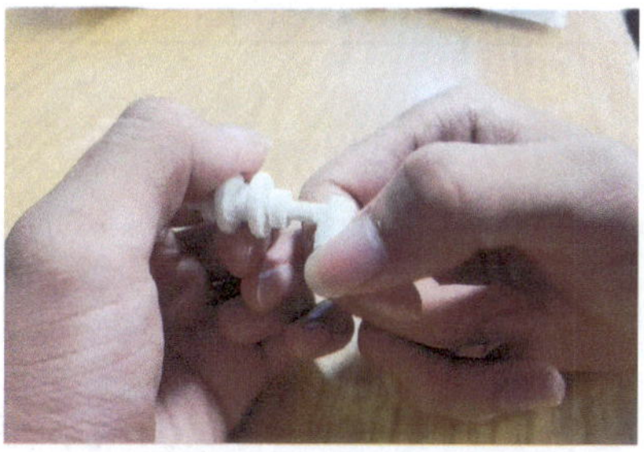

图 5-89　分开一体化设计模型 2

步骤 4 装配

按照上面的流程，将所有打印好的模型后处理后装配即可。

【任务评价】

工作任务学习卡见表 5-5，过程性考核评价标准见表 5-6。

表 5-5 工作任务学习卡

序号	考核评价项目		考核内容	学生自评	小组互评	教师总评	分值
1	过程性考核	素质目标	自我管理的能力：能够按照教师的要求自觉完成相关任务				10
2			产品质量意识：能够从整个产品生产过程考虑问题				5
3			一定的审美力：具有自己的审美判断力				5
4		知识目标	掌握 3D 打印机的开关方法				5
5			掌握 3D 打印机导入打印数据的方法				25
6		能力目标	能完成打印任务前的打印机调试工作				15
7			能够使用 3D 打印机，完成模型的 3D 打印工作				15
8			能够完成打印完毕模型的后处理工作				10
9		其他方面	能够完成部件的组装工作				10
小计							—
总评							

注：“总评”成绩计算按照“小计”中“学生自评”的 20%，“小组互评”的 30%，“教师总评”的 50%进行综合计算。

表 5-6 过程性考核评价标准

能合理运用知识点完成考核任务，具有自主学习、独立分析解决问题的能力，良好的产品质量意识，具有一定的任务分析能力，团队协作能力强，有创新意识				A
能较好地完成考核任务，但自主学习、独立分析解决问题能力稍差，具有产品质量意识，具有一定任务分析能力，能很好地与团队成员沟通协作				B
基本完成考核任务，但自主学习、分析问题能力差，与团队成员沟通协作差				C
没有完成知识点的学习和考核工作任务，主观能动性差，与团队成员的沟通协作能力差				D
评价	班级		姓名	
	组号		组长签字	
	教师签字		日期	

【知识广角】

3D 打印材料发展：目前主要可分为金属材料、无机非金属材料、有机高分子材料以及生物材料等几类。

其中，金属粉末材料主要有：钛合金、高温合金、钴铬合金、不锈钢和铝合金材料等。国内生产已基本满足国产设备及国内下游增材制造需要，设备生产厂商一般与第三方材料厂商合作研究，少量厂商会同时自主生产。

高分子粉末材料目前使用最广泛的原材料为聚酰胺（PA，即尼龙），以及聚氨酯（TPU）、聚苯硫醚（PPS）等高分子及其复合粉末材料。

【COMET 职业能力测评】

COMET 职业能力测评评价表见表 5-7。

表 5-7　COMET 职业能力测评评价表

一级能力	二级能力	序号	考核内容评分项说明	完全不符	基本不符	基本符合	完全符合
功能性能力	直观性	1	是否与专业规范或技术标准相符合？				
	功能性	2	是否满足功能性要求？				
		3	是否达到“技术先进水平”？				
		4	是否可以实施？				
过程性能力	使用价值导向	5	是否考虑到功能扩展的可能性？				
		6	对于使用者来说，设计方案是否方便、易于使用？				
		7	是否具有使用价值？				
	经济性	8	实施设计方案的成本是否较低？				
	工作过程导向	9	是否考虑到生产流程？				
		10	是否考虑到超出本职工作范围内容？				
设计能力	社会接受度	11	多大程度上考虑到人性化设计？				
		12	是否考虑到健康保护方面？				
		13	是否考虑到人体工程学方面设计？				

项目6 手摇多功能切菜器一体化设计

任务1 创建手摇多功能切菜器模型特征

【学习目标】

素质目标：

（1）具有一定的审美力。

（2）具有自我管理的能力。

（3）具有产品的质量意识。

知识目标：

（1）掌握零部件结构特点，进行数字化设计。

（2）掌握根据零部件结构，选择合适的造型方法的操作。

（3）掌握根据3D打印机打印参数，选择零部件装配间隙的方法。

能力目标：

（1）能够使用NX 12.0【草图】命令，绘制零件截面图形。

（2）能够使用NX 12.0【拉伸】、【旋转】命令，绘制零件图形。

（3）能够使用NX 12.0【扫掠】、【网格曲面】命令，进行零件曲面造型。

（4）能够使用NX 12.0【有界平面】、【缝合】、【替换面】等命令，进行零件实体建模。

【任务描述】

设计一款手摇多功能切菜器，要求结构简单、体积适当、外观较好、操作方便，稳定性好，强度足够，能够适应一般硬质果蔬的切削。通过学习讨论，完成工作任务，并填写工作任务学习卡。

根据功能需求，设计出一款满足大多数硬质果蔬的手摇切菜器，由手摇多功能切菜器底座、杯槽、刀桶（内含可拆卸刀片）、手柄等主要部分组成。本任务根据零部件结构选择合适的造型方法进行一体化设计，并根据3D打印机的打印参数，选择合适的装配间隙。

【任务分析】

本任务要求设计出一款手摇多功能切菜器，主要应用了手摇旋转机构、可拆卸刀片结构、卡槽机构等。设计时应考虑一体化设计，将杯槽顺着底座卡槽装入固定，刀桶放入杯槽中后通过手柄螺母将手柄与刀桶固定在一起，即可对果蔬进行切片、切丝。按下底座上的按钮即可抽出杯槽。整个结构主要通过底座卡槽和手柄螺母完成装配及连接，刀桶身上装有可拆卸刀片，可以根据需求任意装卸各种不同结构的刀片，切出片、条、丝等不同形状的果蔬。机器结构简单，操作方便，稳定性好。根据设计思路，选择了 NX 12.0 造型软件及拉伸造型方法，绘制出数字模型，并选择合适打印参数。

【相关知识】

（1）NX 12.0【拉伸】、【旋转】、【扫掠】、【网格曲面】等命令的使用方法。
（2）FDM 型 3D 打印机打印参数说明。
（3）识读手摇多功能切菜器底座模型图样。

【任务实施】

手摇多功能
切菜机-工程图

一、底座建模

步骤 1　创建“草图 1”

关闭【连续自动标注尺寸】，单击【草图】命令，选择 *XY* 平面，绘制 1 条圆弧，利用【快速尺寸】标注圆弧半径为 410mm。使用约束，使圆弧圆心落在 *Y* 轴上。【更多】选择【设为对称】，依次选择圆弧的两个端点为【主对象】【次对象】，注意选取对象为圆弧的两个端点，使圆弧两个端点关于 *Y* 轴对称。标注圆弧在 *Y* 轴上的最高点距离 *X* 轴 55mm，标注圆弧两个端点间距离为 200mm，圆弧草图如图 6-1 所示。

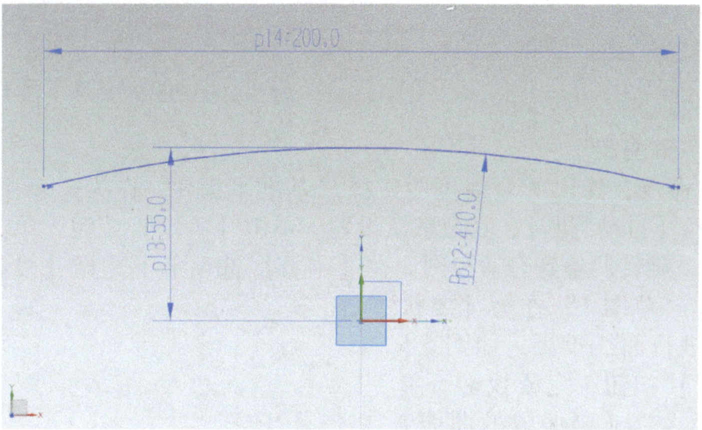

图 6-1　圆弧草图

对单条圆弧进行阵列。【布局】选择【圆形】，【指定点】选择草图原点，【间距】选择【数量和跨距】，【数量】为 4，【跨角】为 360°。创建另外 3 段圆弧，阵列曲线如图 6-2 所示。将草图的 4 个尖角倒圆角，半径为 35mm，完成“草图 1”绘制，如图 6-3 所示。

步骤 2　创建“基准平面 1”

【选择平面对象】为 *XY* 平面，【距离】为 165mm，方向+*Z*，完成“基准平面 1”的创建，如图 6-4 所示。

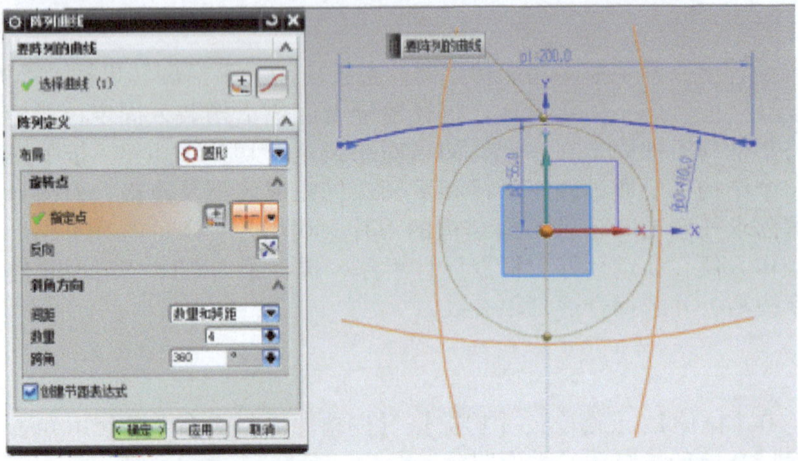

图 6-2 阵列曲线

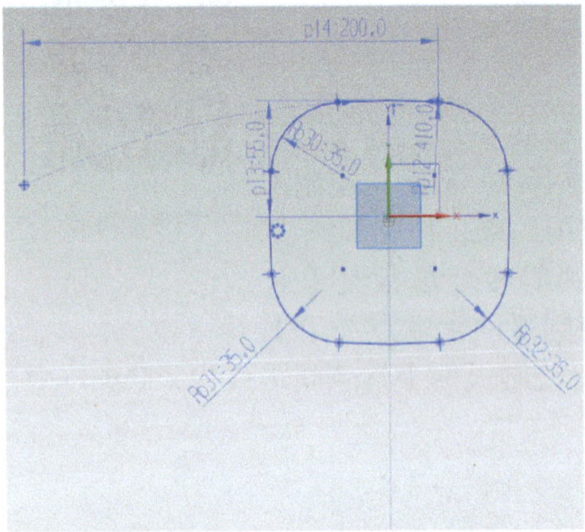

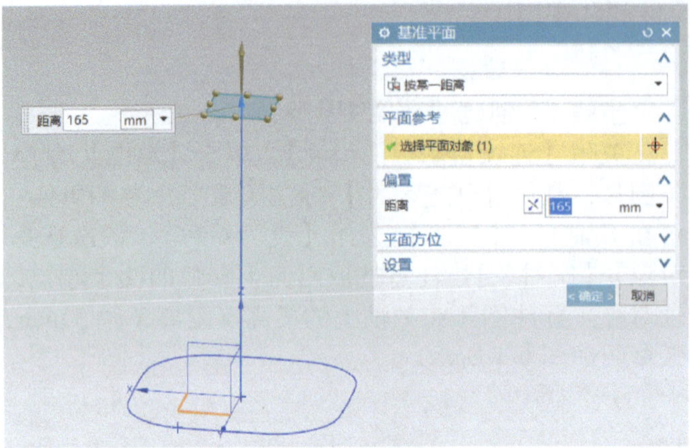

图 6-3 “草图 1”

图 6-4 “基准平面 1”

步骤 3 创建“草图 2”

单击【草图】命令，弹出的对话框中选择“基准平面 1”作为“草图 2”的绘制平面，【指定坐标系】选择【自动判断】，其余默认设置。单击【确定】按钮，单击【完成草图】命令。按住鼠标中键，旋转调整到合适视图。在【主页】选项卡下选择【投影曲线】命令，弹出的对话框中选择“草图 1”作为【要投影的对象】，将其进行曲线投影，如图 6-5 所示，单击【确定】按钮，完成投影。单击【偏置曲线】命令，【要偏置的曲线】选择刚刚完成投影的曲线，【距离】为 15mm，对投影的曲线进行偏置，如图 6-6 所示，单击【确定】按钮，完成“草图 2”的创建。

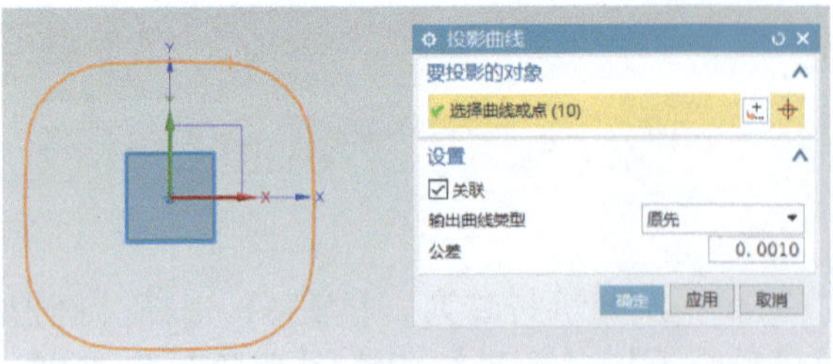

图 6-5 投影曲线

步骤 4 创建点

从【基准平面】下拉选项卡中找到【点】命令，【类型】选择【交点】，【曲线、曲面或平面】选择 *XZ* 平面，【曲线或轴】选择“草图 1”和“草图 2”，创建点 1、点 2，如图 6-7 所示。

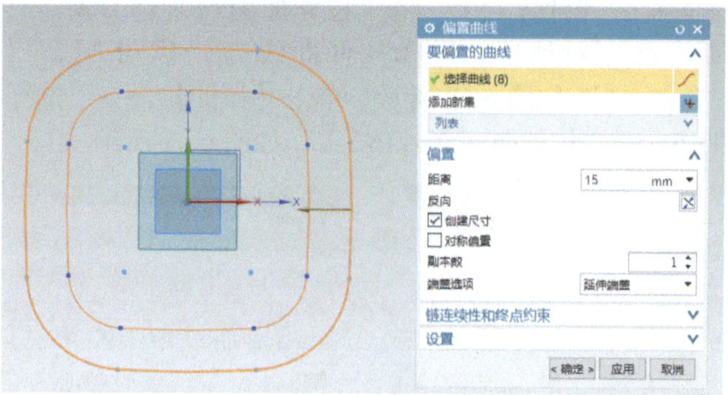

图 6-6　偏置曲线

使用同样的方法创建点 2，【曲线、曲面或平面】选择 *YZ* 平面，最终得到 4 个点。

步骤 5　创建“草图 3”

单击【草图】命令，选择 *XZ* 平面作为绘制平面。单击【圆弧】命令，绘制时，选取创建的点 1 作为圆弧的端点，【半径】为 900mm，“草图 3”如图 6-8 所示。

步骤 6　创建“草图 4”

选择 *YZ* 平面，创建“草图 4”。单击【圆弧】命令，绘制时，选取创建的点 2 作为圆弧的端点，【半径】为 830mm。如图 6-9 所示。

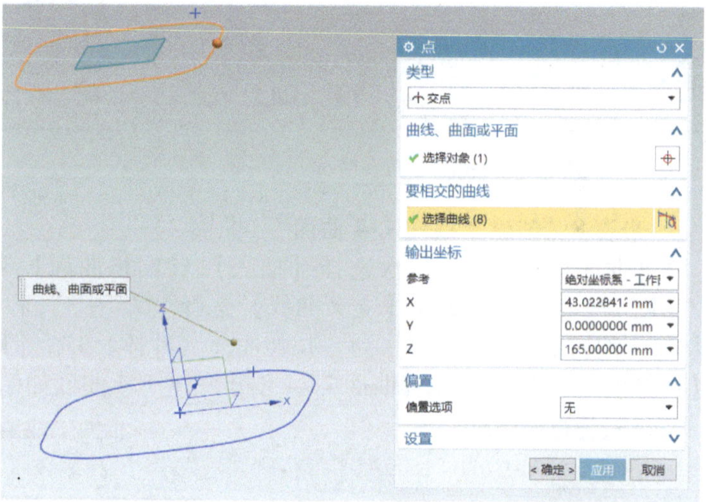

图 6-7　点集 1

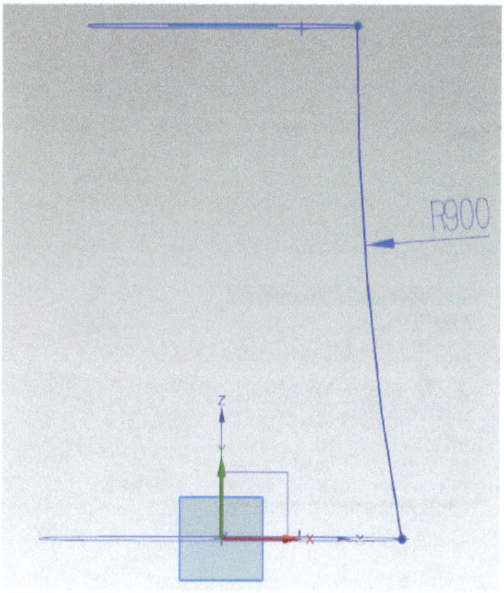

图 6-8　“草图 3”

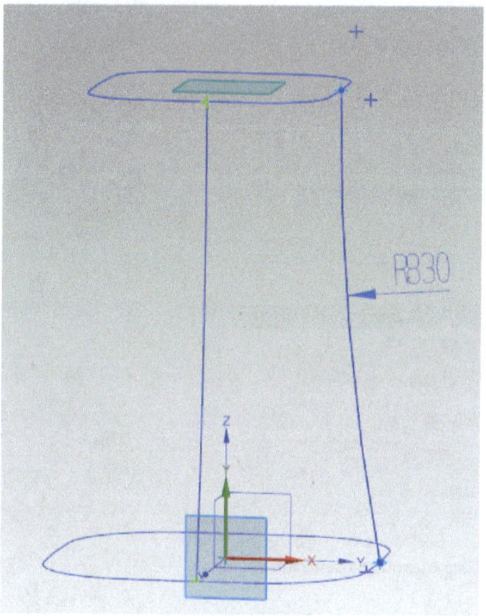

图 6-9　“草图 4”

步骤7　创建“拉伸曲面（片体）1”和“拉伸曲面（片体）2”

单击【拉伸】命令，弹出对话框，选择拉伸曲线为“草图3”，【限制-结束-距离】为35.5mm，“拉伸曲面（片体）1”如图6-10所示。单击【拉伸】命令，选择拉伸曲线为“草图4”，【限制-结束-距离】为35.5mm，“拉伸曲面（片体）2”如图6-11所示。

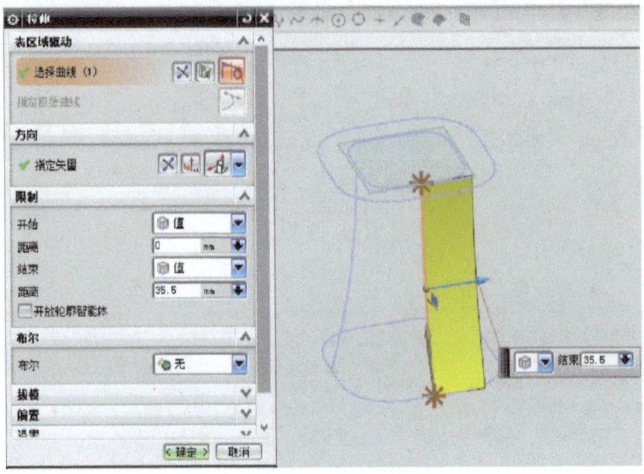

图6-10　“拉伸曲面（片体）1”

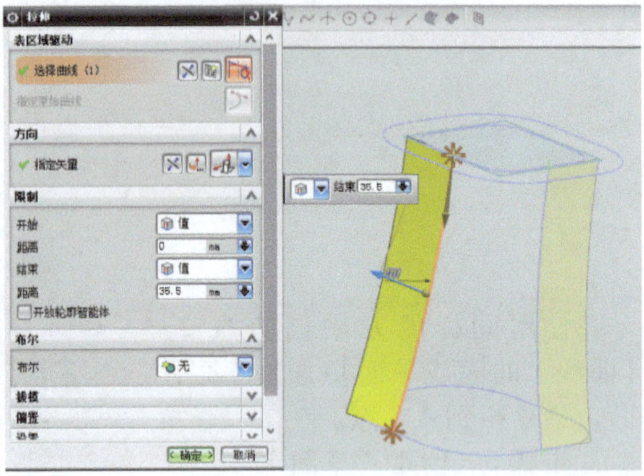

图6-11　“拉伸曲面（片体）2”

步骤8　创建“底座1/4曲面”（曲面3）

【曲面】选项卡下依次选择【插入】→【网格曲面】→【通过曲线网格】，【主曲线】选择“草图1”和“草图2”。【交叉曲线】选择“草图3”和“草图4”，【第一交叉线串】选择【G1（相切）】，【选择面】为“拉伸曲面（片体）1”，【最后交叉线串】选择【G1（相切）】，【选择面（1）】为“拉伸曲面2”，创建底座1/4曲面如图6-12所示。

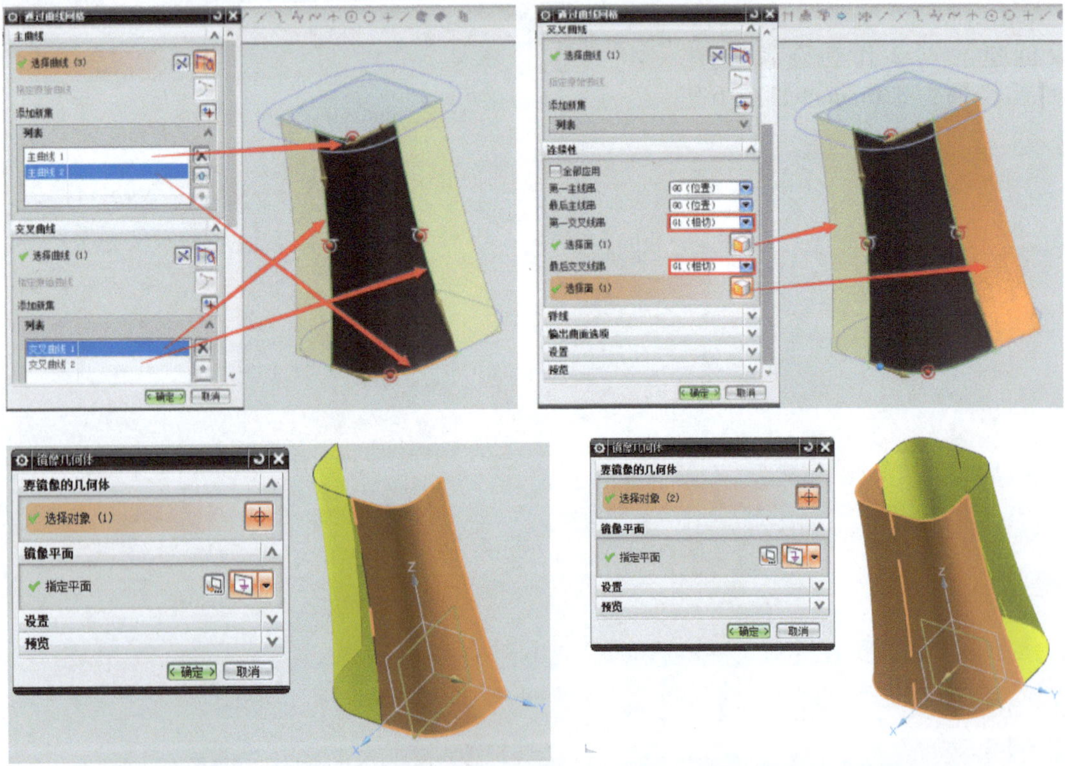

图6-12　创建底座1/4曲面（曲面3）、镜像曲面4及曲面5

步骤 9　缝合曲面创建底座实体

选择【插入】→【关联复制】→【镜像特征】，选择“曲面 3”作为“要镜像的几何体”，镜像复制形成曲面 4；选择曲面 3、曲面 4，镜像形成曲面 5。

选择【插入】→【曲面】→【有界平面】，分别创建底座上顶面曲面 6、下底面曲面 7。

单击【缝合】或【插入】→【组合】→【缝合】。对话框中【类型】选择【片体】，将创建的曲面 3、4、5、6、7 共 5 个曲面片体依次选中（任意一个为目标体，其余为工具体），缝合成实体，创建底座主体，如图 6-13 所示。

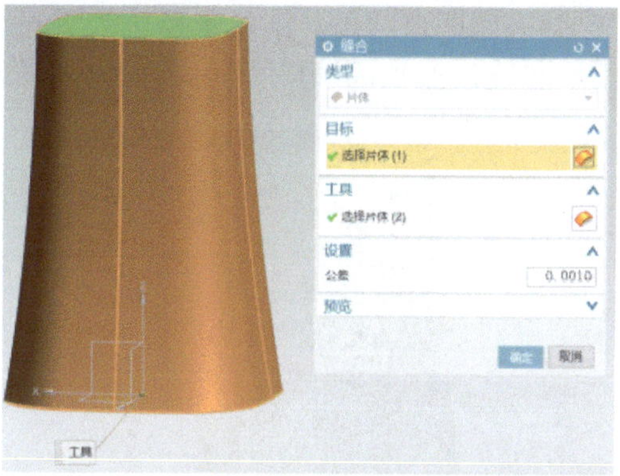

图 6-13　缝合曲面创建底座实体

步骤 10　创建底座其他特征

1）在底座上创建杯槽状缺口。在 *XY* 平面内绘制图 6-14 所示草图 1，以确定杯槽的空间位置。以曲线的端点建立一个新的平面，绘制直径为 65mm 的圆。在 *XY* 平面上绘制直径为 95mm 的圆，圆心在 *Y* 轴上，且与 65mm 圆相切。

使用【通过曲线组】命令，分别选择 65mm 圆与 95mm 圆作为截面 1、截面 2，单击【确定】按钮，创建图 6-15 所示的杯槽主体形状。

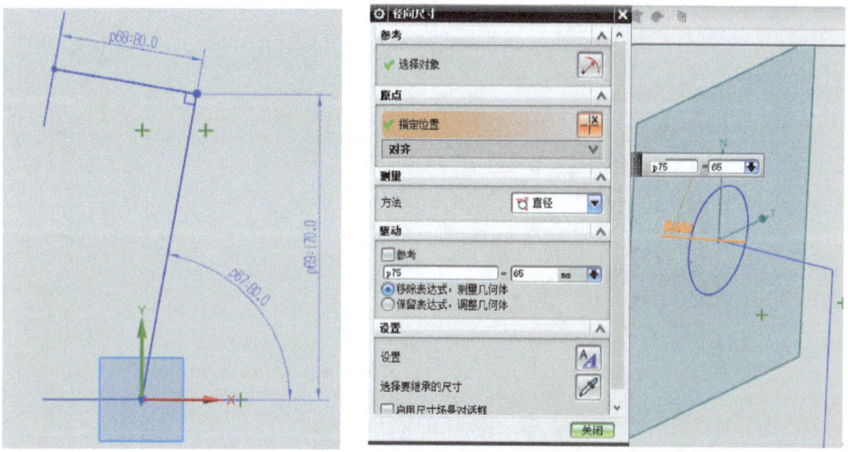

图 6-14　草图 1

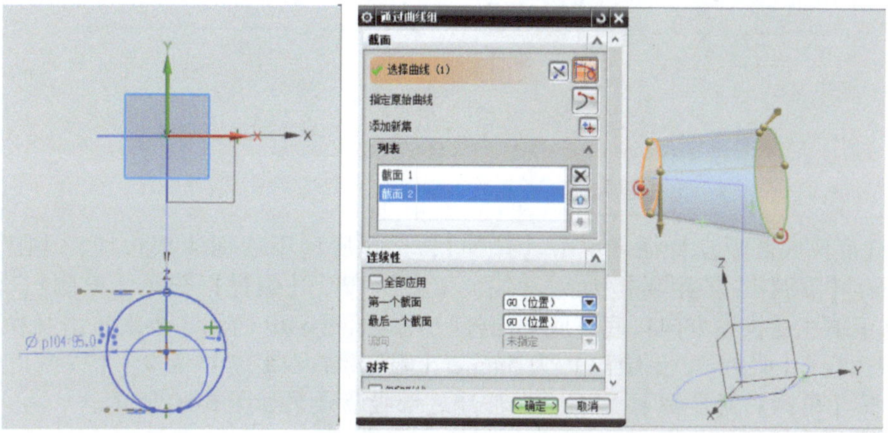

图 6-15　杯槽主体

选择【插入】→【同步建模】→【替换面】，在对话框中的【原始面】选择底座顶部平面，【替换面】选择杯槽体曲面。单击【确定】按钮，将底座顶部平面替换为杯槽曲面，形成弧状缺口，如图 6-16 所示。

创建底座凹口圆角。圆角半径设为 2mm，完成底座顶部缺口边线倒圆角。

2）创建底座顶部缺口特征。选择 *XY* 平面，绘制如图 6-17 所示草图 2。

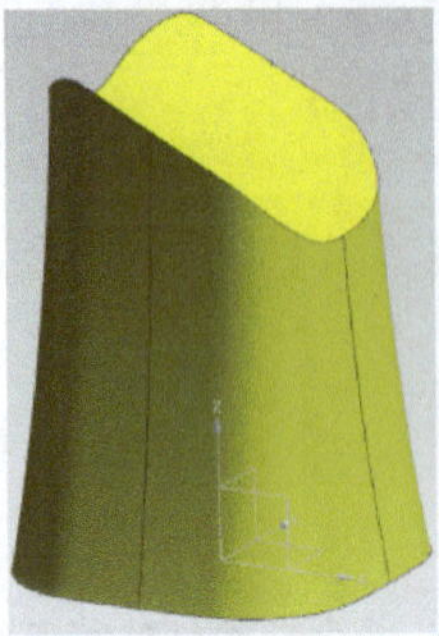

图 6-16　创建底座顶部杯槽形状缺口效果

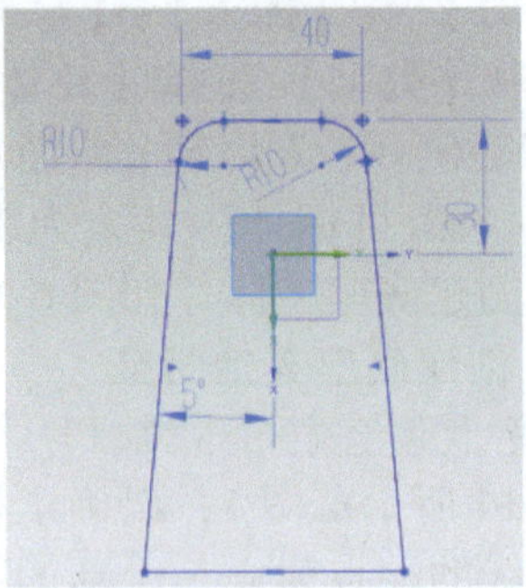

图 6-17　草图 2

单击【拉伸】，选择“草图 2”，【限制-开始-距离】为 103mm，【限制-结束-距离】为 210mm（该尺寸可灵活处理）。【布尔】选项中选择【减去】，【选择体】为底座，创建缺口，如图 6-18 所示。

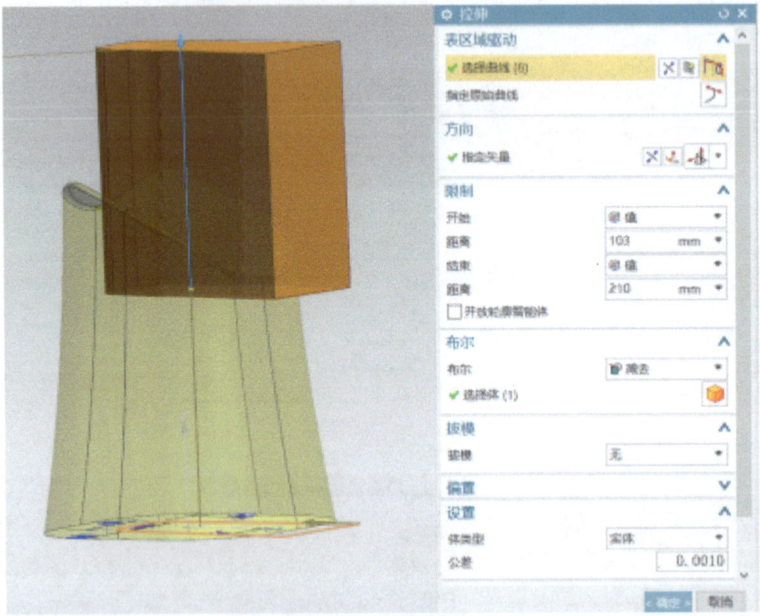

图 6-18　拉伸求差

3）创建底座底部吸盘特征。单击【拉伸】，选择底座下底面 4 根边线，【限制-开始-距离】为 5mm，【限制-结束-距离】为 0。【拔模角度】-10°，【偏置】选择【单侧】，【距离】为 0. 5mm。这里请注意拔模方向：底座底部向外扩大，如图 6-19 所示。再次单击【拉伸】，选择下底面 4 根边线，【限制-开始-距离】为 5mm，【限制-结束-距离】为 0。【拔模角度】-10°，【偏置】选择【单侧】，【距离】为 1mm。底座底部吸盘效果如图 6-20 所示。

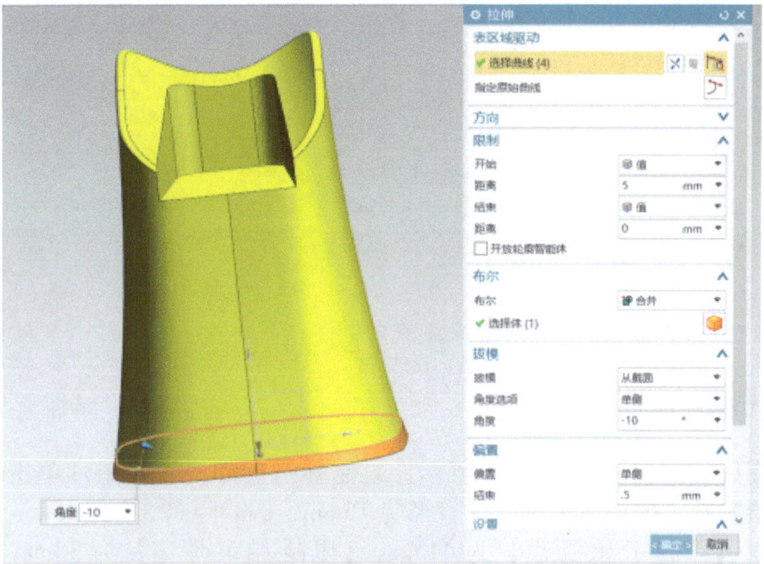

图 6-19　底部吸盘特征

4）创建底座旋钮特征。如图 6-21 所示，绘制底座旋钮主体草图，单击【草图】命令选择 *YZ* 平面，绘制圆，圆心落在 *Y* 轴上，直径为 40mm，圆心距离 *X* 轴 32mm。选择圆进行拉伸，【方向】选择【自动判断】，【限制-结束-距离】为 56mm，【布尔】选择【合并】，选择体为底座主体。

图 6-20　底座底部吸盘效果

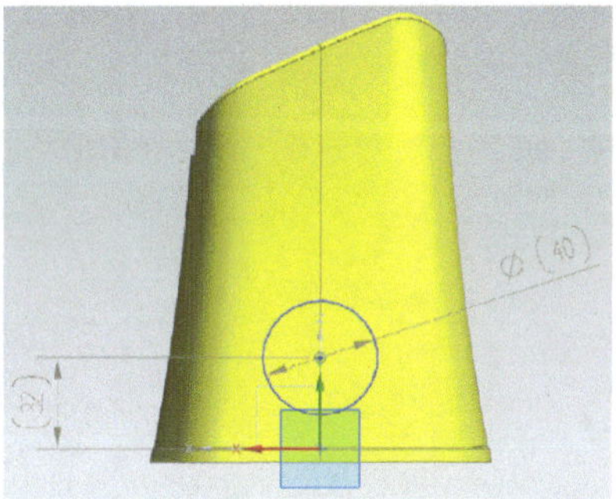

图 6-21　底座旋钮主体草图

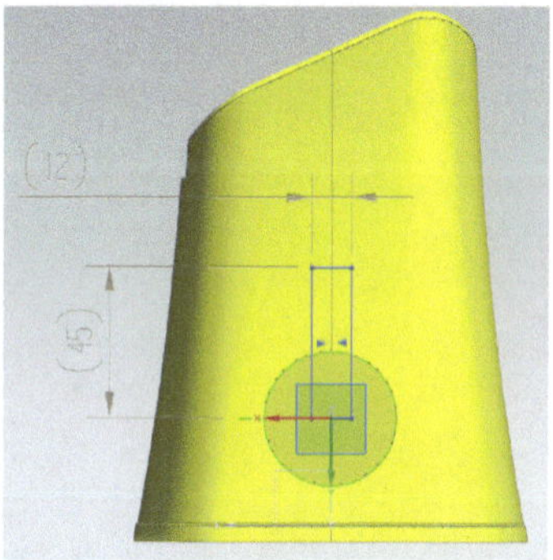

图 6-22　底座旋钮手柄草图

5）创建底座旋钮手柄。单击【草图】命令，【指定坐标系】选择【平面，X 轴，点】。【Z 轴的平面】选择拉伸圆柱平面，【平面上的 X 轴】选择底部边线，【平面上的原点】选择圆心。单击【矩形】命令，绘制矩形宽为 12mm，长度为 45mm。使用【设为对称】命令，使矩形 2 条长边关于 *Y* 轴对称，底座旋转手柄草图，如图 6-22 所示。选取矩形进行拉伸，【限制-结束-距离】为 10mm，【布尔】选择【合并】，拉伸底座旋钮手柄部分如图 6-23 所示。

6）单击【替换面】命令，【原始面】选择长方体的下底面（下端面），【替换面】选择圆柱面，如图 6-24 所示。利用【边倒圆】命令，对底座旋钮部分进行边倒圆处理，边线 1 设定圆角半径为 5mm，边线 2 设定圆角半径为 2mm，如图 6-25 所示。

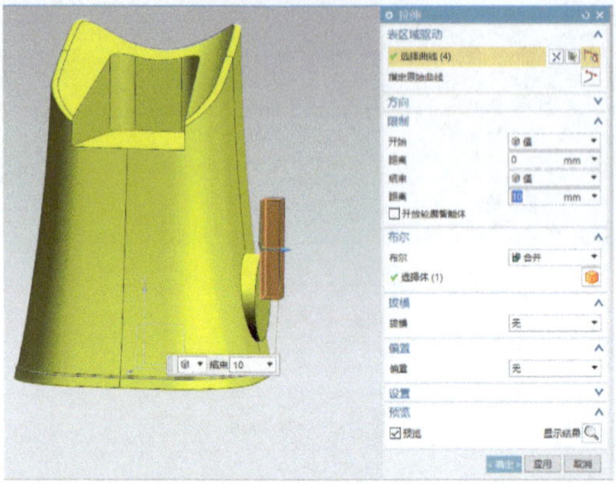

图 6-23　拉伸底座旋钮手柄部分

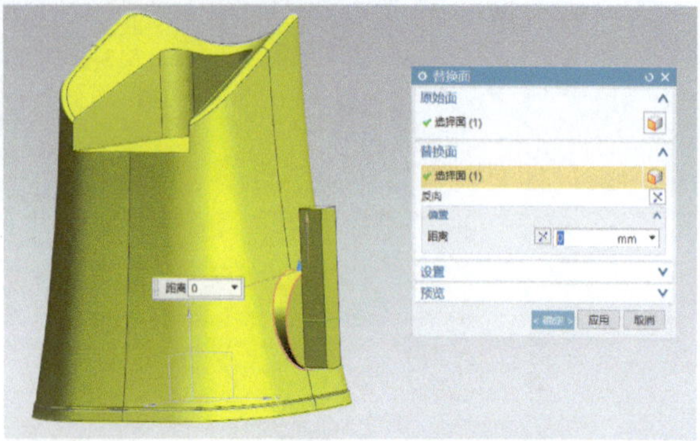

图 6-24　替换面

7）创建杯槽拆卸按钮。如图 6-26 所示，绘制杯槽拆卸按钮草图，单击【草图】命令，选择 XY 平面，绘制圆，圆心在 Y 轴上，直径为 15mm，圆心距离 X 轴 145mm。对绘制的圆进行【拉伸】处理，【限制-开始-距离】为 44mm，【限制-结束-距离】为 30mm（注意：拉伸方向相反）。【布尔】选择【合并】，拉伸杯槽拆卸按钮如图 6-27 所示。对拉伸圆柱端面进行边倒圆处理，圆角半径为 2mm。

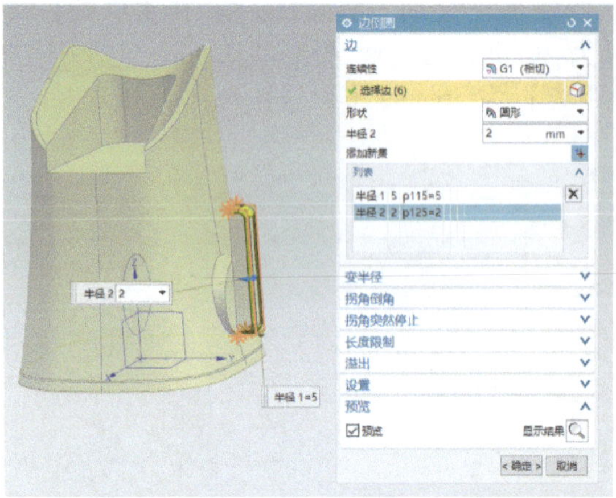

图 6-25　边倒圆

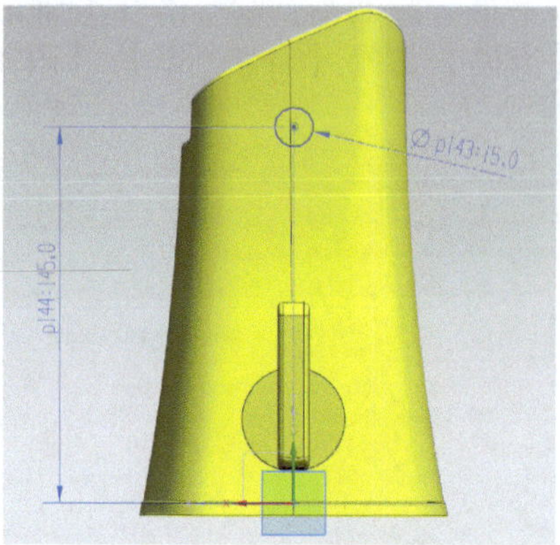

图 6-26　杯槽拆卸按钮草图

8）创建底座侧面镂空特征。如图 6-28 所示，绘制底座侧面草图，单击【草图】命令，选择 XZ 平面作为绘制平面。使用 3 点圆弧绘制草图，圆弧半径为 540mm，圆弧与底座侧面相切，圆弧最低点距离 X 轴 20mm。

9）基于路径创建圆。路径选择刚刚绘制的圆弧，弧长百分比设为 0。绘制直径为 4mm 的圆，圆心为圆弧端点，圆草图如图 6-29 所示。

10）单击“扫掠”命令，【截面】选择直径 4mm 的圆，【引导线】选择半径为 540mm 的圆弧，单击【确定】按钮，完

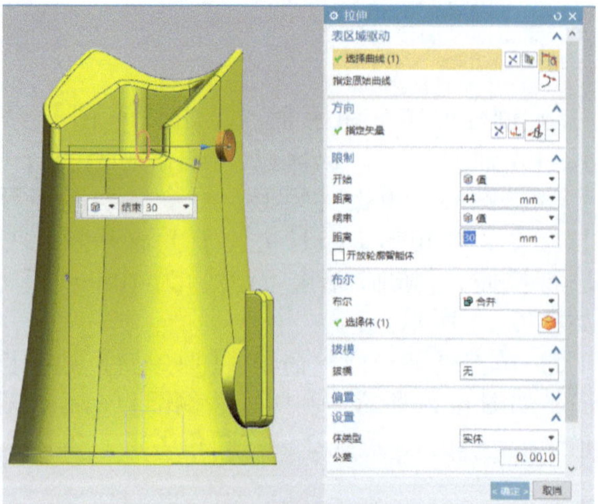

图 6-27　拉伸杯槽拆卸按钮

成扫掠，如图6-30所示。对扫掠得到的实体进行边倒圆，圆角半径为1.9mm，如图6-31所示。

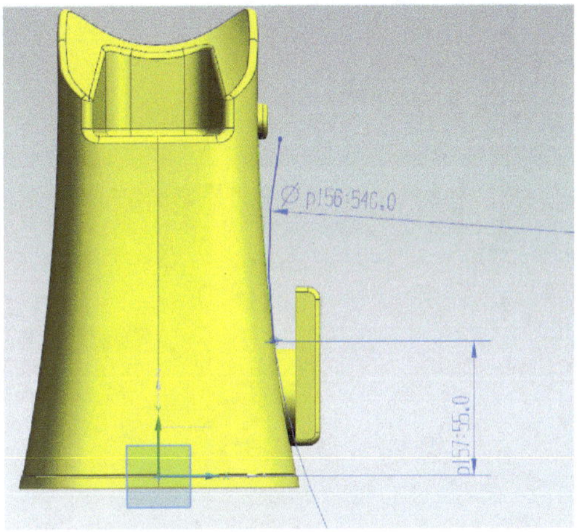

图6-28　底座侧面草图

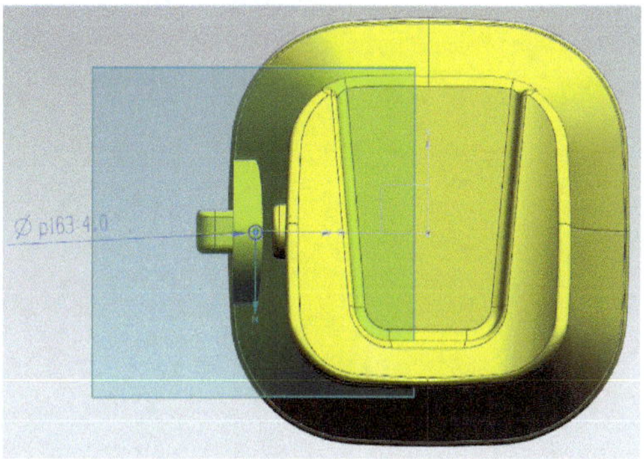

图6-29　圆草图

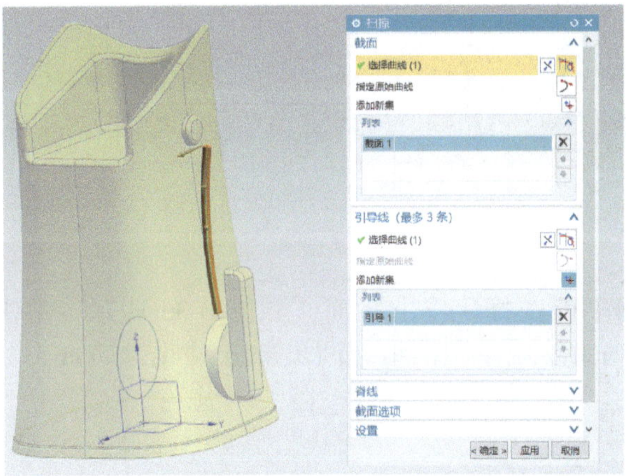

图6-30　扫掠体

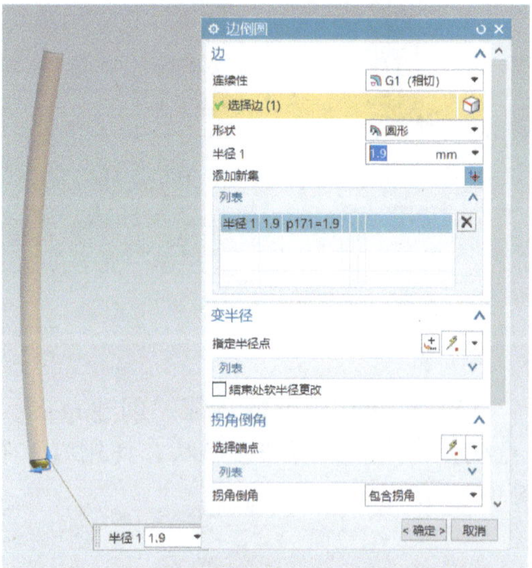

图6-31　边倒圆

11）扫掠特征移除参数。依次选择【菜单】→【编辑】→【特征】→【移除参数】，弹出的对话框中【选择对象】为之前的扫掠特征，完成参数移除，形成扫掠体，如图6-32所示。

12）复制形成其他扫掠体。使用快捷键<Ctrl+T>移动对象。将*YC*轴移动6mm，*ZC*轴移动-2mm，【结果】中选择【复制原先的】，重复操作，完成左右各2个扫掠体的复制，如图6-33所示。

13）创建扫掠体的镜像。依次选择【菜单】→【插入】→【关联复制】→【镜像几何体】，镜像平面选择*YZ*平面，完成扫掠体的镜像。复制与镜像效果如图6-34所示。

14）单击【减去】命令，【目标】为底座主体，【工具】为所有扫掠体，减去效果如图6-35所示。

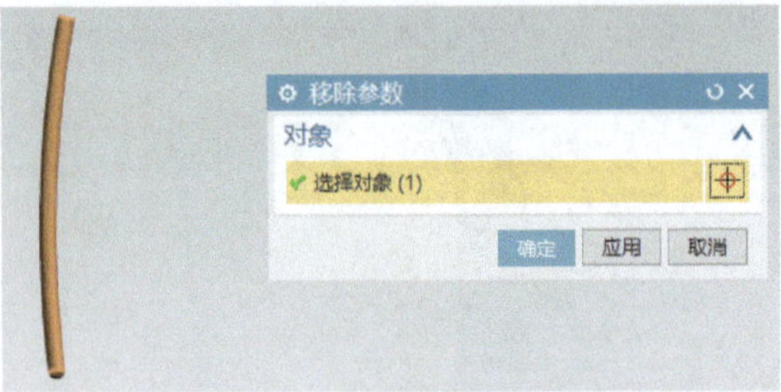

图 6-32 扫掠特征移除参数

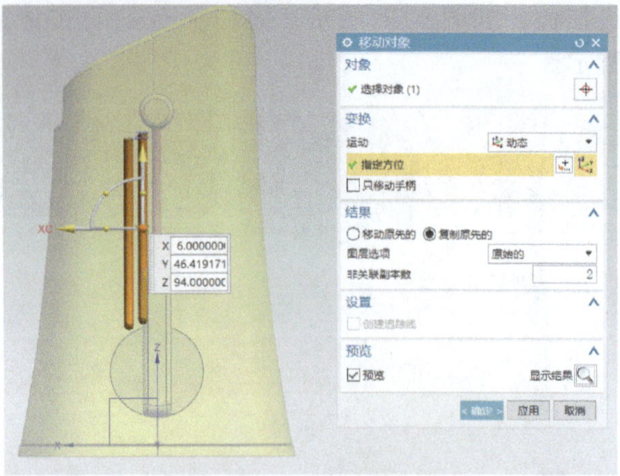

图 6-33 复制扫掠体

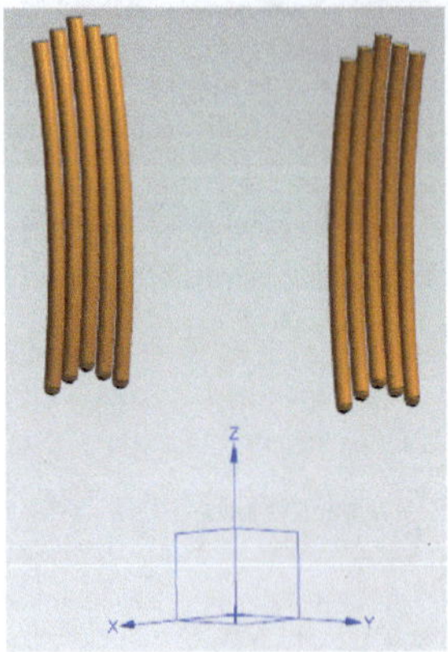

图 6-34 复制与镜像效果

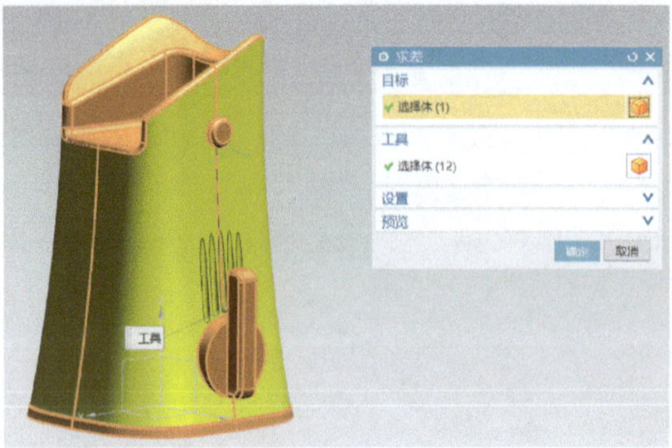

图 6-35 减去效果

15）创建杯槽卡槽特征。创建草图，绘制平面选择底座上平面，如图 6-36 所示。单击【直线】命令，沿着缺口形状，使用【平行】约束绘制草图曲线，凸出部分尺寸为 5mm，如图 6-37 所示。

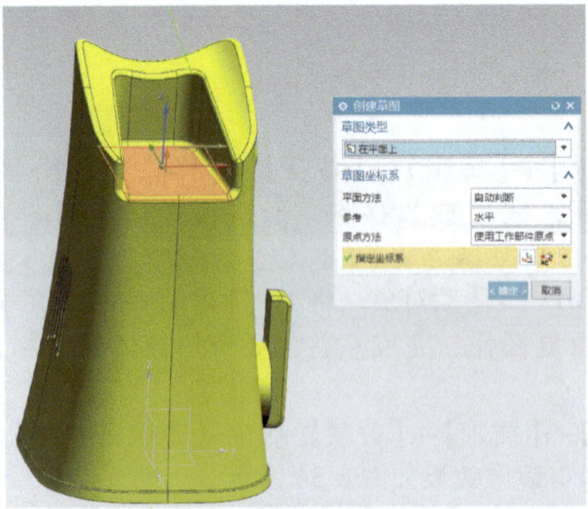

图 6-36 选择底座上平面

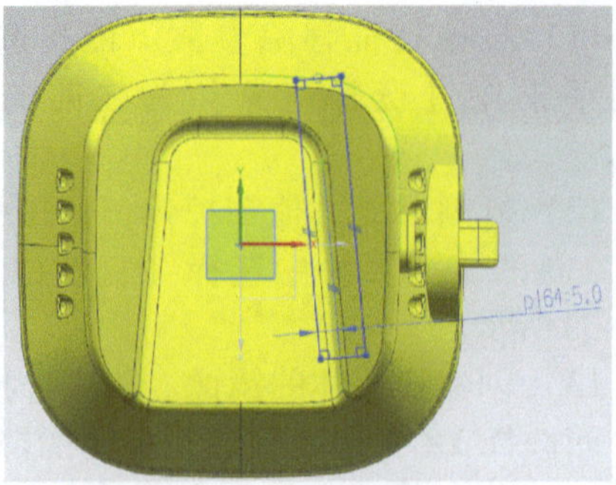

图 6-37 绘制草图曲线

16）如图6-38所示，对绘制的草图进行拉伸。【限制-开始-距离】为5mm，【限制-结束-距离】为7mm。【布尔】选择【无】。对完成拉伸特征进行边倒圆，圆角半径为5mm，选择边如图6-39所示。

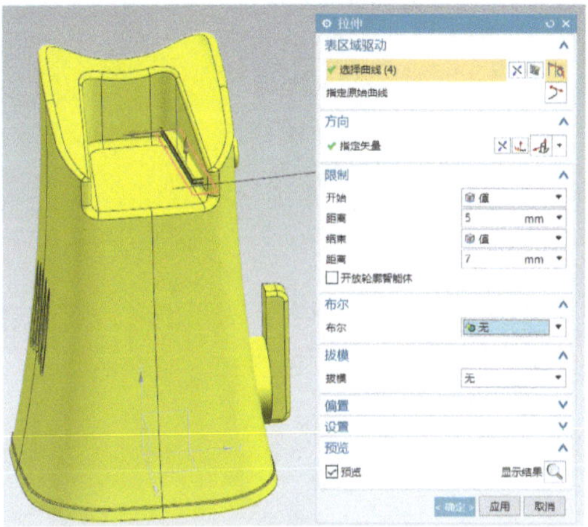

图6-38　对草图进行拉伸

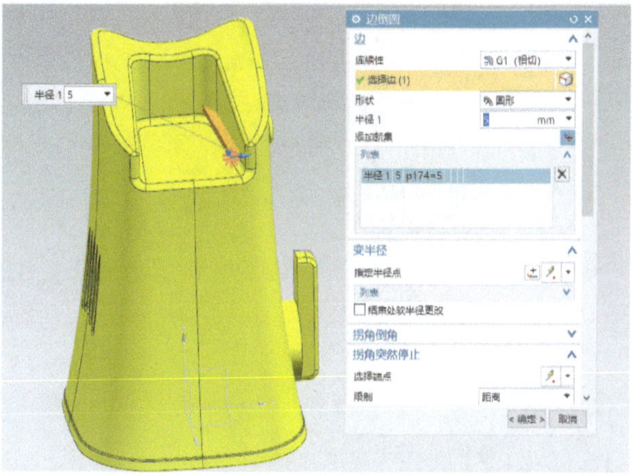

图6-39　边倒圆

17）依次选择【菜单】→【插入】→【关联复制】→【镜像几何体】，选择对象为倒圆角的拉伸体，对称平面为*XC*平面，如图6-40所示。

18）进行布尔【合并】。【目标】为底座主体，【工具体】为2个卡槽凸出拉伸体。至此，底座建模完毕，如图6-41所示。

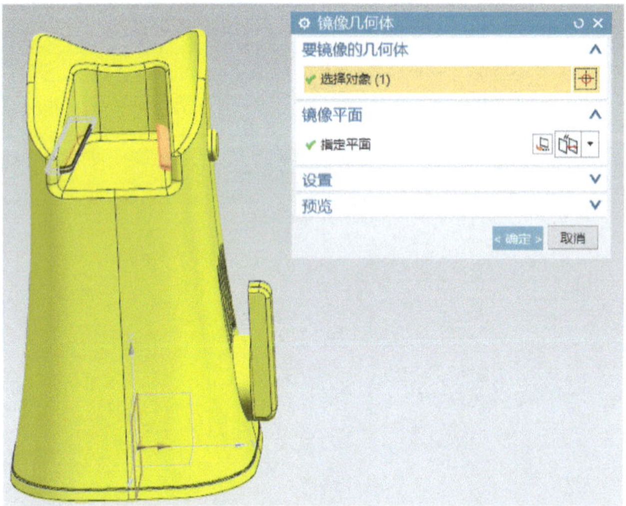

图6-40　镜像几何体

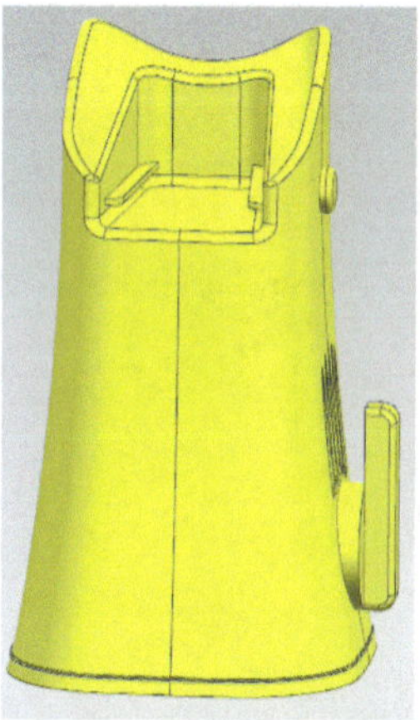

图6-41　底座模型

二、杯槽建模

步骤1　创建“拉伸1”

找到如图6-42所示的杯槽主体（图6-15），这里也可以基于图6-14进行扫掠生成实体，或者采用有界平面生成右端面。单击【移动面】命令，对扫掠体的右端面进行移动，【距离】为30mm。单击【拉伸】命令，拉伸扫掠体的左端面。【选择曲线】为左端面曲线，【方向】选择自动判断，【限制-开始-距离】为0，【限制-结束-距离】为-10mm。【布尔】选择【合并】，【拔模-角度】为-30°，如图6-43所示。

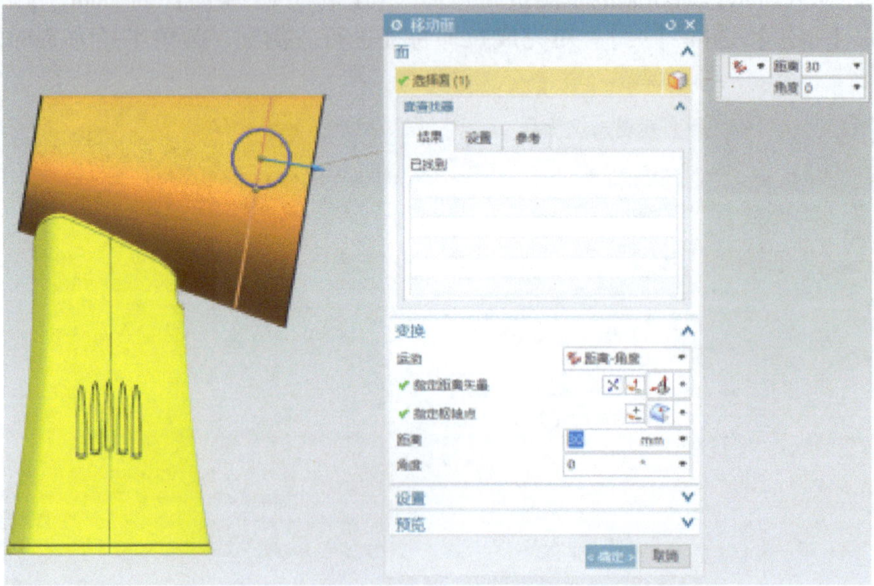

图 6-42　移动面

步骤 2　创建“草图 1”

选择 *YZ* 平面绘制如图 6-44 所示“草图 1”。

创建“拉伸 2”。

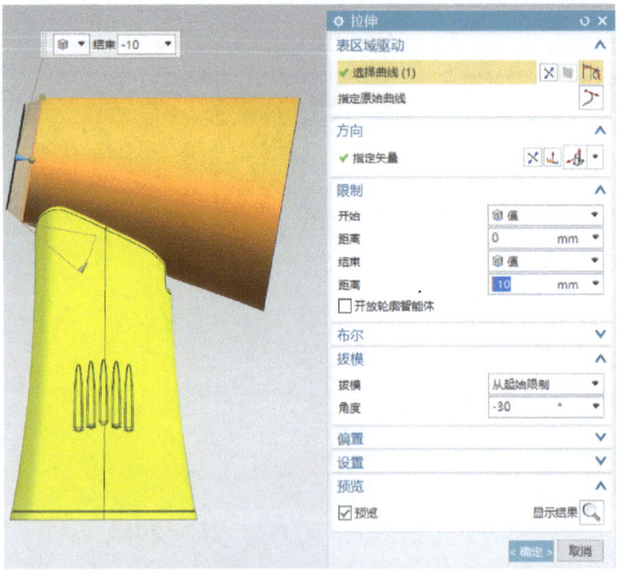

图 6-43　“拉伸 1”

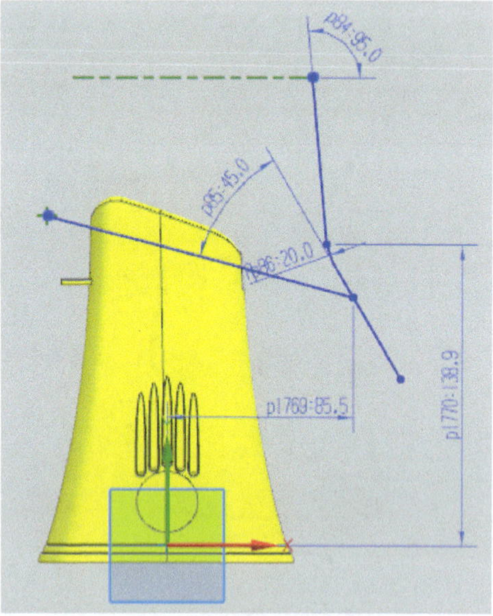

图 6-44　“草图 1”

步骤 3　创建“拉伸片体 1”

1）单击【拉伸】命令，【选择曲线】为“草图 1”，选择【对称】，距离可自由控制，如图 6-45 所示。

2）单击【修剪体】命令，对杯槽右端面修剪，【目标】为杯槽，【工具】为“拉伸 2”，如图 6-46 所示。修剪后的杯槽如图 6-47 所示。

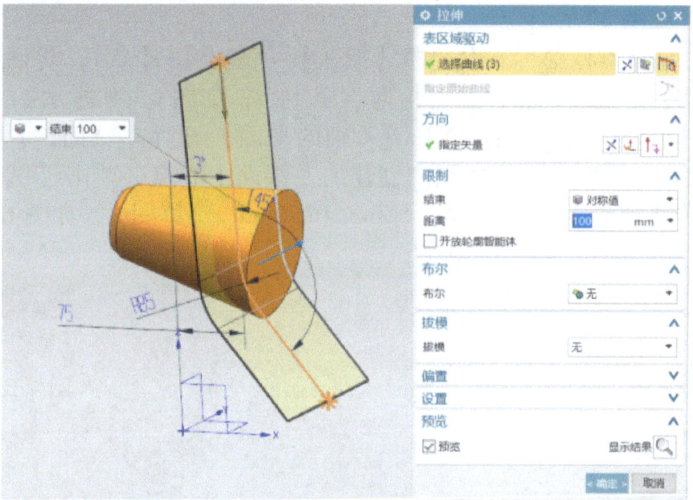

图 6-45　“拉伸片体 1”

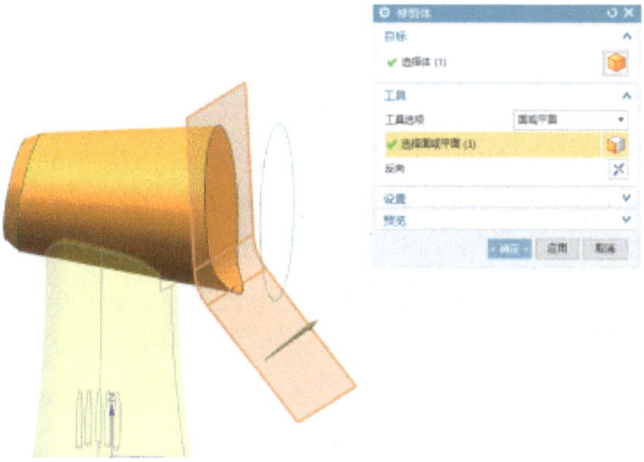

图 6-46　修剪体

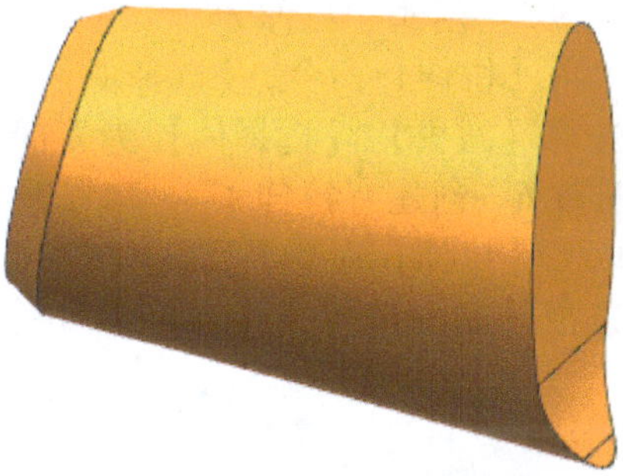

图 6-47　修剪后的杯槽

3）单击【抽壳】命令，【要穿透的面】为杯槽的两个端面，【厚度】为 2mm，抽壳如图 6-48 所示。

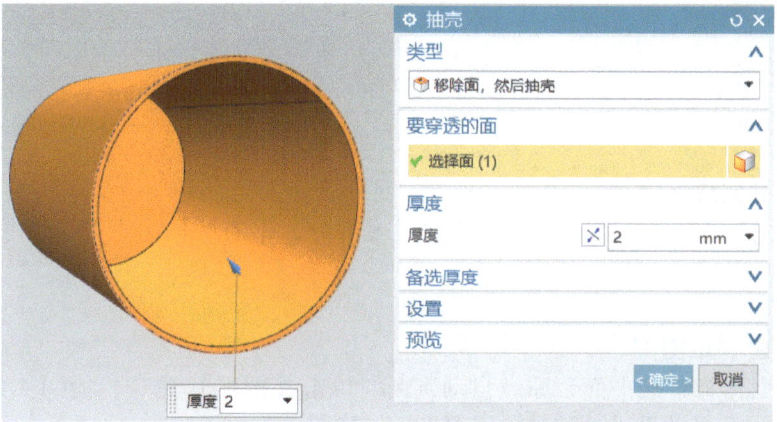

图 6-48　抽壳

步骤 4　创建“草图 2”

1）创建杯槽左端面中心点。依次选择【插入】→【基准】→【点】，对话框类型中选择【圆弧中心】，点选左（小）端面，软件自动拾取端面中心，如图 6-49 所示。

2）【类型】选择【平面，X 轴，点】，【Z 轴的平面】选择左端面，【平面上的 X 轴】选择 WCS 的 *X* 轴，【平面上的点】选择刚刚创建的左端面中心点，单击【圆】命令，绘制两个圆，使圆心与草图原点重合，直径分别为 55mm 和 35mm，“草图 2”如图 6-50 所示。

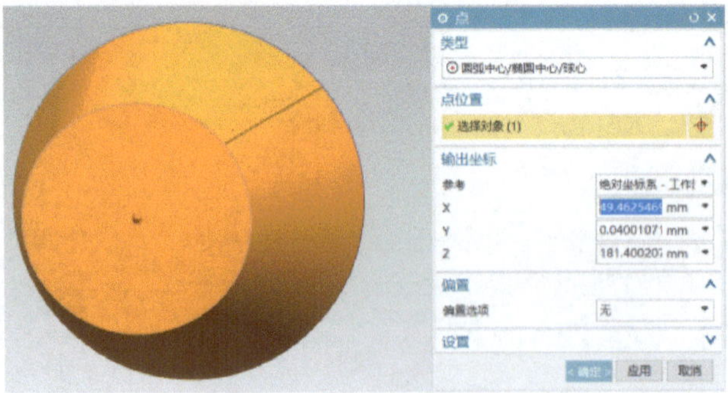

图 6-49　杯槽左端面中心点

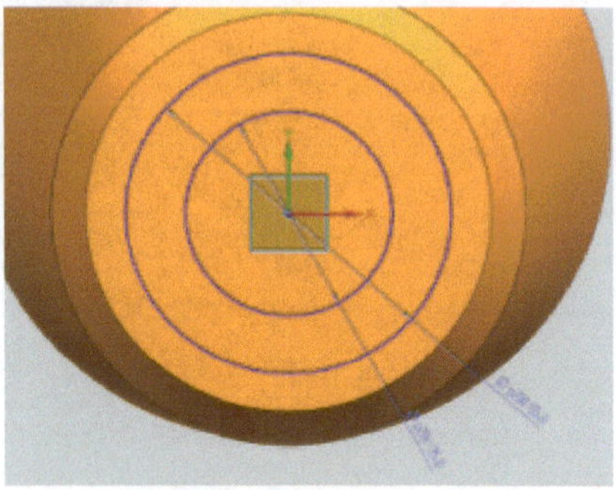

图 6-50　“草图 2”

步骤 5　创建“拉伸 3”

单击【拉伸】命令，【选择曲面】为直径 55mm 的圆，【限制-结束-距离】为 5mm，【布尔】选择【减去】，【选择体】为刀桶的左端面拔模部分，“拉伸 3”如图 6-51 所示。

步骤 6　创建“拉伸 4”

单击【拉伸】命令，【选择曲线】为直径 35mm 的圆，【限制-结束-距离】为 50mm，【布尔】选择【减去】，【选择体】为刀桶的左端面拔模部分，“拉伸 4”如图 6-52 所示。

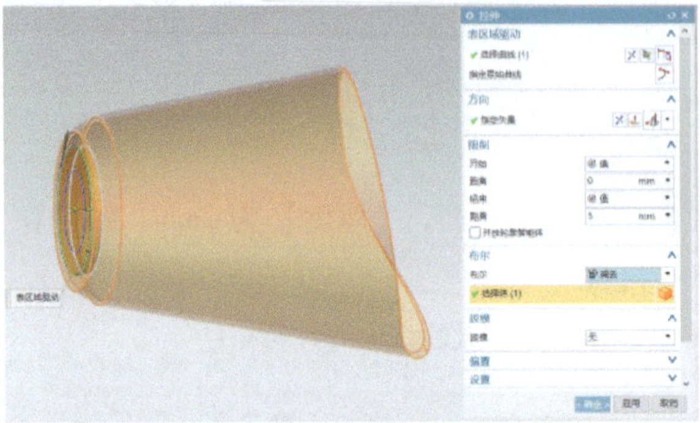

图 6-51　“拉伸 3”

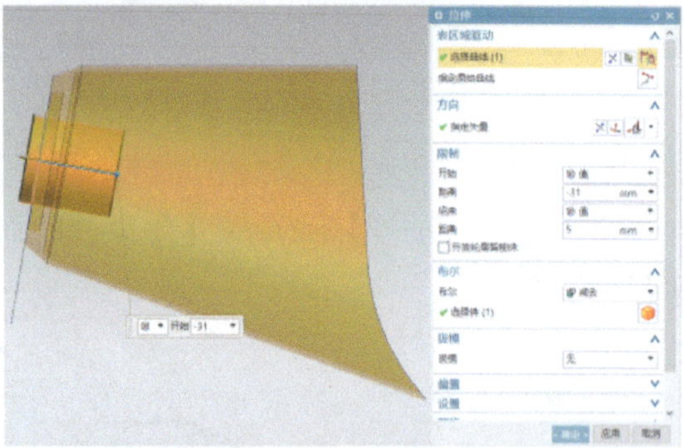

图 6-52　“拉伸 4”

步骤 7　合并完成杯槽

单击【合并】命令，【目标】为左端面拔模部分，【工具】为右部分杯槽，创建杯槽完毕，如图 6-53 所示。

三、推料杯建模

步骤 1　创建“草图 1”

选择 *XY* 平面作为草绘平面，原点自动判断。单击【圆弧】命令，绘制 4 条圆弧，其中 2 条半径为 500mm，2 条半径为 150mm，“草图 1”如图 6-54 所示。

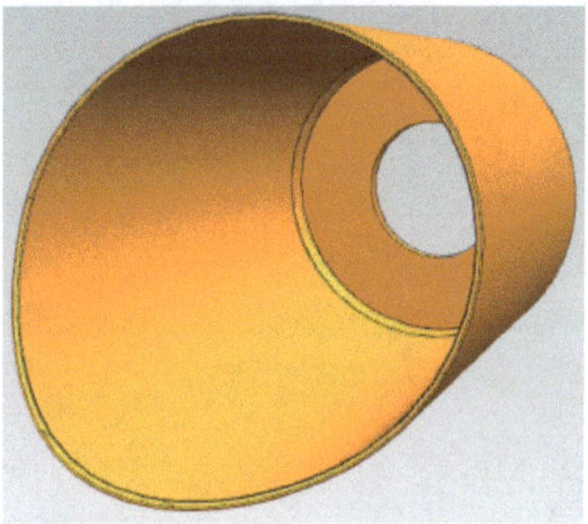

图 6-53　杯槽

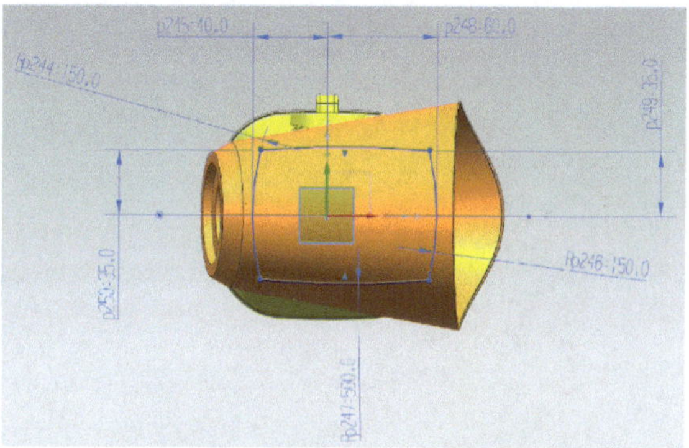

图 6-54　“草图 1”

步骤 2　创建“拉伸 1”

1）单击【拉伸】命令，驱动曲线为刚刚绘制的 4 条圆弧。【方向】为自动判断，【开始】选择【直至选定】，【选择对象】为杯槽外曲面，【限制-结束-距离】为 315mm，【布尔】选择【无】，【选择体】为杯槽，“拉伸 1”如图 6-55 所示。

2）单击【边倒圆】命令，为“拉伸 1”的 4 条棱边倒圆角，【半径】为 30mm，如图 6-56 所示。

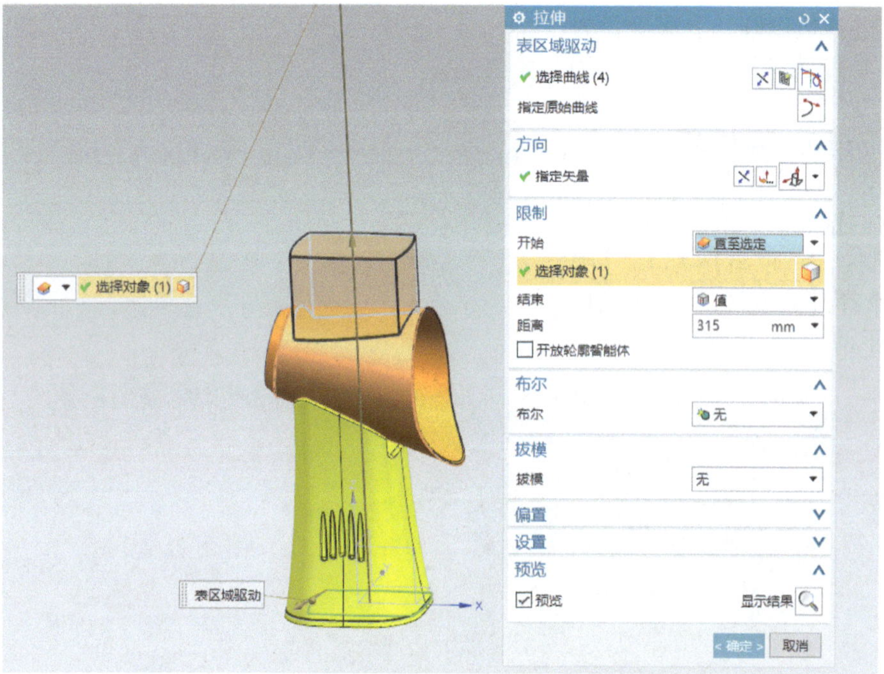

图 6-55　“拉伸 1”

3）单击【抽壳】命令，【要穿透的面】为上底面和下底面，【厚度】为 2mm，如图 6-57 所示。

步骤 3　创建“拉伸 2”

1）【选择曲线】为杯槽上轮廓，【距离】为 5mm，【布尔】选择【合并】，“拉伸 2”如图 6-58所示。

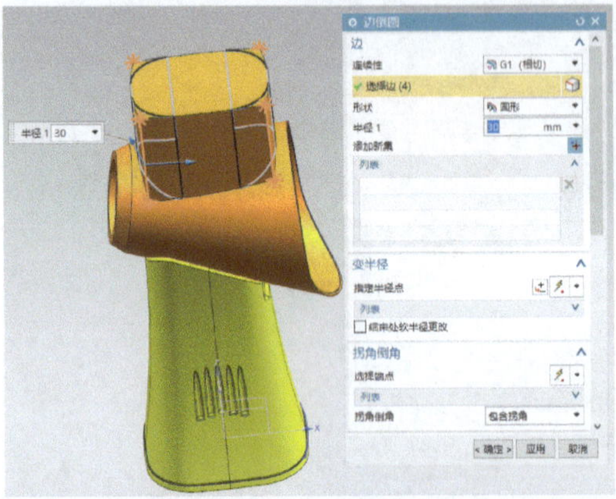

图 6-56　边倒圆

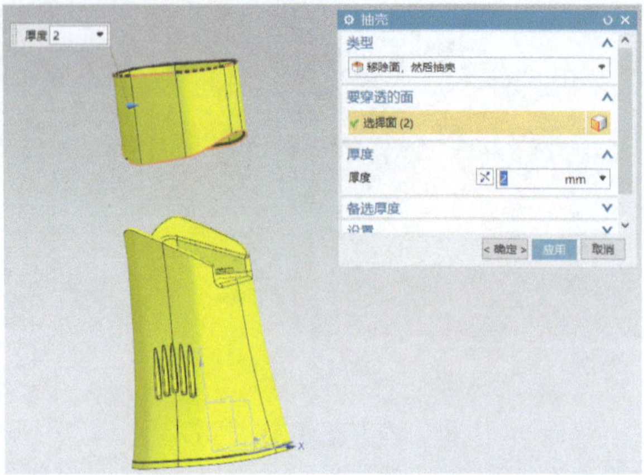

图 6-57　抽壳

2）单击【替换面】命令，进行杯槽内壁替换，【原始面】为刚刚拉伸的拔模内表面，【替换面】为杯槽内壁，如图 6-59 所示。

3）单击【边倒圆】命令，分别对杯槽上口进行边倒圆，上端半径为 1mm，颈部半径为 20mm，如图 6-60 所示。

步骤 4　创建“拉伸 3”

1）单击【拉伸】命令，驱动曲线为杯槽的内壁轮廓，【方向】自动判断，【限制-开始-距离】为 5，【限制-结束】选择【直至选定】，【选择对象】为杯槽曲面，“拉伸 3”如

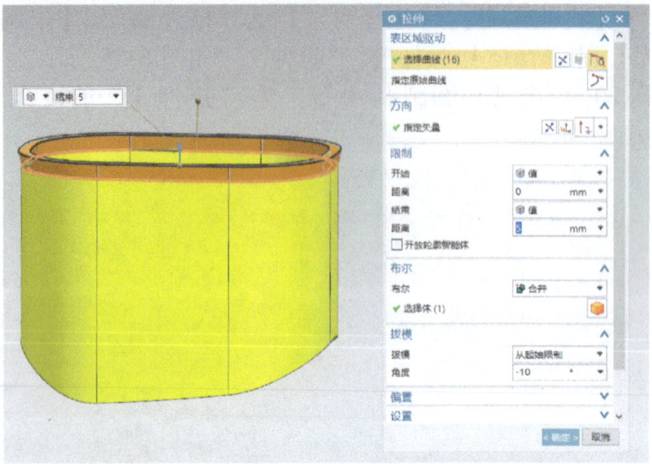

图 6-58　“拉伸 2”

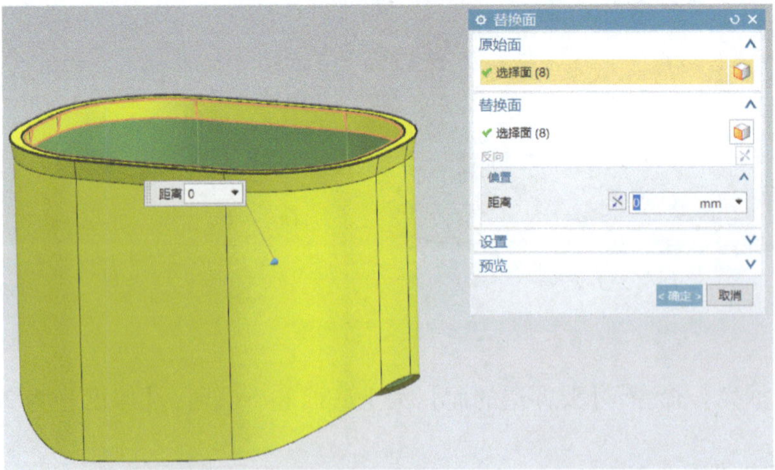

图 6-59　替换面

图 6-61 所示。

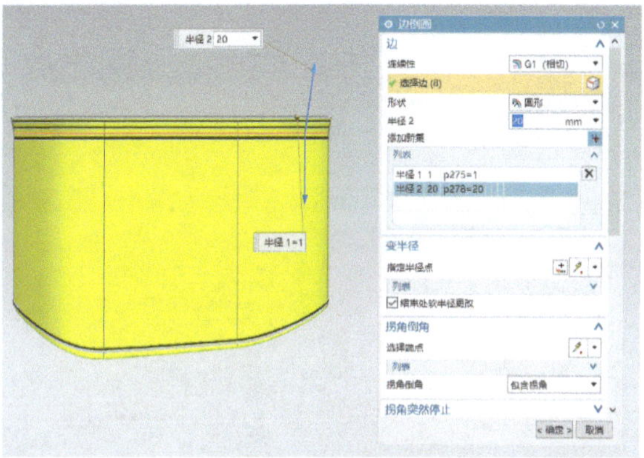

图 6-60　边倒圆

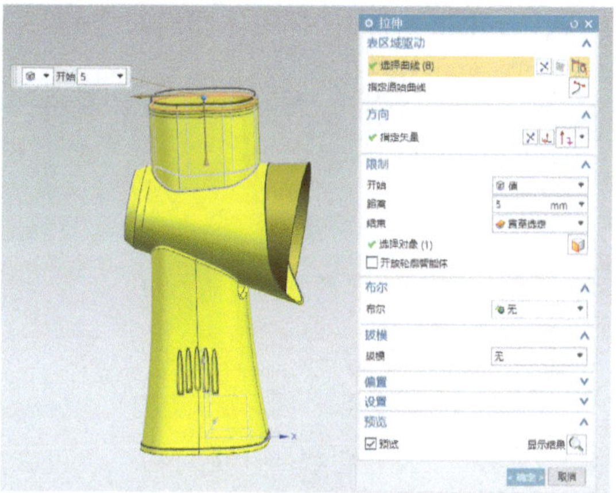

图 6-61　“拉伸 3”

2）单击【抽壳】命令，创建推料杯的腔体，【要穿透的面】为上顶面，【厚度】为 2mm，如图 6-62 所示。

3）单击【移动面】命令，使杯槽下底面向上偏移，【选择面】为下底面，“指定距离矢量”和“指定枢轴点”均为【自动判断】，【距离】为-5mm，如图 6-63 所示。

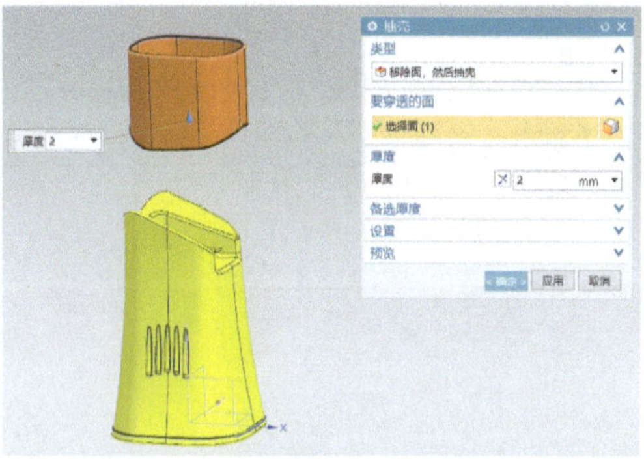

图 6-62　抽壳

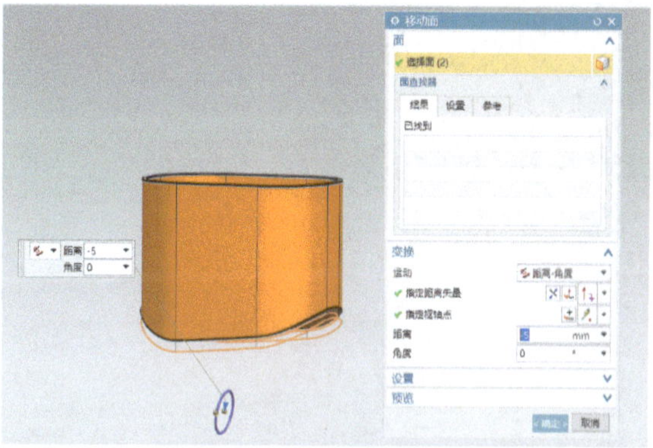

图 6-63　移动面

4）单击【边倒圆】命令，【选择边】为退料杯的下轮廓，圆角半径为2mm，如图 6-64 所示。

步骤 5　创建“拉伸 4”

1）单击【拉伸】，绘制推料杯的端口沿。【选择曲线】为推料杯端口内壁和外壁曲线，【方向】为自动判断，【限制-开始-距离】为 0mm，【限制-结束-距离】为 3mm，【布尔】选择【合并】，【选择体】为推料杯，【角度】为-30°，“拉伸 4”如图 6-65 所示。

2）单击【替换面】命令，使推料杯端口沿与推料杯内壁共面。【原始面】选择端口沿的内壁，【替换面】选择推料杯的内壁，如图 6-66 所示。

步骤 6　创建“拉伸 5”

1）单击【拉伸】命令，【选择曲线】为推料杯的端口内壁和外壁轮廓，【方向】为自动判断，【限制-开始-距离】为 0mm，【限制-结束-距离】为 3mm，【布尔】选择【无】，“拉伸 5”如图 6-67 所示。

2）单击【偏置区域】命令，【选择面】为刚刚拉伸的外壁，【距离】为 2mm，如图 6-68a

所示。再次单击【偏置区域】命令，【选择面】为内壁，【距离】为-2mm，如图6-68b所示。单击【合并】，将推料杯主体和沿口合并。

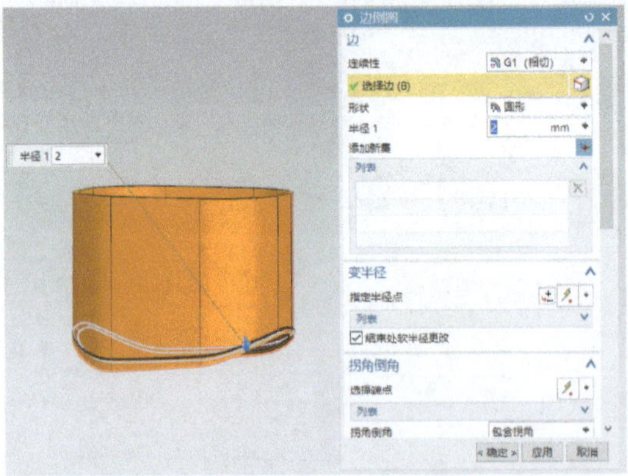

图6-64　边倒圆

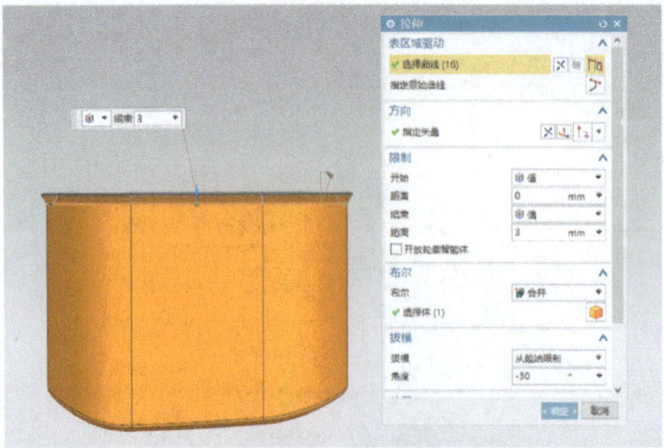

图6-65　“拉伸4”

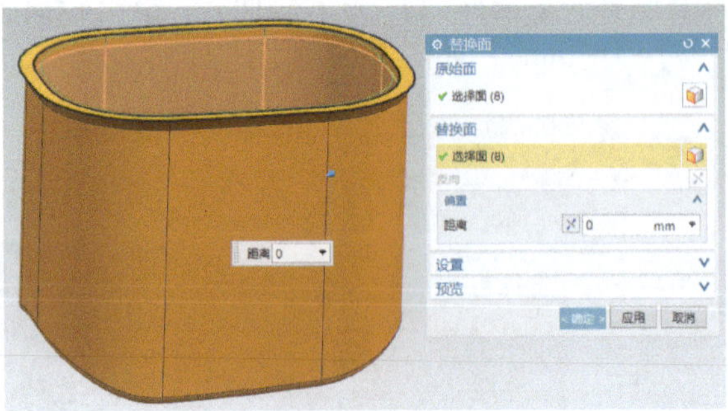

图6-66　替换面

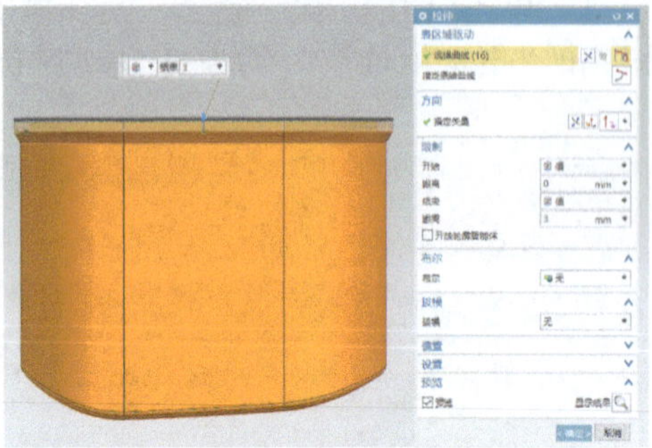

图6-67　“拉伸5”

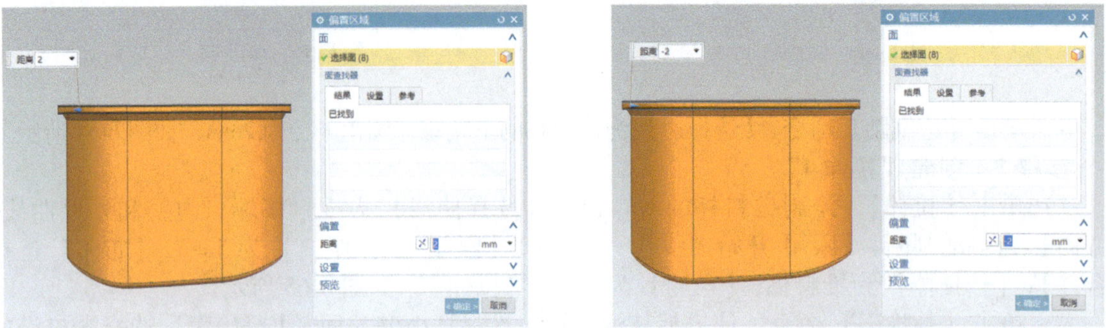

a) 第1次偏置区域　　b) 第2次偏置区域

图6-68　偏置区域

3）单击【边倒圆】命令，为推料杯端口创建圆角，圆角半径分别为2mm和1mm，如图6-69所示。

步骤 7　创建“拉伸 6”

1）单击【拉伸】命令，【选择曲线】为杯槽内壁轮廓，【方向】为自动判断，拉伸距离可手动控制，确保完全去除材料即可，【布尔】选择【减去】，【选择体】为杯槽主体，“拉伸 6”如图 6-70 所示。

2）单击【合并】命令，【目标】选择杯槽上部，【工具】选择杯槽主体，如图 6-71 所示。

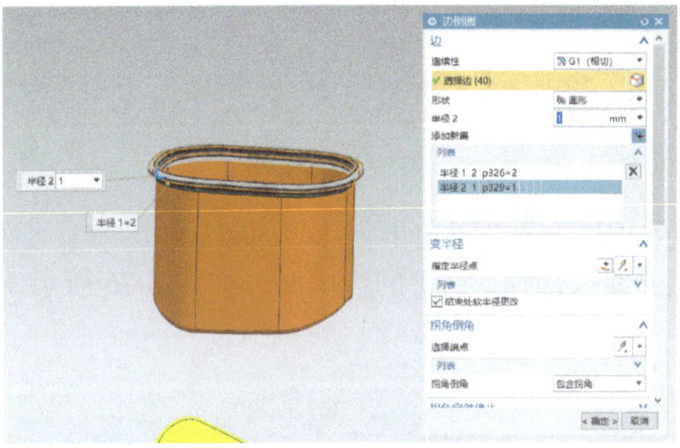

图 6-69　边倒圆

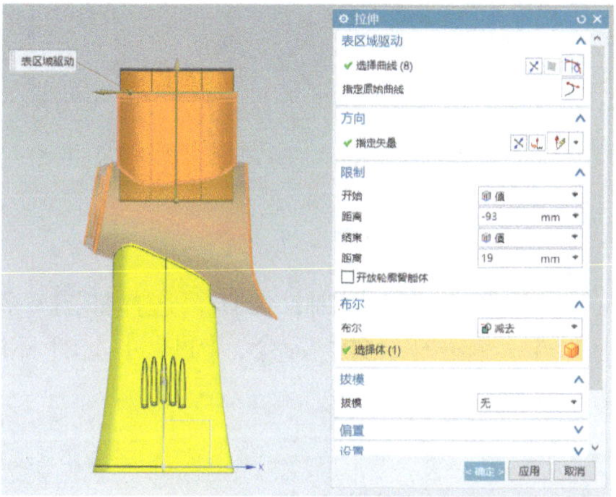

图 6-70　“拉伸 6”

步骤 8　创建“拉伸 7”

单击【拉伸】命令，【选择曲线】为底座上顶面，【方向】为自动判断，【限制-结束】选择【直至选定】，【选择对象】为杯槽圆锥面，【布尔】选择【无】，“拉伸 7”如图 6-72 所示。

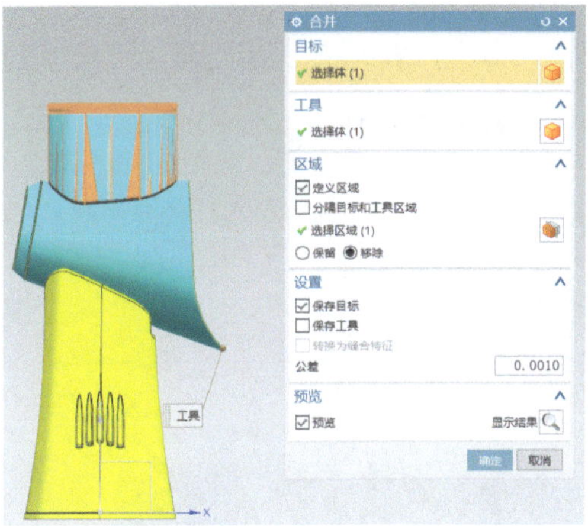

图 6-71　合并

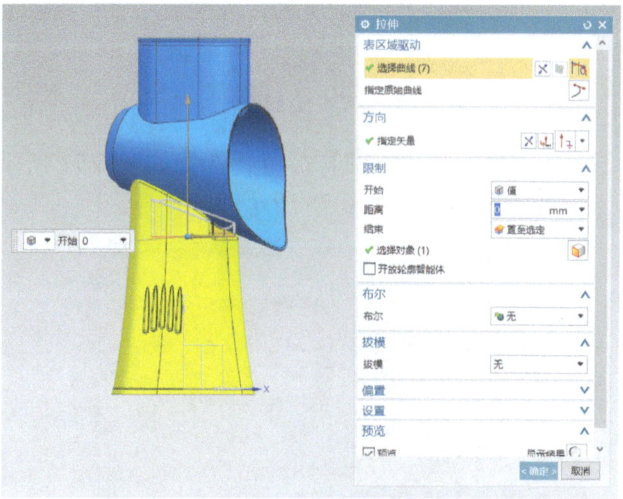

图 6-72　“拉伸 7”

步骤 9　创建“拉伸 8”

1）单击【拉伸】命令，【选择曲线】为底座的鞘，【方向】为自动判断，【限制-结束】选择【直至选定】，【选择面】为杯槽的圆锥面，“拉伸 8”如图 6-73 所示。

2）单击【减去】命令，【目标】为“拉伸”，【工具】为“拉伸 8”，如图 6-74 所示。

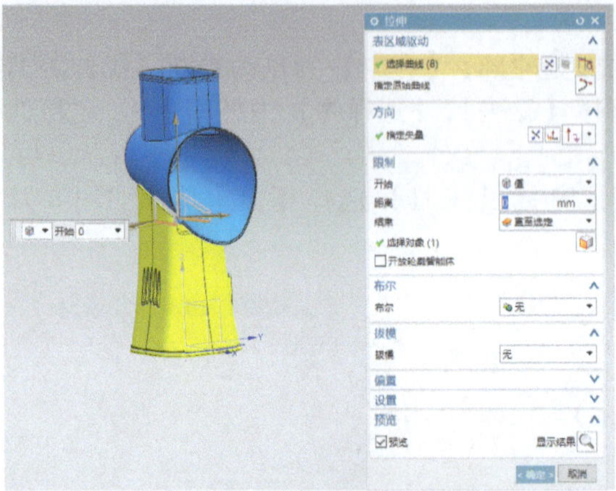

图 6-73 “拉伸 8”

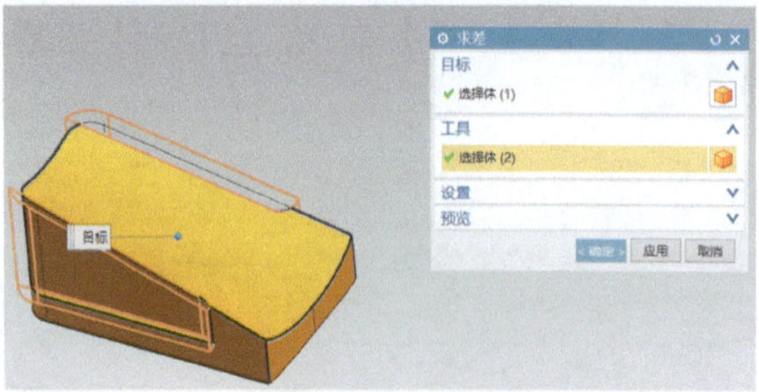

图 6-74 减去

3）单击【边倒圆】命体，选择如图 6-75 所示的边，设置圆角半径为 5mm。

4）单击【合并】命令，【目标】选择杯槽，【工具】选择 3）中的边倒圆，如图 6-76 所示。

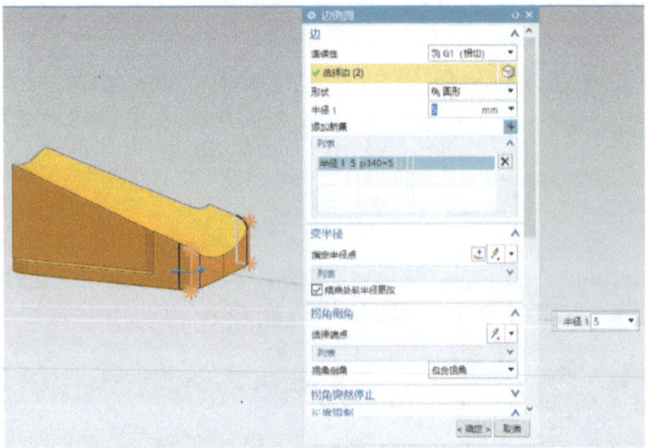

图 6-75 边倒圆

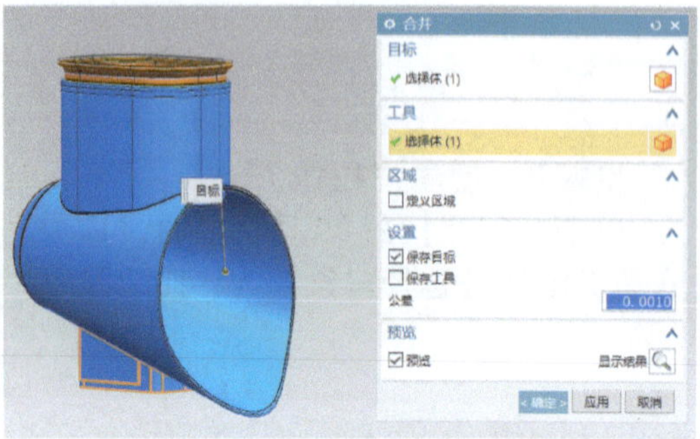

图 6-76 求和

5）单击【边倒圆】命令，选择如图 6-77 所示的边，设置半径为 1mm。

推料杯效果如图 6-78 所示。

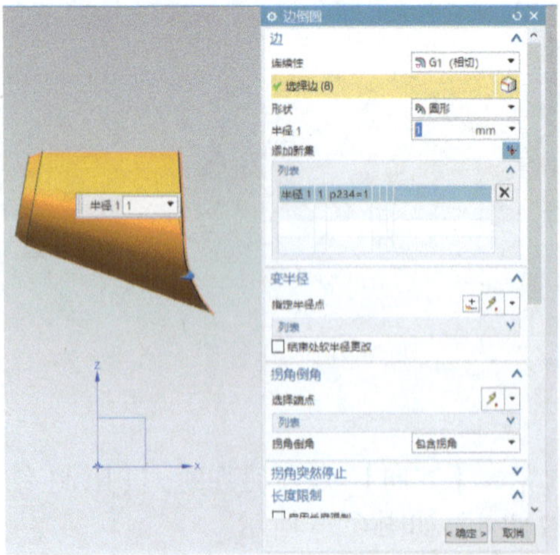

图 6-77 边倒圆

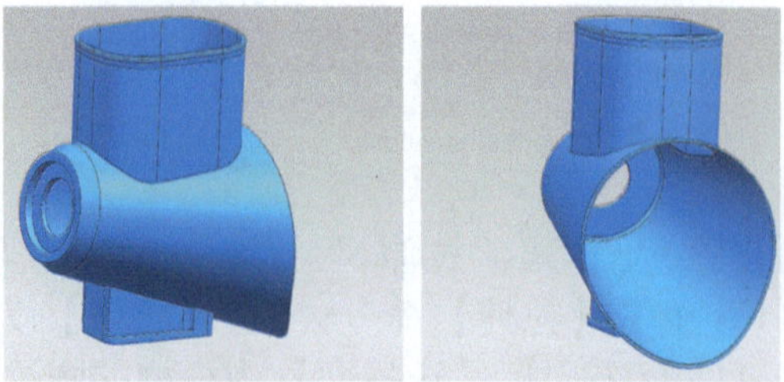

a) 角度1　b) 角度2

图 6-78 推料杯效果

四、刀桶建模

步骤 1　拉伸操作

单击【拉伸】命令，如图 6-79 所示，【选择曲线】为上述创建杯槽时的草图：65mm 圆，【拉伸】距离为 220mm。【拔模角度】为−10°。【引导线】为直线。

步骤 2　偏置区域操作

单击【偏置区域】命令，【选择面】为刀桶外表面，【距离】为−2.5mm，如图 6-80 所示。

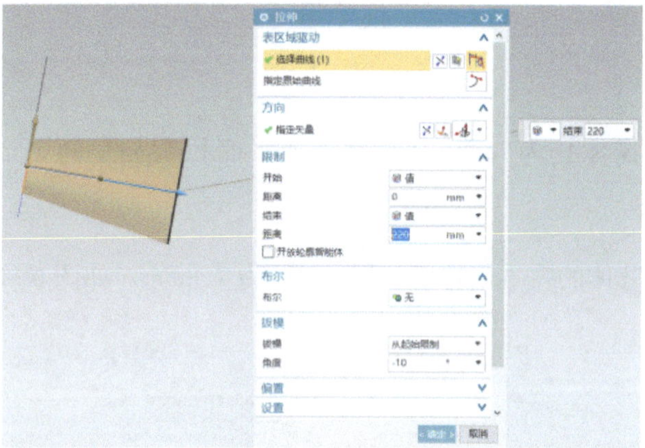

图 6-79　拉伸

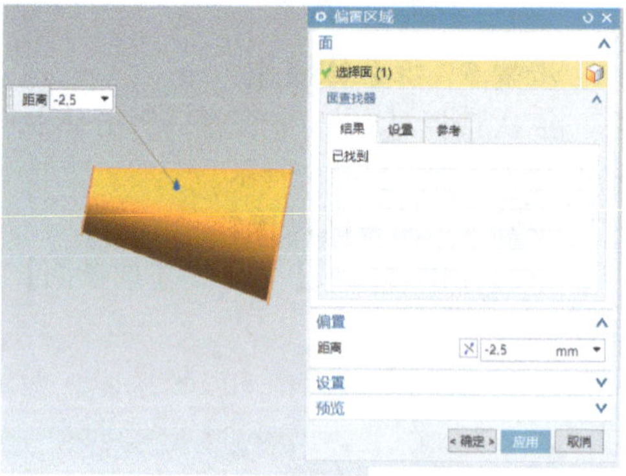

图 6-80　偏置区域

单击【移动面】命令，【选择面】为刀桶的右端面，【距离】为−12mm，如图 6-81 所示。

步骤 3　创建“基准平面 1”

单击【移动面】命令，【选择面】为刀桶的左端面，【距离】为−1mm，如图 6-82 所示。

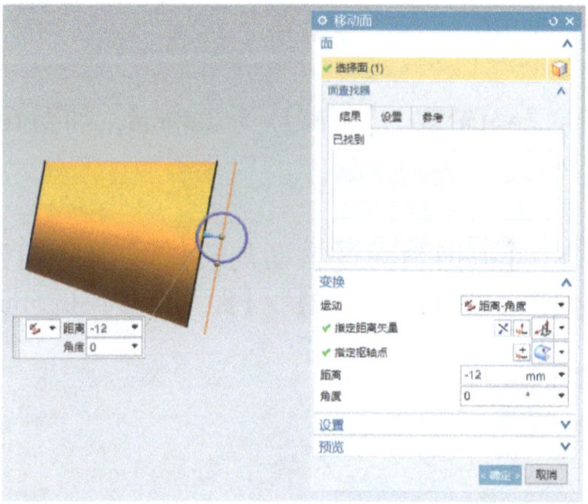

图 6-81　移动面（右端面）

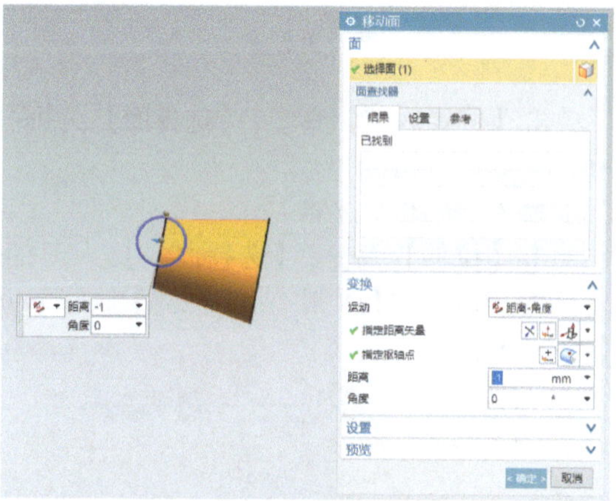

图 6-82　移动面（左端面）

创建“基准平面 1”。单击【基准平面】命令，【类型】选择【自动判断】，【选择对象】为刀桶的右端面，【距离】为−5mm，如图 6-83 所示。

步骤 4　创建“基准平面 2”

单击【基准平面】命令，【类型】选择【按某一距离】，【选择平面对象】为刀桶的左端面，【距离】为−3mm，如图 6-84 所示。

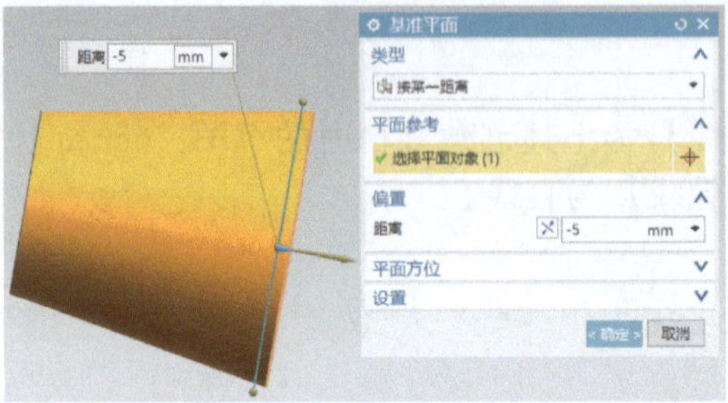

图 6-83 “基准平面 1”

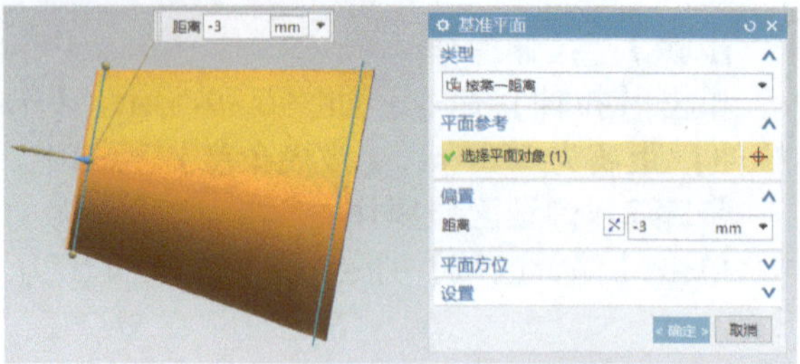

图 6-84 “基准平面 2”

步骤 5 拆分体操作

依次选择【插入→修剪→拆分体】,【选择体】为刀桶,【选择面或平面】为创建的 2 个基准平面,如图 6-85 所示。

步骤 6 偏置区域操作

单击【偏置区域】命令,【选择面】为拆分体的左端面轮廓,【距离】为 2. 8mm,如图 6-86 所示。

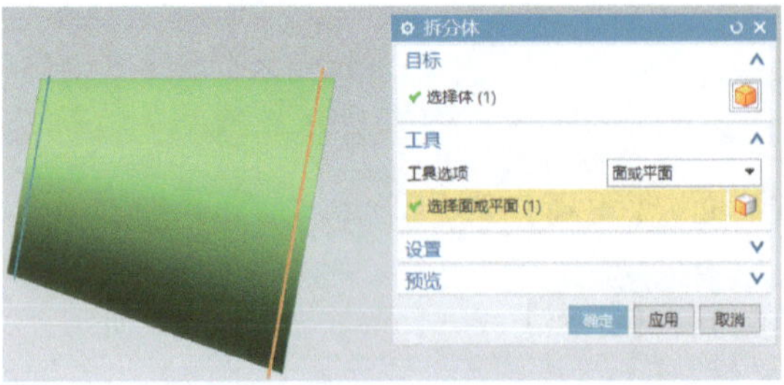

图 6-85 拆分体

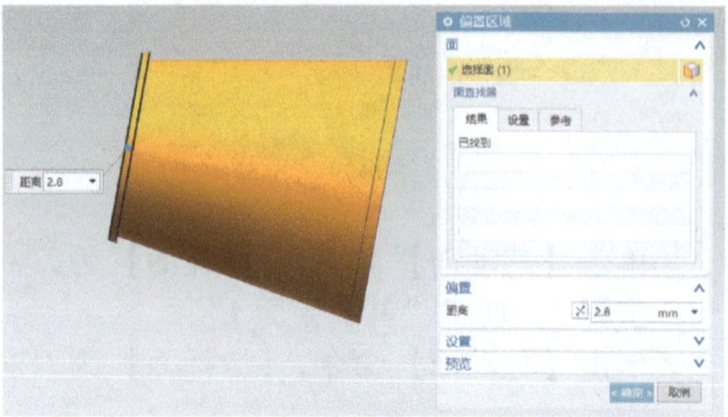

图 6-86 偏置区域(左端面)

单击【偏置区域】命令,【选择面】为拆分体的右端面轮廓,【距离】为 2. 8mm,如图 6-87 所示。

步骤 7 创建“拉伸 1”

单击【拉伸】命令,【选择曲线】为刀桶孔轮廓,【方向】为【自动判断】,【限制-开始-距离】为-12mm,【限制-结束-距离】为 25mm,【偏置】选择【单侧】,【距离】为-0. 5mm,如图 6-88 所示。

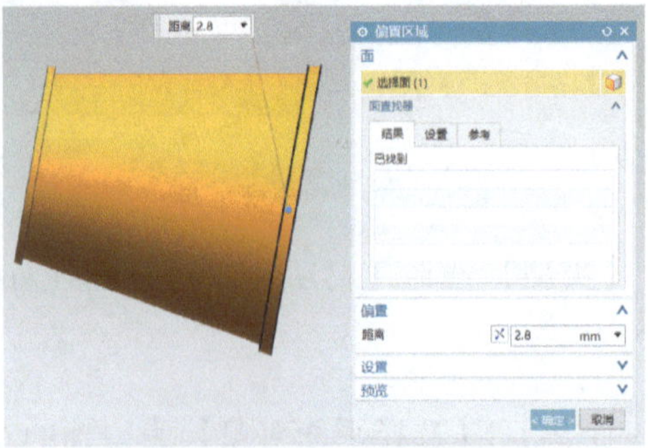

图 6-87 偏置区域(右端面)

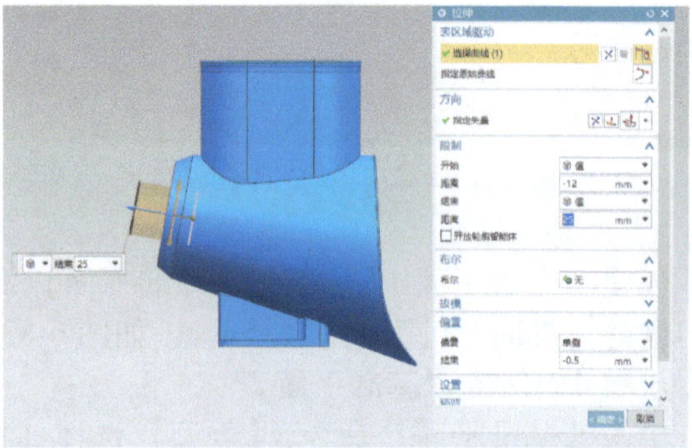

图 6-88 “拉伸 1”

步骤 8　倒斜角操作

单击【倒斜角】命令，【选择边】为刀桶头外轮廓，【横截面】选择【对称】，【距离】为 2mm，如图 6-89 所示。

步骤 9　创建“草图 1”

【草图类型】选择【在平面上】，【原点方法】选择【自动判断】，平面选择刀桶的左端面。单击【圆】命令，绘制直径为 4mm，圆心在 X 轴上，且距离 Y 轴 17.5mm 的圆。然后使用【阵列曲线】命令，【选择曲线】为刚刚绘制的圆，【指定点】为草图原点，【数量】为 8，【跨角】为 360°。

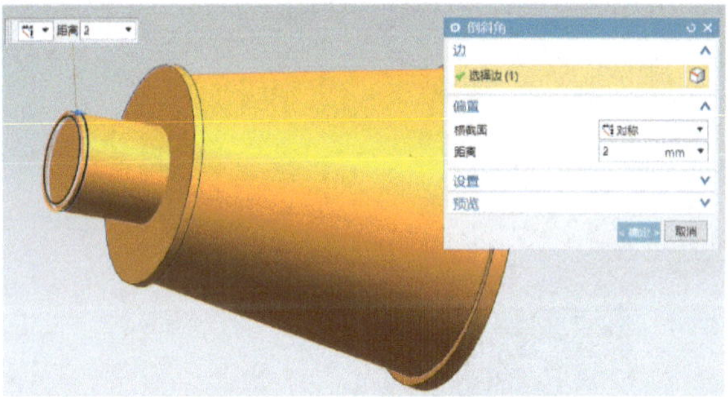

图 6-89　倒斜角

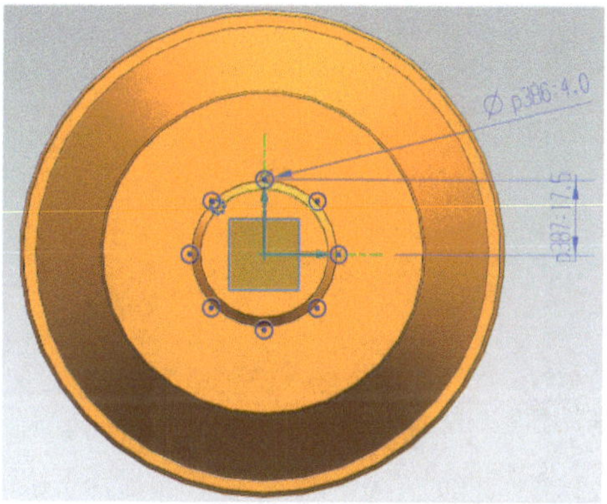

图 6-90　“草图 1”

步骤 10　创建“拉伸 2”

单击【拉伸】命令，【选择曲线】为“草图 1”，【限制-开始-距离】为 3mm，【限制-结束-距离】为 33mm，【布尔】选择【减去】，如图 6-91 所示。

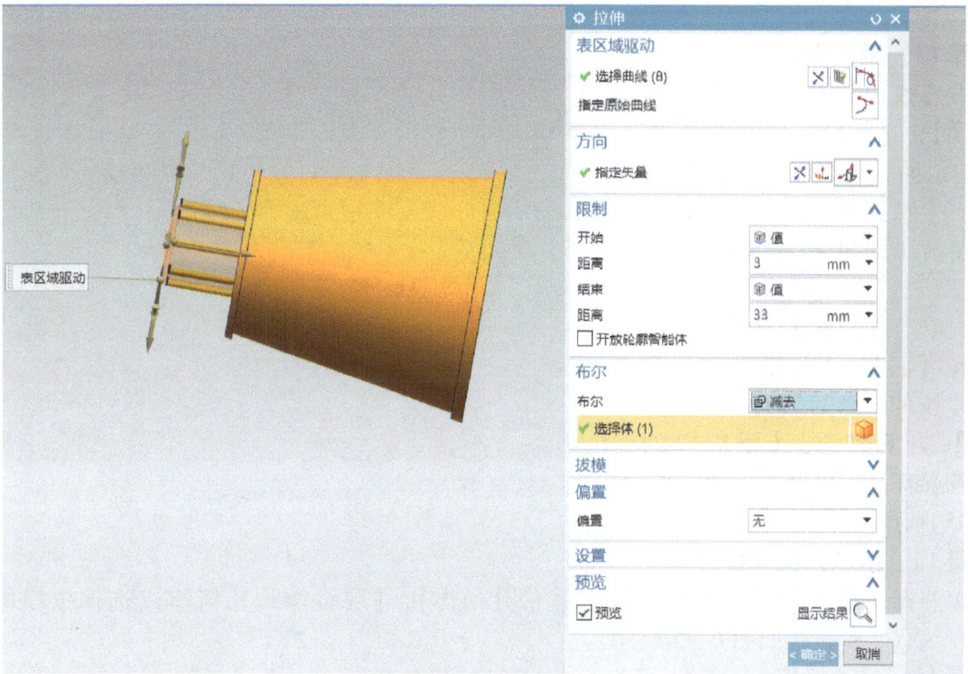

图 6-91　“拉伸 2”

步骤 11　创建“草图 2”

【草图类型】选择【在平面上】，平面选择刀桶的左端面，【原点方法】选择【自动判断】。绘制“草图 2”，单击【圆】命令，先绘制 2 个直径分别为 60mm 和 40mm 的圆，圆心均在坐标原点上，然后单击【直线】命令，绘制 1 条竖向直线，直线距离 Y 轴 12.5mm。单击【快速修剪】命令，修剪多余曲线。“草图 2”如图 6-92 所示。

步骤 12　创建“拉伸 3”

单击【拉伸】命令，【选择曲线】为“草图 2”，【方向】为自动判断。【限制-开始-距离】为-34mm，【限制-结束-距离】为-15mm，【布尔】选择【无】，如图 6-93 所示。

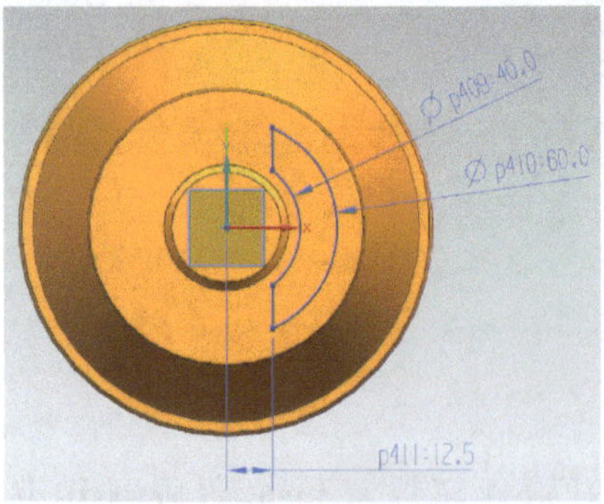

图 6-92　“草图 2”

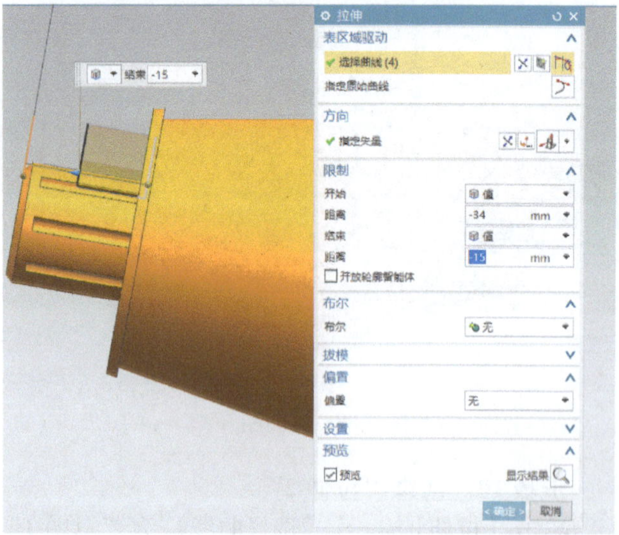

图 6-93　“拉伸 3”

步骤 13　拔模操作

单击【拔模】命令，【类型】选择【面】，【脱模方向】为“拉伸 3”的顶面，【选择固定面】为下底面，【要拔模的面】为圆弧面，【角度 1】为 15°，如图 6-94 所示。

再次单击【拔模】命令，【类型】选择【面】，【脱模方向】为拔模后“拉伸 3”的顶面，【选择固定面】为下底面，【要拔模的面】为圆弧面，【角度 1】为 20°，如图 6-95 所示。

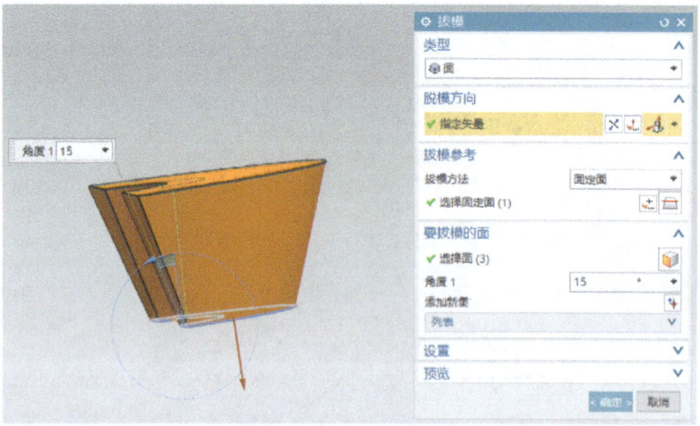

图 6-94　拔模

步骤 14　镜像几何体操作

依次选择【插入】→【关联复制】→【镜像几何体】，【要镜像的几何体】选择拔模体，【镜像平面】为 XC 平面，如图 6-96 所示。

步骤 15　减去操作

单击【减去】命令，【目标】为刀桶，【工具】为镜像拔模体，如图 6-97 所示。

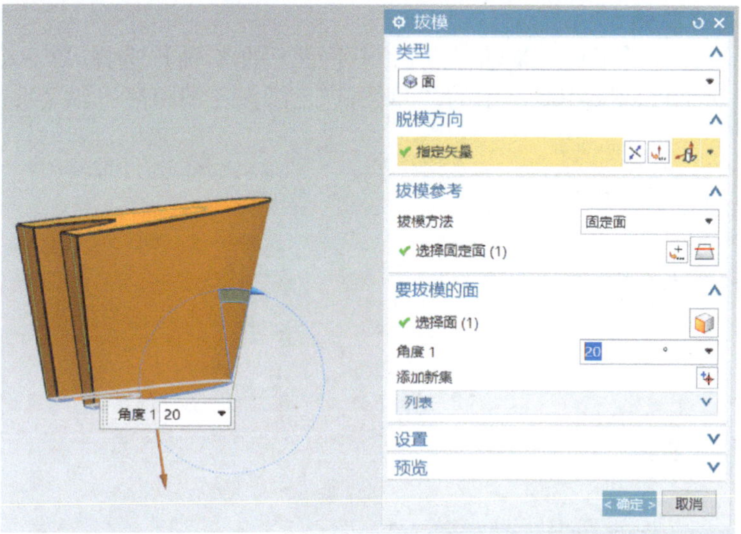

图 6-95　拔模

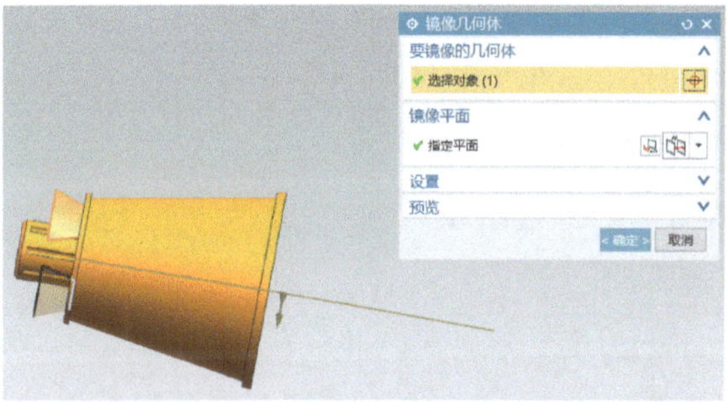

图 6-96　镜像几何体

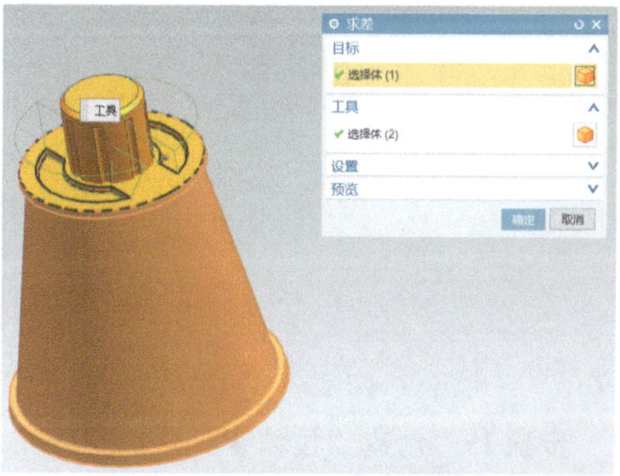

图 6-97　减去

步骤 16　抽壳操作

单击【抽壳】命令，【要穿透的面】为刀桶的右端面，【厚度】为 2mm，如图 6-98 所示。

步骤 17　替换面操作

单击【替换面】命令，【原始面】为抽壳后未与刀桶内壁相交的面，【替换面】为刀桶内壁面，如图 6-99 所示。

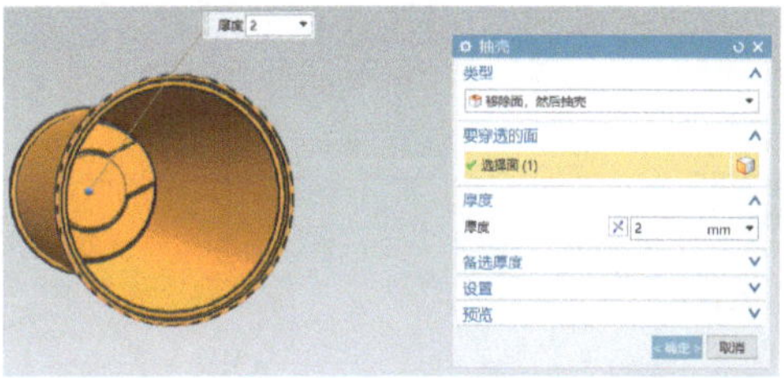

图 6-98　抽壳

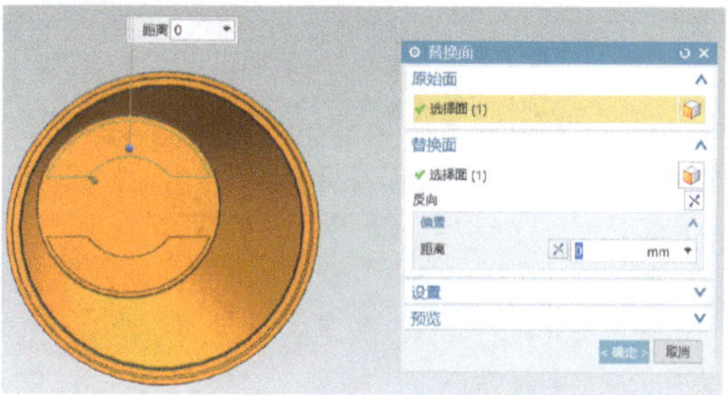

图 6-99　替换面

步骤 18　创建“草图 3”

【指定坐标系】选择【平面，X 轴，点】，【平面上的 X 轴】选择 WCS 横轴，【平面上的原点】选择圆心。绘制如图 6-100 所示的“草图 3”，箭头左端距离 *Y* 轴 20mm。

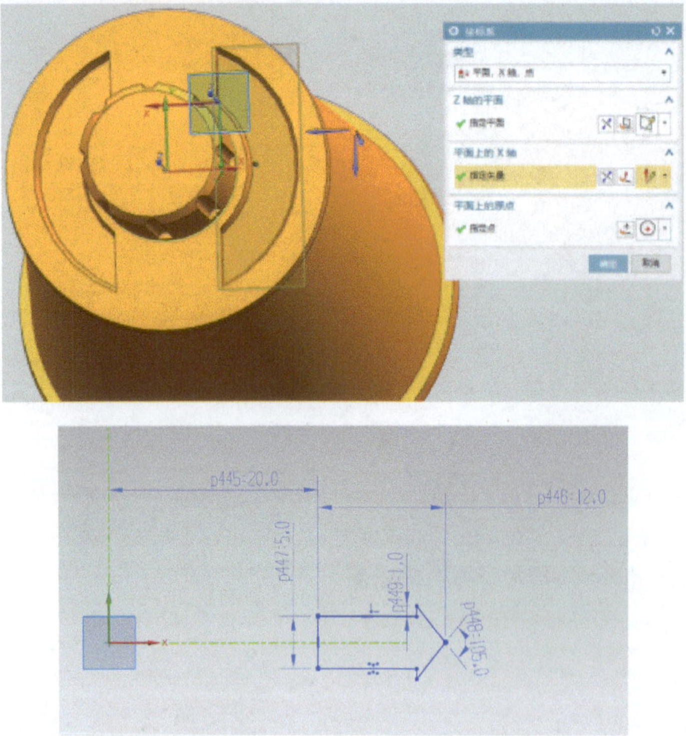

图 6-100　“草图 3”

步骤 19　创建“拉伸 4”

单击【拉伸】命令，【选择曲线】为“草图 3”，【限制-开始-距离】为 33mm，【限制-结束-距离】为 38mm，如图 6-101 所示。

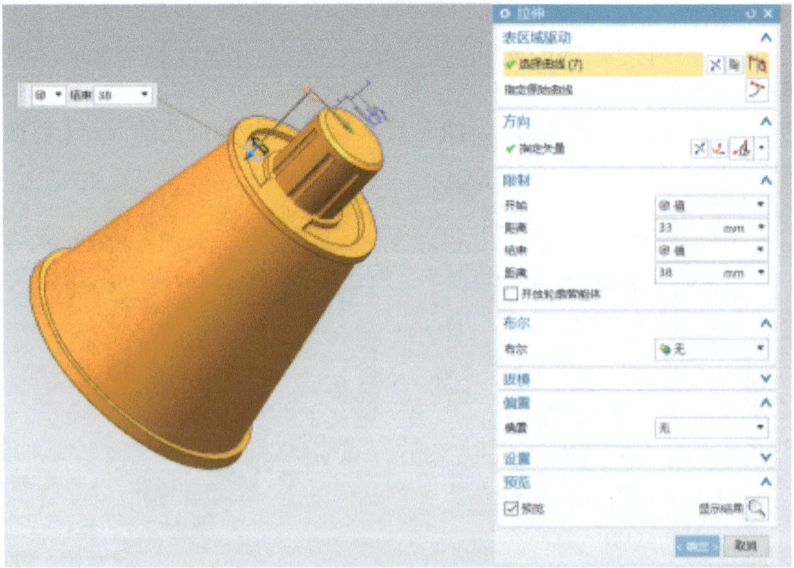

图 6-101　“拉伸 4”

步骤 20　替换面操作

单击【替换面】命令，【原始面】为箭头的左端面，替换面为图 6-102 所示圆弧面，替换后效果如图 6-102 所示。

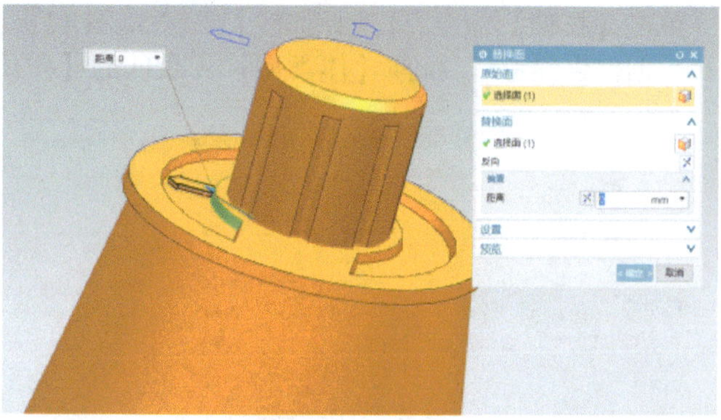

图 6-102　替换面

步骤 21　镜像几何体操作

依次选择【插入】→【关联复制】→【镜像几何体】，具体操作如图 6-103 所示。

步骤 22　创建孔特征

单击【孔】命令，【类型】选择【常规孔】，【指定点】为圆心，【成形】选择【简单孔】，【直径】为 25mm，如图 6-104 所示。

步骤 23　创建“草图 4”

【指定坐标系】选择【在平面上】，选择 *XY* 平面，【原点】自动判断。单击【直线】命令，绘制 1 条与 *X* 轴夹角为 84°，最低点距离 *Y* 轴和 *X* 轴距离分别为 10mm 和 140mm 的直线，如图 6-105 所示。

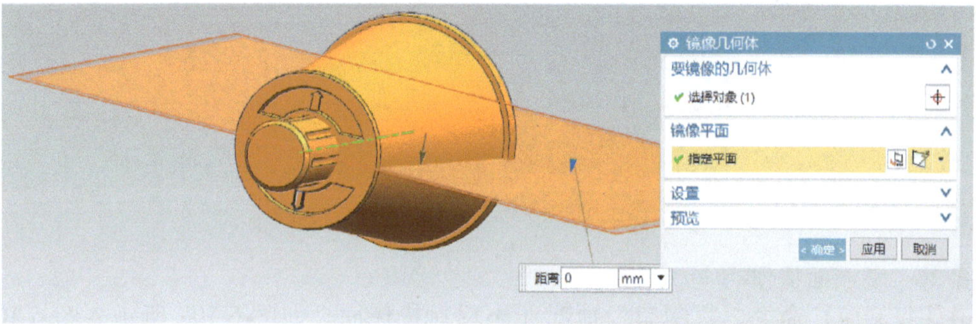

图 6-103　镜像几何体

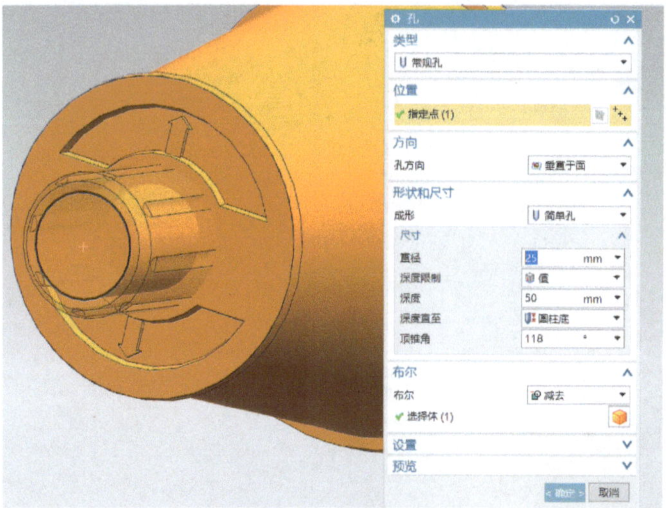

图 6-104　孔特征

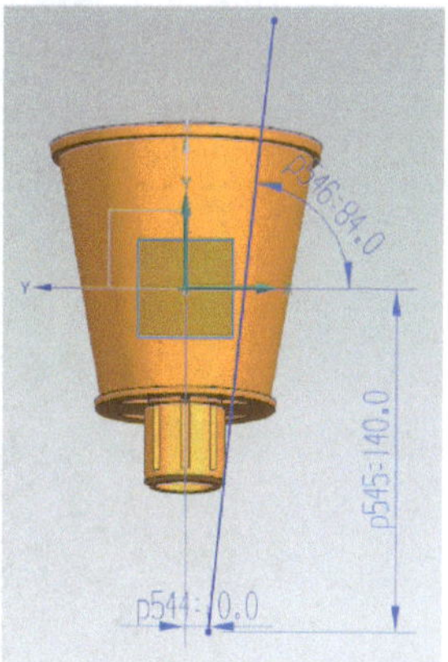

图 6-105　“草图 4”

步骤 24　镜像曲线操作

单击【镜像曲线】命令，【曲线】为“草图 4”，【平面】为 *YZ* 平面。

步骤 25　创建“拉伸 5”

单击【拉伸】命令，【选择曲线】为“草图 4”，【拉伸】距离可手动自由控制（图 6-106 所示数据仅供参考）。拉伸【体类型】为默认的【实体】，软件自动拉伸为片体。

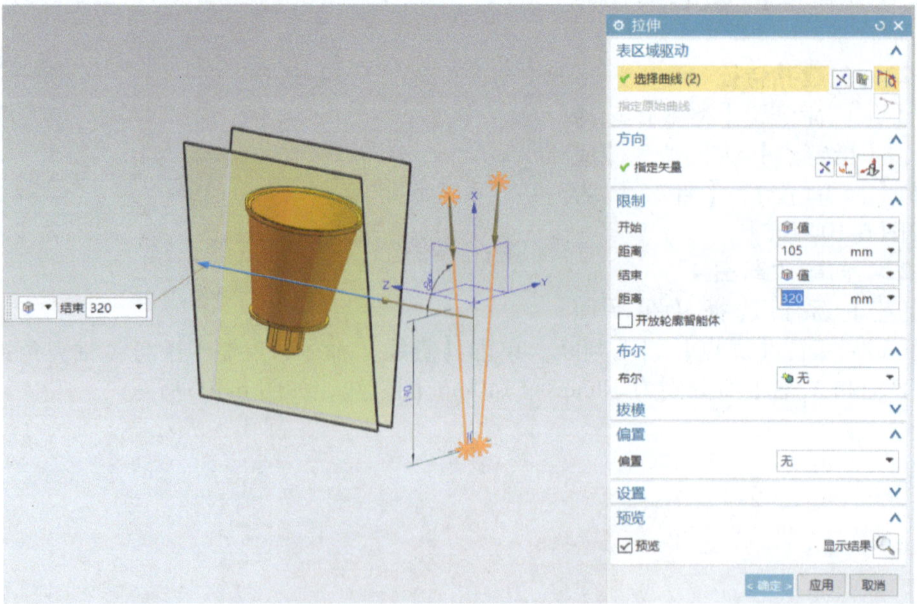

图 6-106　“拉伸 5”

步骤 26　复制面操作

单击【复制面】命令，复制刀桶顶部（小端）拔模面，如图 6-107 所示。图 6-107 中椭圆标识的弧面放大后如图 6-108 所示。

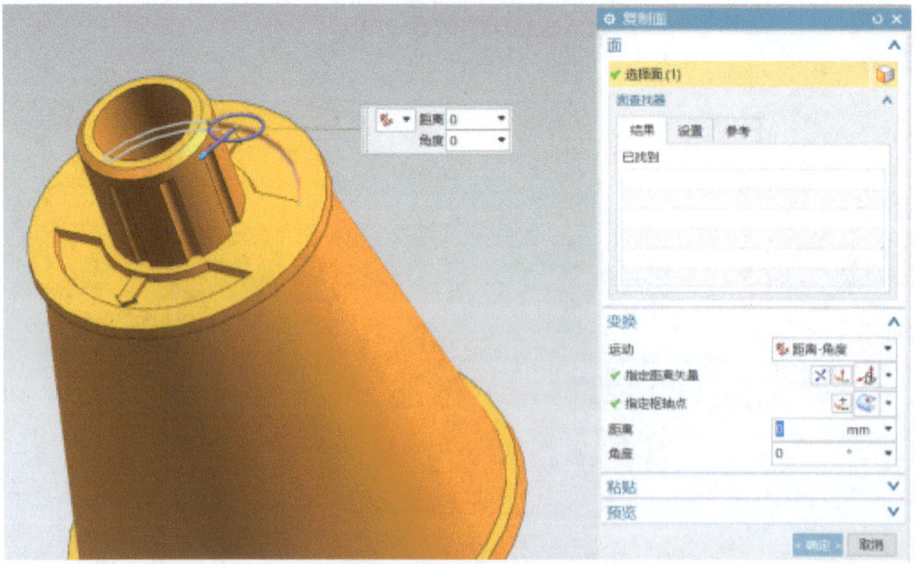

图 6-107　复制面

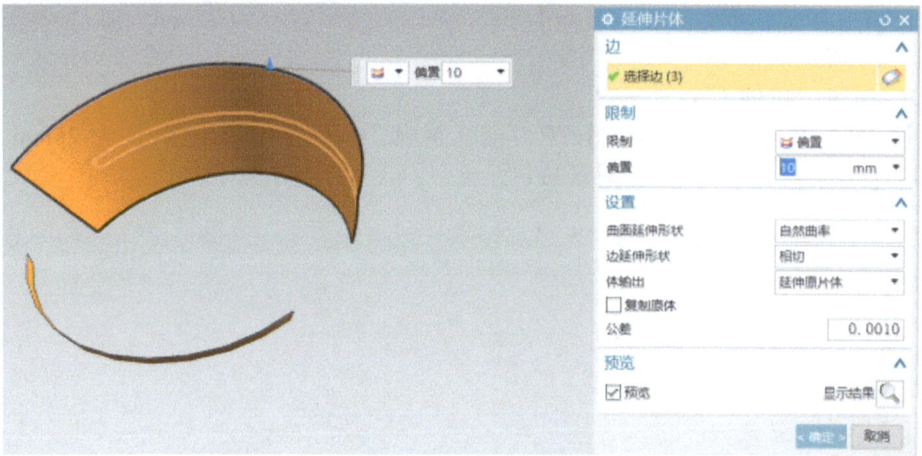

图 6-108　延伸片体

步骤 27　延伸片体操作

依次选择【插入】→【修剪】→【延伸片体】，【选择边】为如图 6-108 所示复制出来的面，【偏置】为 10mm（图 6-108）。使用同样的操作过程，对刀桶底部凸缘进行片体延伸。依次选择【插入】→【修剪】→【修剪片体】，将图 6-106 中的拉伸片体、图 6-108 中的延伸片体以及刀桶底部凸缘的延伸片体进行修建，得到用于拆分实体的修剪工具体（用于步骤 29 的拆分）。

步骤 28　拆分体操作

依次选择【插入】→【修剪体】→【拆分体】，使用之前生成的修剪片体作为【工具体】，刀架作为【目标体】，进行实体拆分。效果图如图 6-109 所示。

步骤 29　合并操作

单击【合并】命令，对修剪后的实体进行求和，如图 6-109 所示。其中蓝色部分为刀片部分，内扣在刀架上，形成整个刀桶。

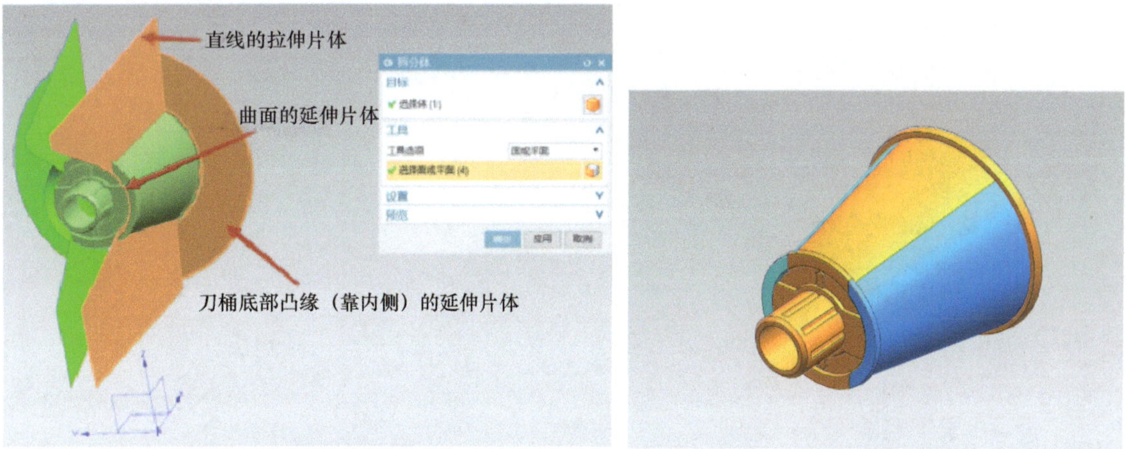

a) 拆分体　　b) 合并

图 6-109　拆分修剪合并后的效果

五、手柄建模

步骤 1　创建“草图 1”

【指定坐标系】选择【平面，X 轴，点】，【Z 轴的平面】选择刀桶的右端面，【平面上的

X 轴】选择 WCS 横轴，【平面上的原点】选择圆心。绘制直径为 75mm，圆心在坐标原点的圆，如图 6-110 所示。

步骤 2　创建“拉伸 1”

单击【拉伸】命令，【选择曲线】为刀桶孔轮廓，【限制-结束-距离】为 25mm，【偏置】为【单侧】，【结束】为−1mm，如图 6-111 所示。

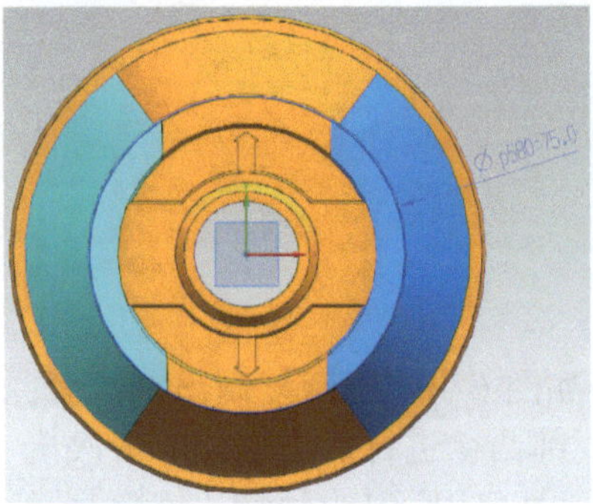

图 6-110　“草图 1”

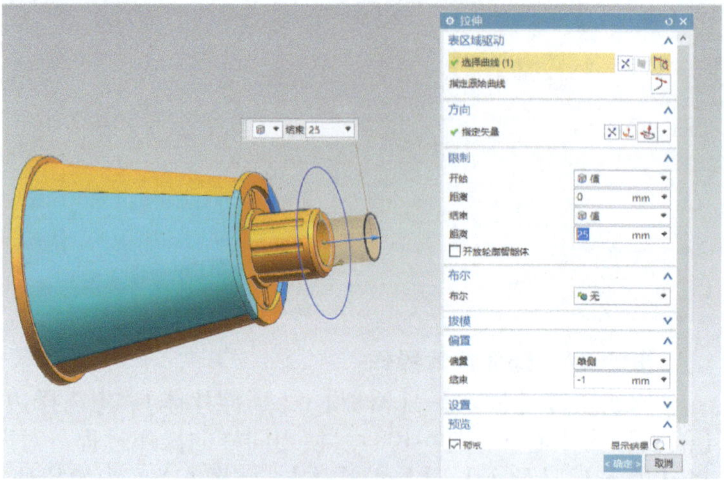

图 6-111　“拉伸 1”

步骤 3　创建“拉伸 2”

单击【拉伸】命令，【选择曲线】为“草图 1”，【限制-开始-距离】为 25mm，【限制-结束-距离】为 35mm，【拔模-角度】为 15°，如图 6-112 所示。

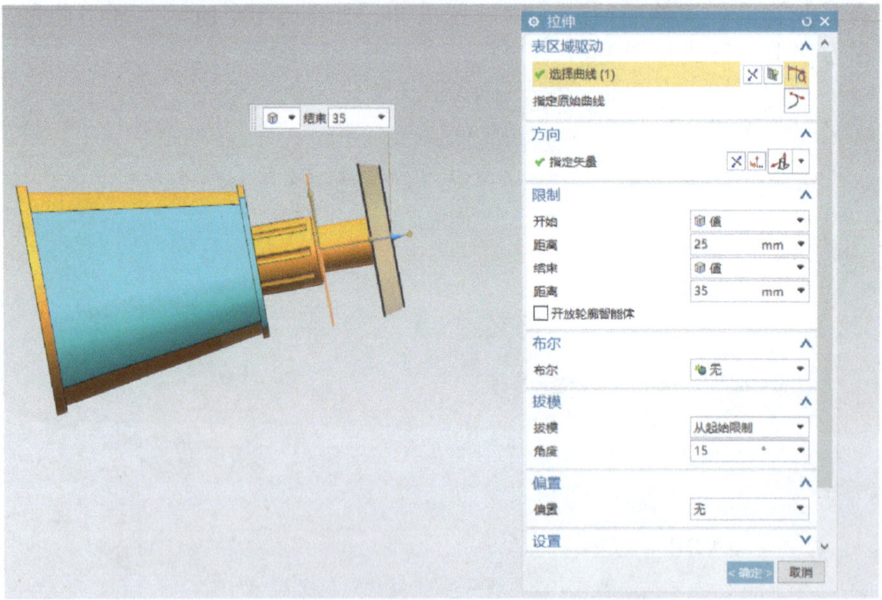

图 6-112　“拉伸 2”

步骤 4　创建“拉伸 3”

单击【拉伸】命令，【选择曲线】为“拉伸 2”的外轮廓，【限制-开始-距离】为 4mm，

【限制-结束-距离】为0mm（注意拉伸方向，根据绘图实际情况，需要点击“反向”），【布尔】选择【减去】，【偏置】为【单侧】，【结束】为-3mm，如图6-113所示。

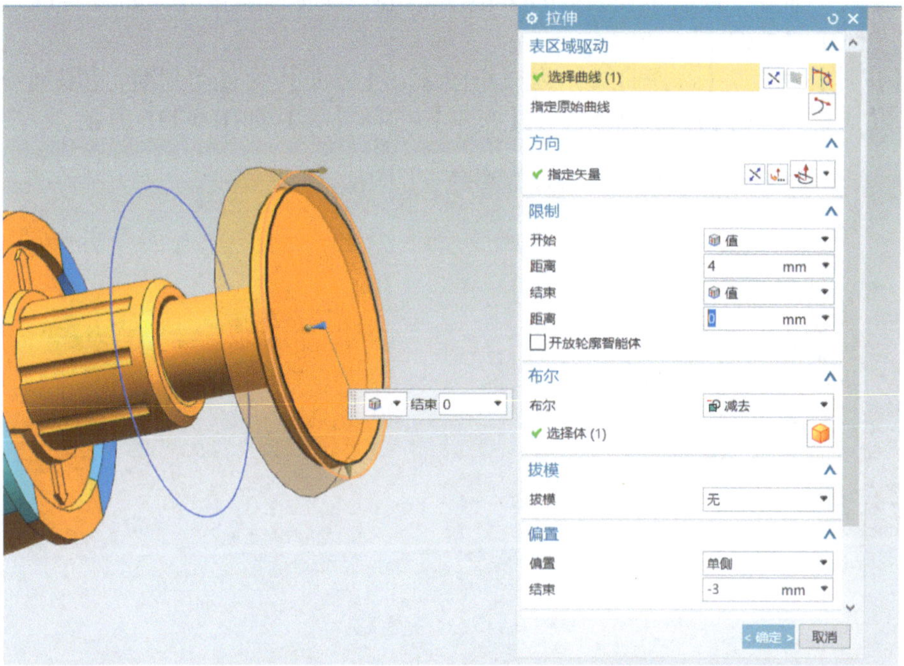

图6-113　“拉伸3”

步骤5　相交曲线操作

依次选择【插入】→【派生曲线】→【相交曲线】，选择对象如图6-114所示，“第一组”选择手柄外端面（箭头所指平面），“第二组”选择*XZ*平面。两面相交形成的曲线即为所求。

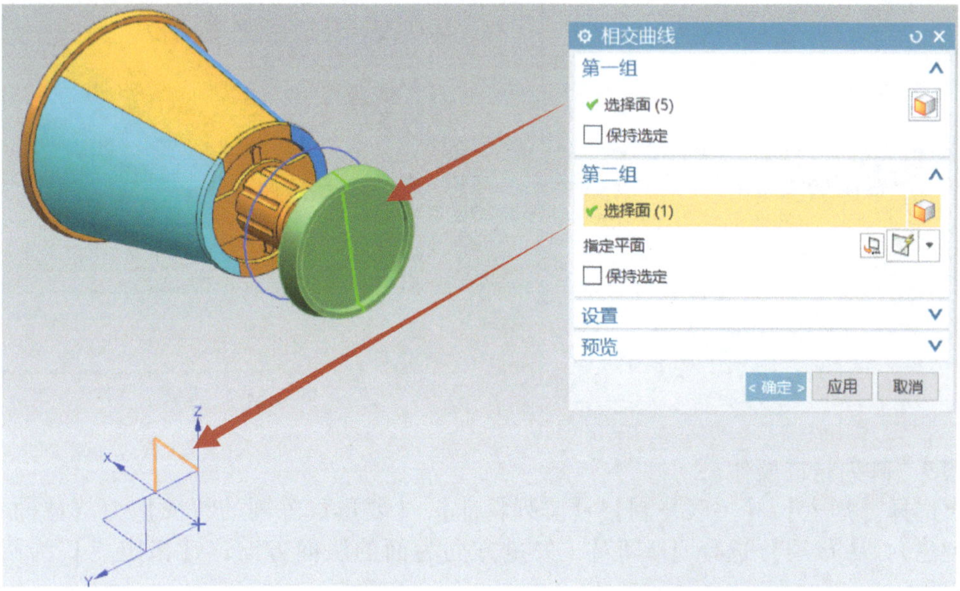

图6-114　相交曲线

步骤 6　创建“草图 2”

【草图类型】选择【基于路径】，【选择路径】为图 6-113 中创建的曲线，【弧长百分比】为 0。单击【圆】命令，绘制半径为 2mm 的圆，圆心与坐标原点重合，如图 6-115 所示。

步骤 7　创建“拉伸 4”

单击【拉伸】命令，【选择曲线】为“草图 2”，【方向】为自动判断，【限制-开始-距离】为 2mm，【限制-结束-距离】为 15. 5mm，【布尔】选择【无】如图 6-116 所示。

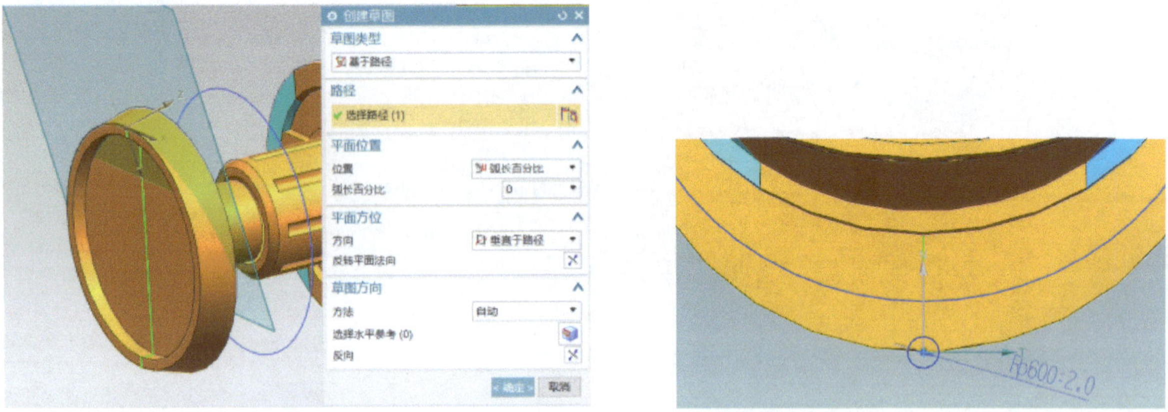

图 6-115　“草图 2”

步骤 8　边倒圆操作

单击【边倒圆】命令，选择边为图 6-117 中“拉伸 4”的右端边线，半径为 2mm。

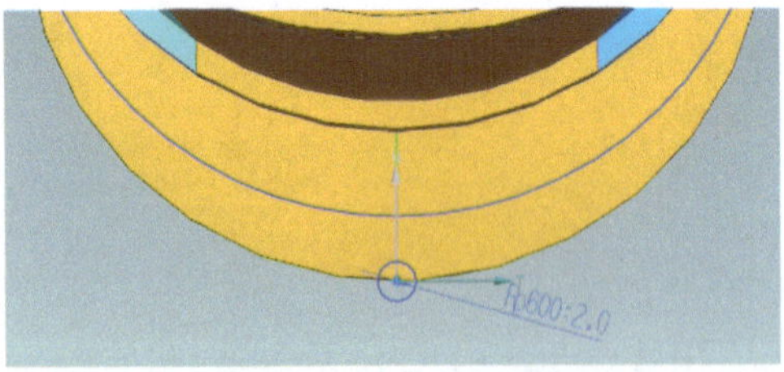

图 6-116　“拉伸 4”

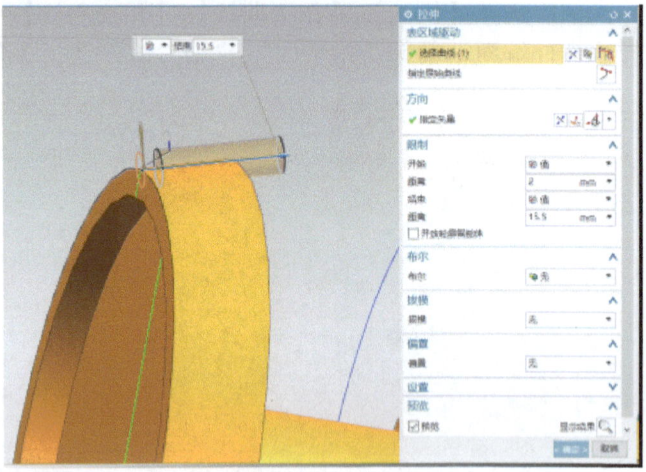

图 6-117　边倒圆

步骤 9　阵列特征操作

依次选择【插入】→【关联复制】→【阵列特征】，【要形成阵列的特征】为“拉伸 4”（上一步中创建），【布局】选择【圆形】，矢量方向为面的法向方向，【指定点】为圆心，如图 6-118 所示。

步骤 10　减去操作

单击【减去】命令，【目标】为连接件，【工具】为阵列后的特征，如图 6-119 所示。

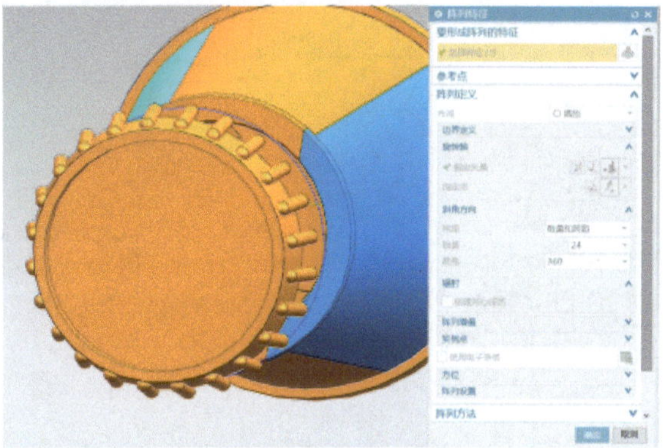

图 6-118　阵列几何特征

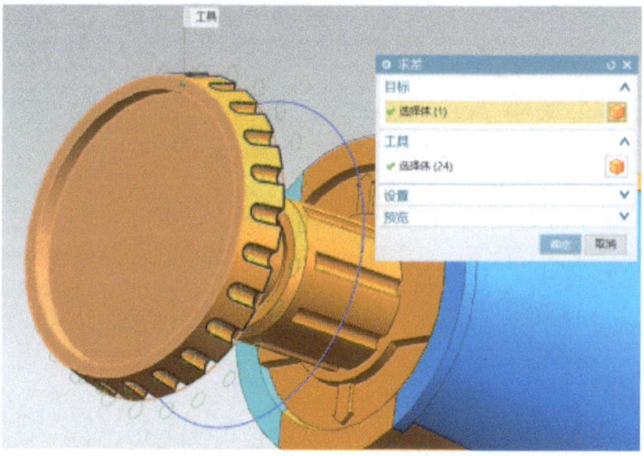

图 6-119　减去

步骤 11　边倒圆操作

单击【边倒圆】命令，【选择边】为减去后的锐边，【半径】为 0.5mm，如图 6-120 所示。

步骤 12　创建“草图 3”

选择绘制平面。【指定坐标系】选择【平面，X 轴，点】，【Z 平面】为连接件的端面，【平面上的原点】为圆心。单击【投影曲线】命令，【要投影的对象】选择连接件的最外轮廓，如图 6-121 所示。

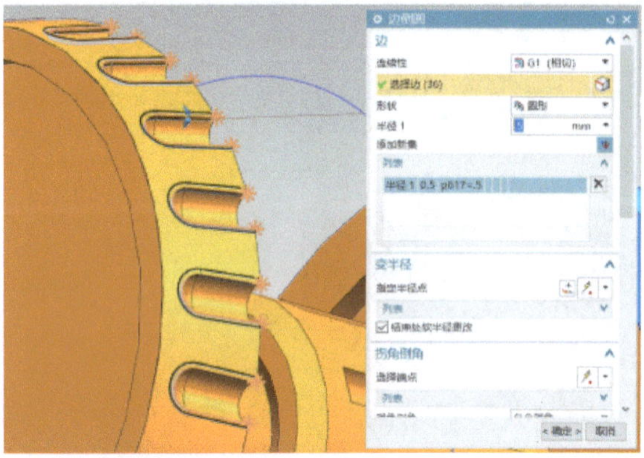

图 6-120　边倒圆

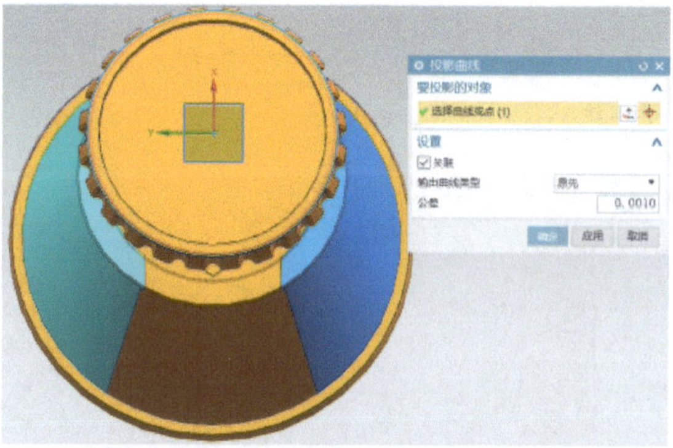

图 6-121　投影曲线

单击【圆】命令，绘制 1 个圆心在 Y 轴上，直径为 35mm，圆心距离 X 轴 125mm 的圆。单击【直线】命令，绘制 1 条与圆相切，且与 Y 轴夹角为 3°的直线。单击【圆弧】命令，选择【三点画弧】，绘制半径为 40mm，2 个点与直线和投影元素相切的圆弧。单击【镜像曲线】命令，【曲线】为刚刚绘制的圆、直线，【对称轴】为 Y 轴。修剪多余的曲线，“草图 3”如图 6-122 所示。

步骤 13　创建“拉伸 5”

单击【拉伸】命令，【选择曲线】为“草图 3”，【方向】为自动判断，【限制-开始-距离】为−28mm，【限制-结束-距离】为−11mm（注意方向是否为反向），【拔模】选择【从起始限制】，【角度】为 15°，如图 6-123 所示。

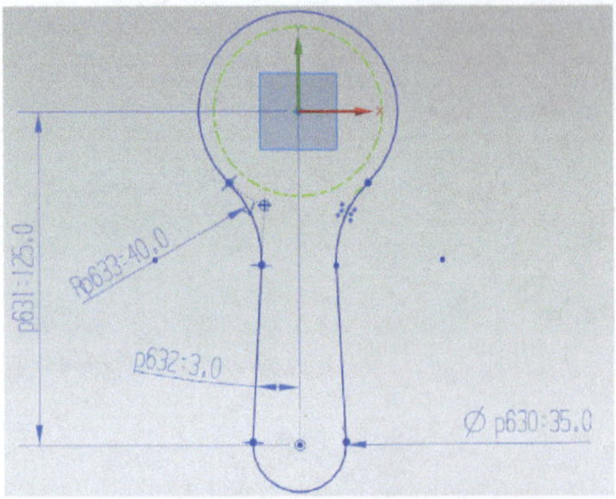

图 6-122 “草图 3”

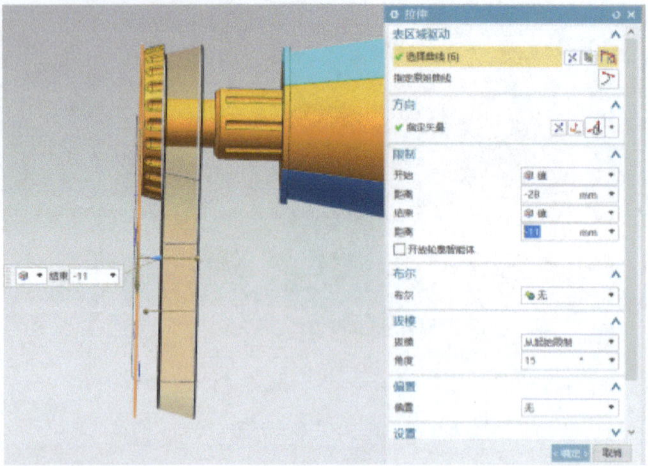

图 6-123 “拉伸 5”

步骤 14　抽壳操作

单击【抽壳】命令，【要穿透的面】为“拉伸 5”内端面，【厚度】为 2mm，如图 6-124 所示。

步骤 15　减去操作

单击【减去】命令，【目标】选择摇杆，【工具】选择连接件，【公差】为 0.0010mm 如图 6-125 所示。

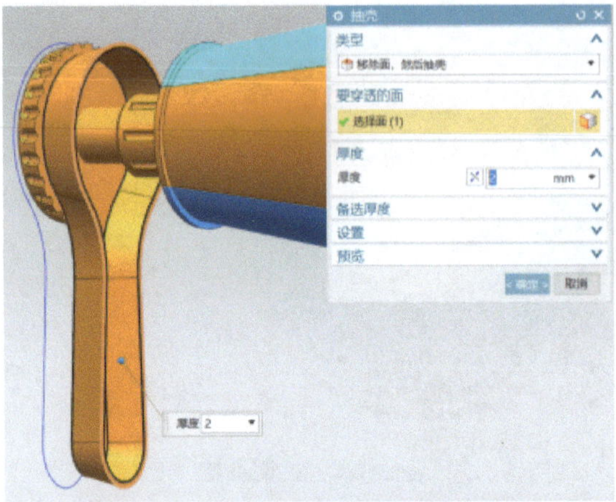

图 6-124　抽壳

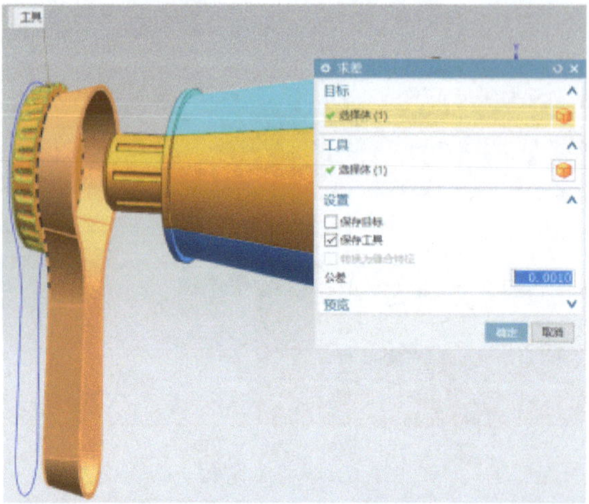

图 6-125　减去

步骤 16　创建“拉伸 6”

单击【拉伸】命令，【选择曲线】为刀桶连接部分的最大外轮廓，【方向】为自动判断，【限制-开始-距离】为-3mm，【限制-结束-距离】为 25mm，【布尔】选择【合并】，【选择体】为手动摇柄，【偏置】选择【两侧】，【开始】为 5mm，【结束】为 0.5mm，如图 6-126 所示。

步骤 17　创建“拉伸 7”

单击【拉伸】命令，【选择曲线】为图 6-90 中绘制的 8 个圆，【方向】为自动判断，【限制-开始-距离】为-5mm，【限制-结束-距离】为 23.5mm，【布尔】选择【合并】，【选择体】为手动摇杆，如图 6-127 所示。

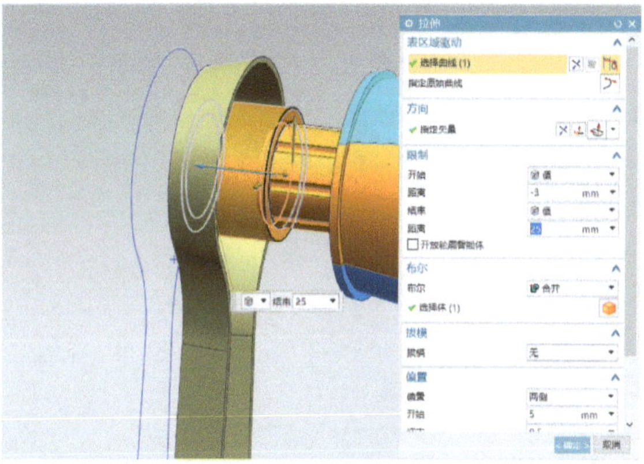

图 6-126　“拉伸 6”

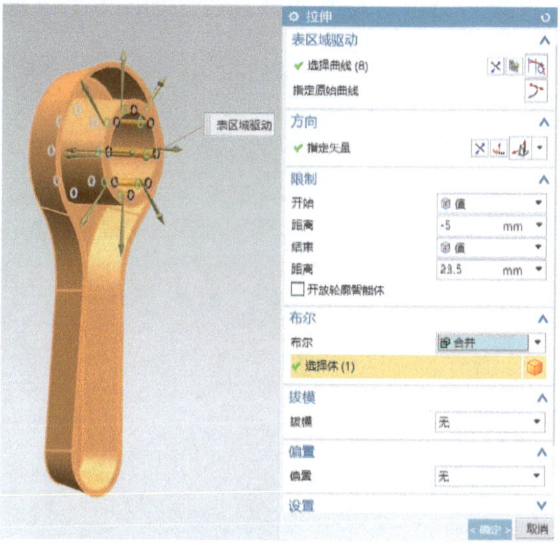

图 6-127　“拉伸 7”

步骤 18　创建“草图 4”

【草图类型】选择【在平面上】，选择 *YZ* 平面。绘制如图 6-127 所示的轮廓，轮廓形状可以根据自己的审美进行设计，如图 6-128 所示。补画其余曲线，形成封闭图形（以便拉伸）。

步骤 19　创建“拉伸 8”

单击【拉伸】命令，【选择曲线】为“草图 4”，【方向】为自动判断，【限制-结束】为【对称值】，【限制-结束-距离】为 45mm，【布尔】选择【减去】，【选择体】为手动摇杆，如图 6-129 所示。

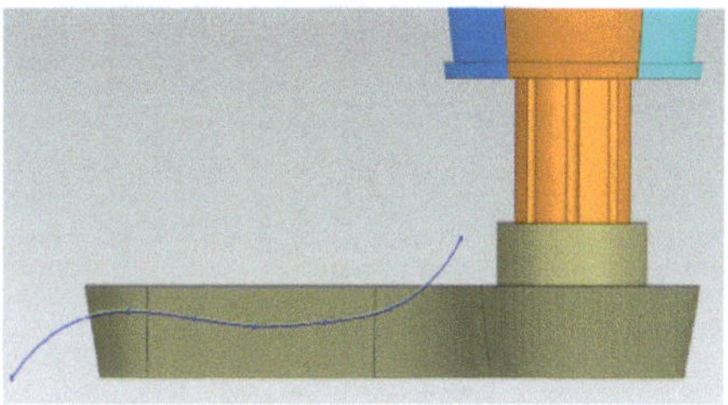

图 6-128　“草图 4”

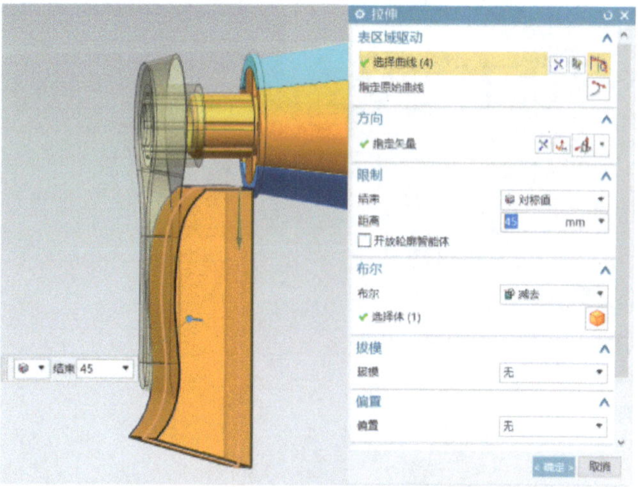

图 6-129　“拉伸 8”

步骤 20　边倒圆操作

单击【边倒圆】命令，【选择边】为手动摇杆的锐边，【半径 1】为 200mm，如图 6-130 所示。

步骤 21　创建“草图 5”

【指定坐标系】选择【平面，X 轴，点】，【Z 轴的平面】选择手动摇柄的端面（图 6-131），【平面上的 X 轴】为 WCS 的横轴，【平面上的原点】为圆心。绘制草图，单击

【直线】命令，绘制两条直线，如图 6-132 所示。

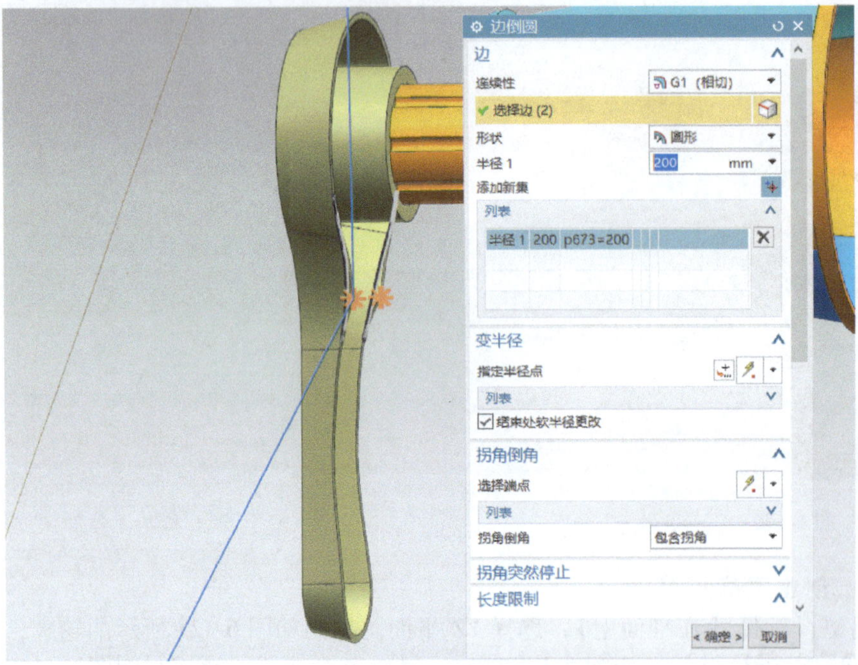

图 6-130　边倒圆

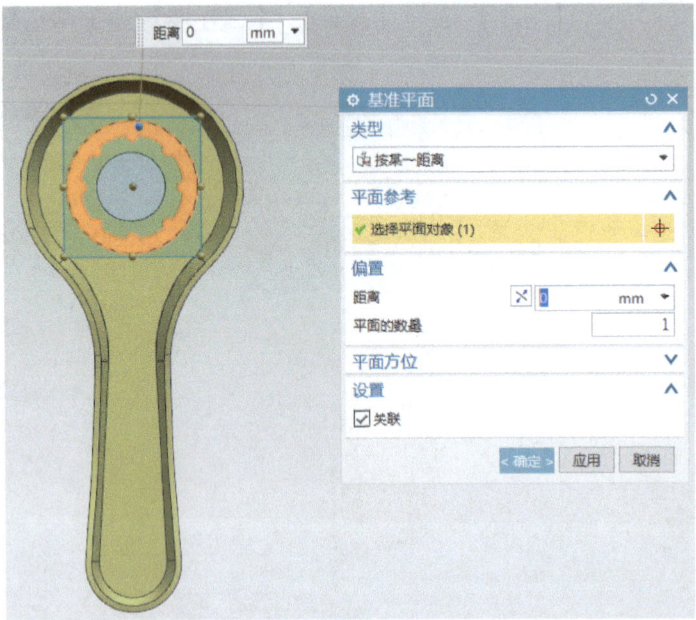

图 6-131　平面选择

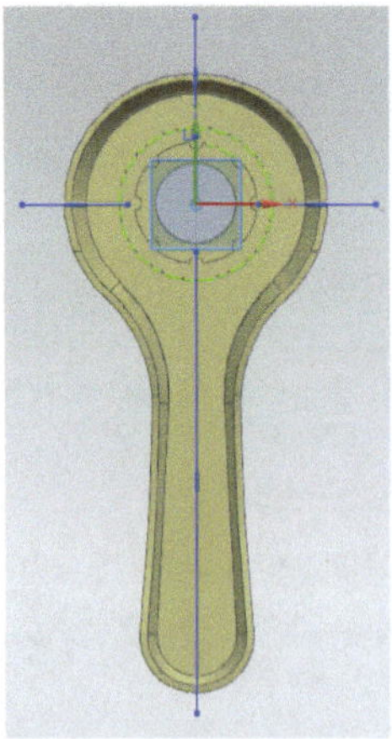

图 6-132　“草图 5”

步骤 22　创建“拉伸 9”

单击【拉伸】命令，【选择曲线】为“草图 5”，【方向】为自动判断，【限制-开始-距离】为 0mm，【限制-结束-距离】为 30mm，如图 6-133 所示。

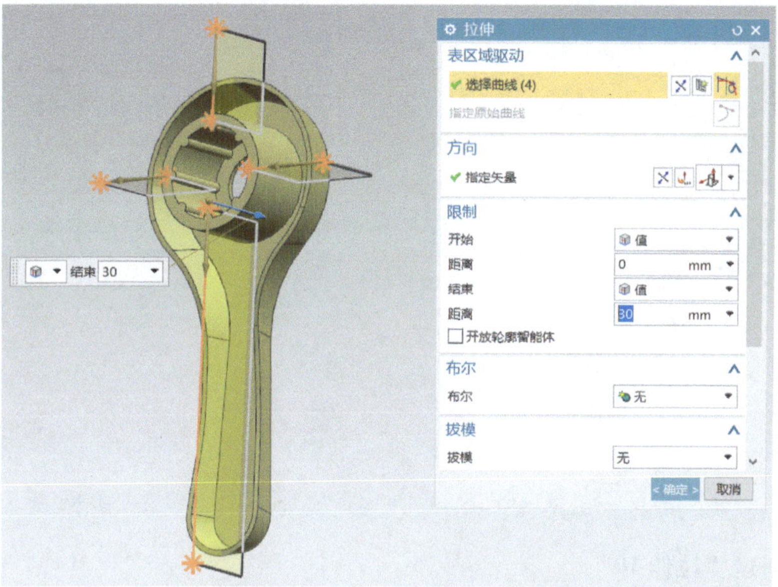

图 6-133　“拉伸 9”

步骤 23　加厚“拉伸 9”

依次选择【插入】→【偏置缩放】→【加厚】，【选择面】为“拉伸 9”，【偏置 1】为 1mm，【偏置 2】为−1mm，如图 6-134 所示。

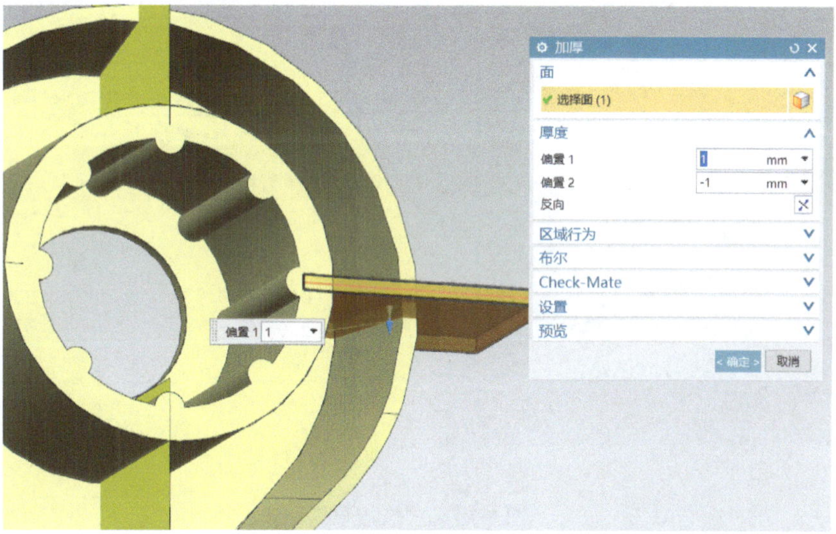

图 6-134　加厚“拉伸 9”

步骤 24　替换面操作

单击【替换面】命令，将加厚的“拉伸 9”替换到手柄相应的相交处，具体操作如图 6-135所示。

步骤 25　创建“草图 6”

【指定坐标系】选择【平面，X 轴，点】，以调整绘制视图方向，【Z 轴的平面】选择手柄的端面，【平面上的 X 轴】为 WCS 的横轴，【平面上的原点】为圆心，如图 6-136 所示。

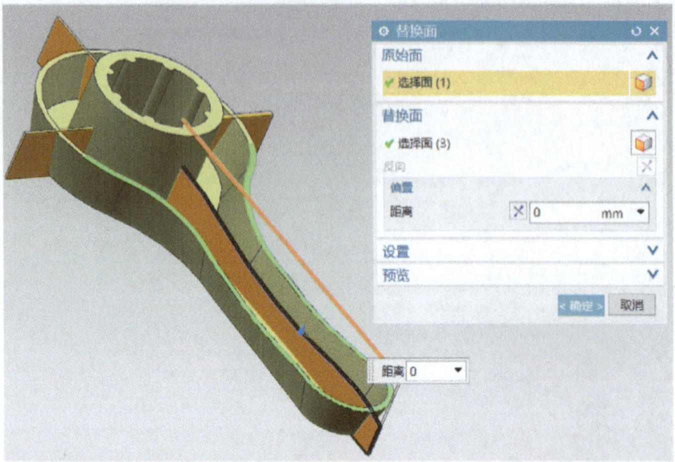

图 6-135　替换面

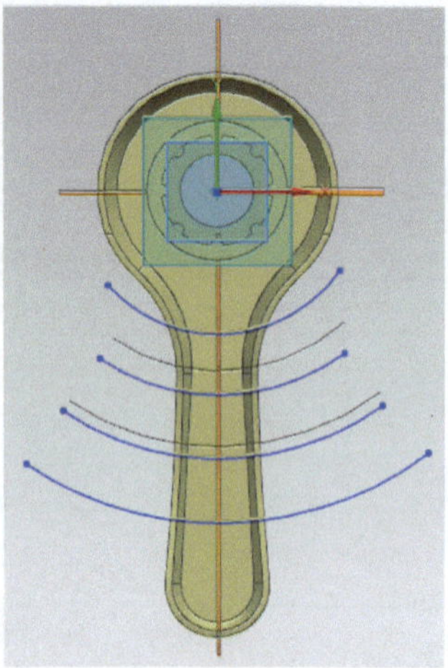

图 6-136　“草图 6”

步骤 26　创建“拉伸 10”

单击【拉伸】命令，【选择曲线】为“草图 6”，【方向】为自动判断，【限制-结束-距离】为 30mm 获得“拉伸 10”，如图 6-137 所示。

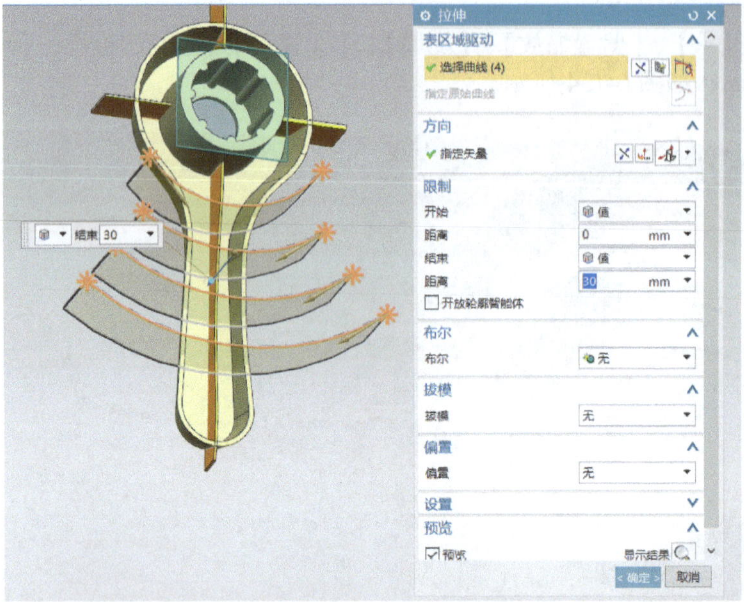

图 6-137　“拉伸 10”

步骤 27　加厚“拉伸 10”

依次选择【菜单】→【插入】→【偏置缩放】→【加厚】，【选择面】为“拉伸 10”，【偏置 1】为 1mm，【偏置 2】为-1mm，如图 6-138 所示。

步骤 28　替换面操作

单击【替换面】命令，将加厚的“拉伸 10”替换到摇柄相应的相交处，具体操作如图 6-139所示。

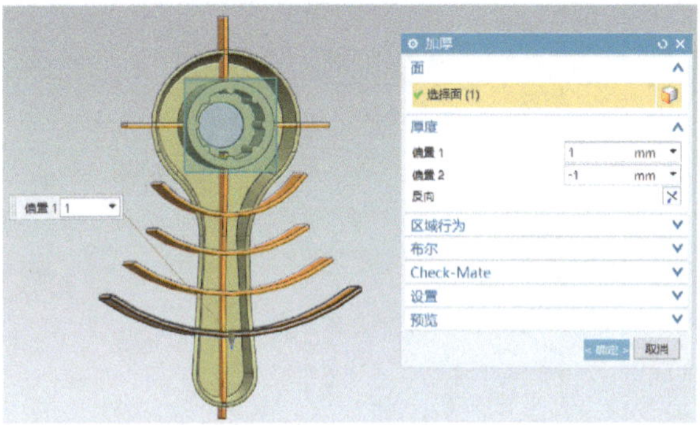

图 6-138　加厚“拉伸 10”

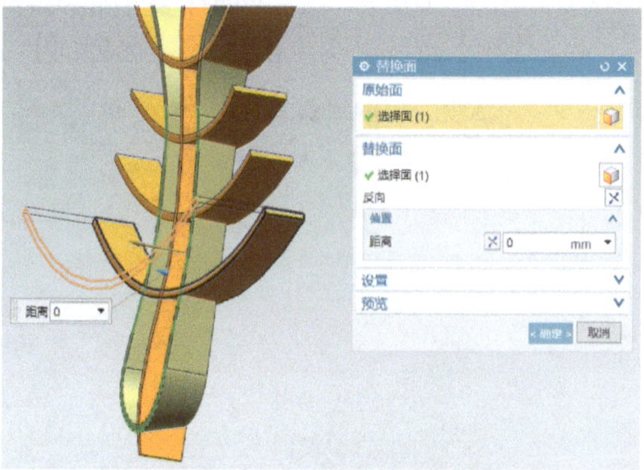

图 6-139　替换面

步骤 29　平面选择

【指定坐标系】为【平面，X 轴，点】，【Z 轴的平面】选择手动摇杆的外端面，【平面上的 X 轴】为 WCS 的横轴，【平面上的原点】为圆心，如图 6-140 所示。

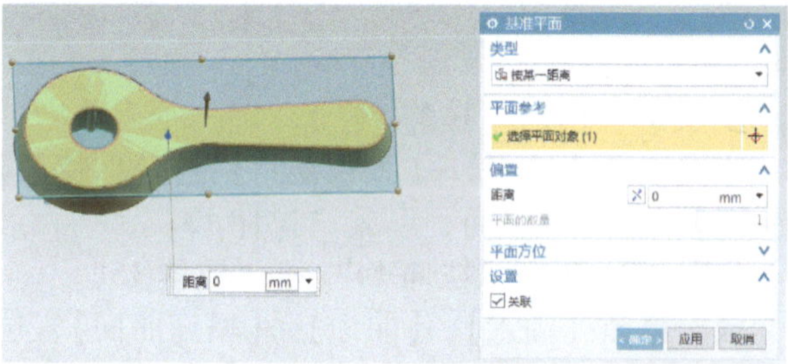

图 6-140　平面选择

步骤 30　创建“草图 7”

绘制“草图 7”所示圆弧，根据自己审美绘制如图 6-141 所示的轮廓。

步骤 31　创建“草图 8”

选择 *XY* 平面，【指定坐标系】选择【XC】，选取相应平面与 *X* 轴，将视图方向调整为便于绘制的方向。使用【圆弧】和【直线】命令进行草图绘制，可根据自己审美，设计绘制如图 6-142 所示“草图 8”。

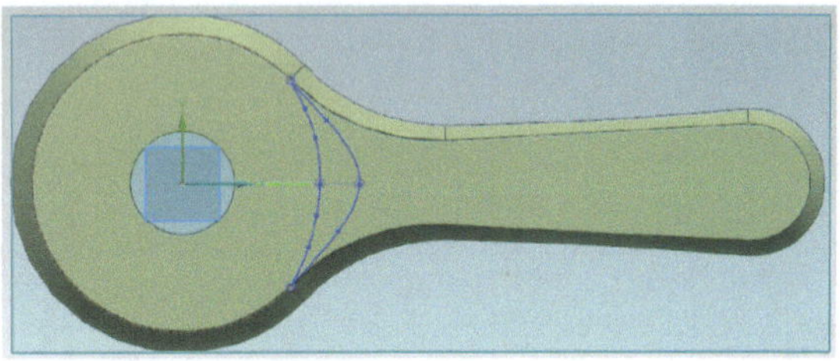

图 6-141　“草图 7”

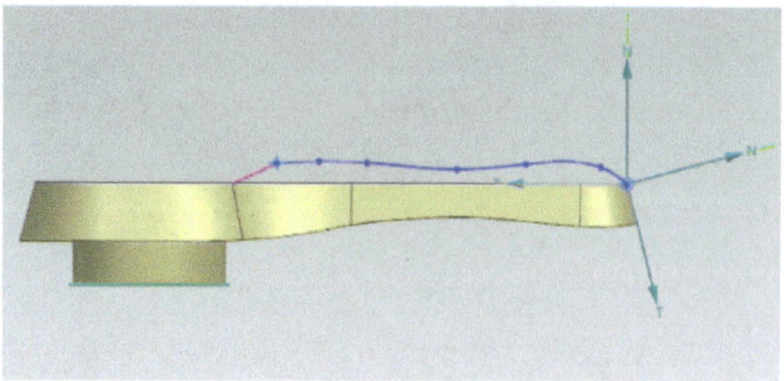

图 6-142　“草图 8”

步骤 32　创建“拉伸 11”

单击【拉伸】命令，【选择曲线】为“草图 8”，沿 *YZ* 平面法向拉伸形成片体 1，如图 6-143 所示。

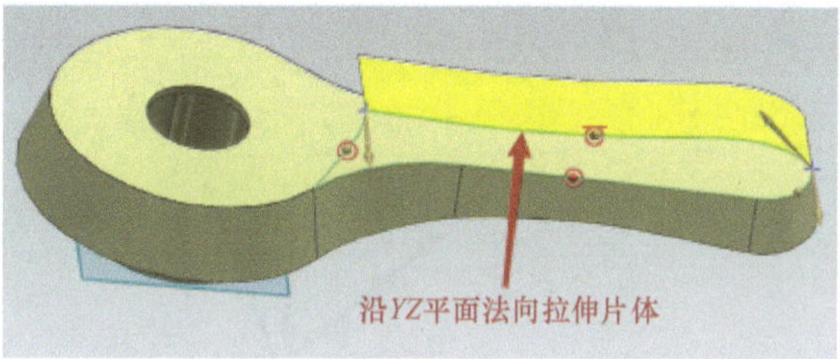

图 6-143　“拉伸 11”

步骤 33　创建“拉伸 12”

依次选择【插入】→【网格曲面】→【通过曲线网格】，先点选【在相交处停止】按钮，【主曲线】【交叉曲线】的选择分别如

图 6-144 中箭头所示（注意选择多条曲线时需要单击【添加新集】)。【连续性】选项中【第一交叉线串】选择 G1（相切)，【选择面】为图 6-143 中形成的“拉伸 11”。

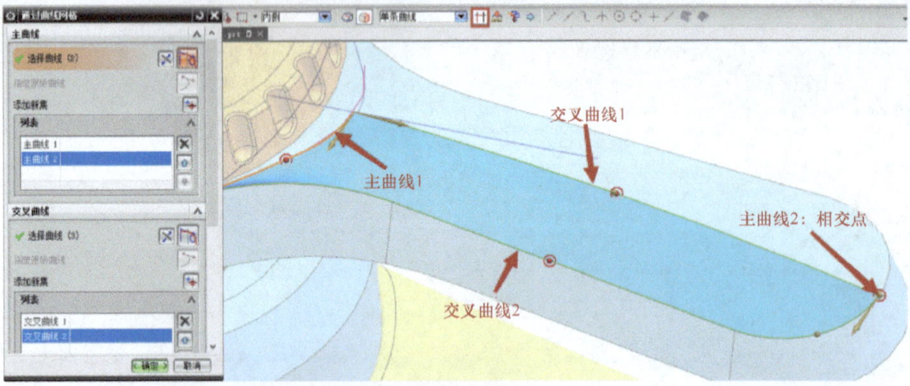

图 6-144　通过曲线网格形成曲面片体

步骤 34　创建“拉伸 13”

依次选择【插入】→【关联复制】→【镜像特征】，“要镜像的特征”选择“拉伸 12”，【镜像平面】选择 *YZ* 平面，形成“拉伸 13”。

步骤 35　创建“拉伸 14”和“拉伸 15”

依次选择【插入】→【曲面】→【填充曲面】，选择图 6-145 中两段圆弧，完成曲面填充，形成“拉伸 14”。依次选择【插入】→【曲面】→【有界平面】，选择图 6-146 中所示片体底部的三条边，形成一个封闭的“拉伸 15”。

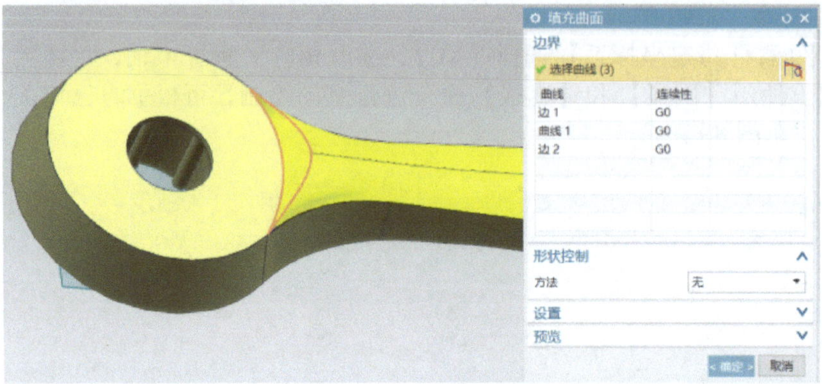

图 6-145　填充曲面

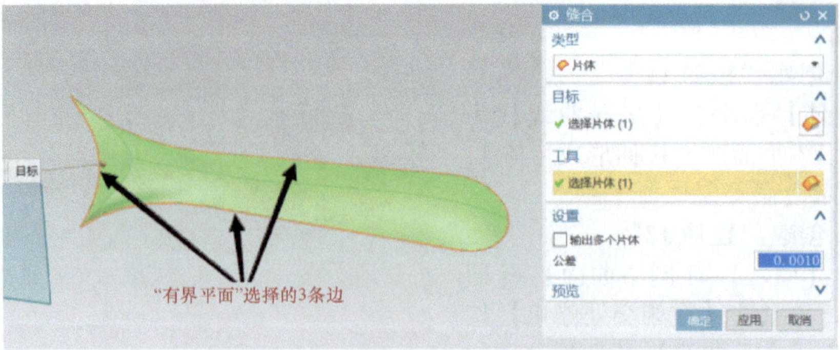

图 6-146　创建有界平面并缝合为实体

步骤 36　缝合操作

依次选择【插入】→【组合】→【缝合】，先后选择步骤 33、34、35 中形成的“拉伸 12”“拉伸 13”“拉伸 14”“拉伸 15”，缝合成一个实体，如图 6-146 所示。

步骤 37　创建“草图 9”

【草图类型】选择【在平面上】，平面选 *XY* 平面，绘制如图 6-147“草图 9”。

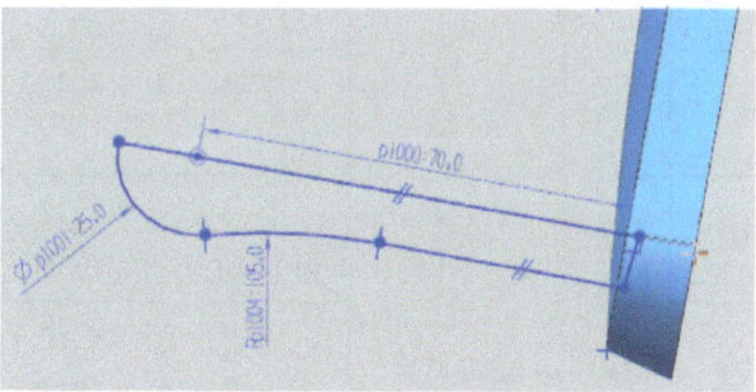

图 6-147　创建“草图 9”

步骤 38　旋转操作

单击【旋转】命令，【选择曲线】为“草图 9”，如图 6-148 所示，旋转 360°，并进行布尔合并。

小结：将所有创建的零部件显示出来，得到最终装配效果图（图 6-149）。多功能切菜器由 5 个部分装配而成。

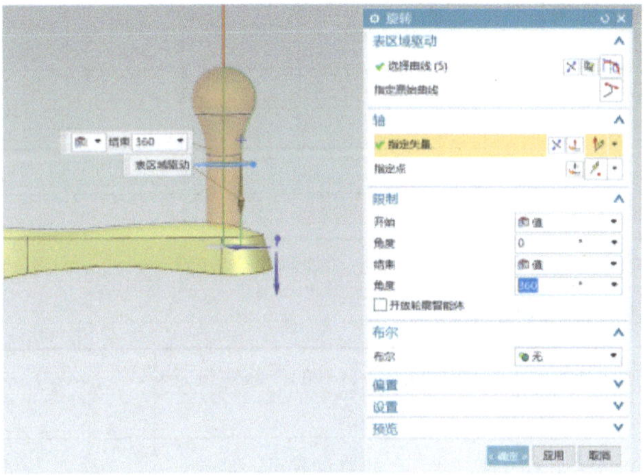

图 6-148　草图旋转

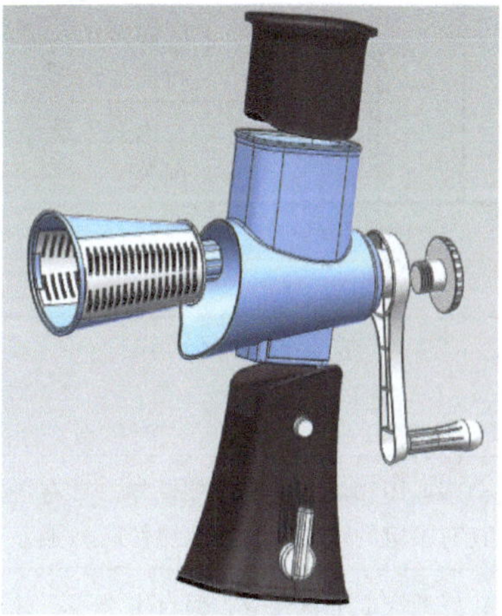

图 6-149　最终装配效果图

【任务评价】

工作任务学习卡见表 6-1，过程性考核评价标准见表 6-2。

表 6-1　工作任务学习卡

序号	考核评价项目		考核内容	学生自评	小组互评	教师总评	分值
1	过程性考核	素质目标	自我管理的能力：能够按照教师的要求自觉完成相关任务				10
2			产品质量意识：能够从整个产品生产过程，考虑问题				5
3			一定的审美力，具有自己的审美判断力				5
4		知识目标	掌握零部件结构特点，进行数字化设计				5
5			掌握根据零部件结构，选择合适的造型方法				15
6			掌握根据 3D 打印机打印参数，选择零部件装配间隙				10

（续）

序号	考核评价项目		考核内容	学生自评	小组互评	教师总评	分值
7	过程性考核	能力目标	能够使用 NX 12.0【草图】命令，绘制零件截面图形				10
8			能够使用 NX 12.0【拉伸】命令，绘制零件图形				10
9			能够使用 NX 12.0【尺寸约束】【几何约束】功能，完成图形的精确绘制				5
10			能够使用 NX 12.0【旋转】【扫掠】等命令，进行零件建模				5
11			能够使用 NX 12.0【替换面】【镜像几何体】【阵列特征】【抽壳】【偏置面】【移除参数】等命令进行零部件绘制				5
12			能够使用 NX 12.0【网格曲面】命令，进行曲面造型				5
13		其他方面	出勤、课堂纪律、回答问题、作业完成情况等				10
小计							—
总评							

注：“总评”成绩计算按照“小计”中“学生自评”的20%，“小组互评”的30%，“教师总评”的50%进行综合计算。

表 6-2　过程性考核评价标准

能合理运用知识点完成考核任务，具有自主学习、独立分析解决问题的能力，良好的产品质量意识，具有一定的审美力，团队协作能力强，有创新意识	A
能较好地完成考核任务，但自主学习、独立分析解决问题能力稍差，具有产品质量意识，具有一定审美力，能很好地与团队成员沟通协作	B
基本完成考核任务，但自主学习、分析问题能力差，与团队成员沟通协作差	C
没有完成知识点的学习和考核工作任务，主观能动性差，与团队成员的沟通协作能力差	D

评价	班级		姓名	
	组号		组长签字	
	教师签字		日期	

任务 2　切菜器手柄模型的切片输出

【学习目标】

素质目标：

（1）具有一定的审美力。

（2）具有自我管理的能力。

（3）具有产品的质量意识。

知识目标：

（1）掌握确定三维模型摆放方向的方法。
（2）掌握切片软件的基本操作。
（3）掌握切片软件参数的基本设置方法。

能力目标：

（1）能够确定不同三维模型的打印方向。
（2）能够添加合理的支撑。
（3）能够利用切片软件完成合理的参数设置。

【任务描述】

按照零件成形要求，使用 Cura 切片软件正确设置打印参数，完成零件切片。要求：设置参数合理，打印时间适合，打印质量满足要求。

【任务分析】

因为本项目任务 1 完成的切菜器手柄模型为立体模型，所以让切菜器手柄底面接触打印板，这样可以减少支撑。打印参数按照实际需求进行设置。

【相关知识】

（1）Cura 软件的使用方法。
（2）Cura 软件参数说明。
（3）切菜器手柄模型的导入。

Cura 软件的使用方法　　**Cura 软件参数说明**

【任务实施】

一、导出切菜器手柄模型 STL 文件

在 NX 12.0 中，依次选择【菜单】→【文件】→【导出】→【STL】，弹出对话框。在对话框中：①选择要导出的对象，这里框选全部实体特征；②选择要导出的路径并命名；③单击【确定】按钮，完成切菜器手柄 STL 文件的导出。

二、导入切菜器手柄模型

步骤 1　将切菜器手柄模型导入切片软件

打开切片软件 Cura，导入模型可选择菜单栏【文件】→读取模型文件或单击右侧 3D 浏览窗口左上角【Load】按钮，在弹出窗口里选择切菜器手柄模型并单击打开。

步骤 2　查看初始进度条信息

在窗口的左上角，有进度条实时显示模型载入情况。导入切菜器手柄模型到切片软件和初始进度条信息如图 6-150 所示。

图 6-150　导入切菜器手柄模型到切片软件和初始进度条信息

步骤 3　多种显示模式

在主窗口右上角，有模型多种显示模式的菜单，如图 6-151 所示。

图 6-151　多种显示模式菜单

各种显示模式效果图如图 6-152 所示。

步骤 4　模型调整

模型调整如图 6-153 所示。

三、主要参数设置

步骤 1　打印质量参数设置（层厚、壁厚、开启回退）

切菜器手柄模型【层厚（mm）】为 0. 15，【壁厚（mm）】为 0. 8，选中【开启回退】，打印质量参数设置如图 6-154 所示。

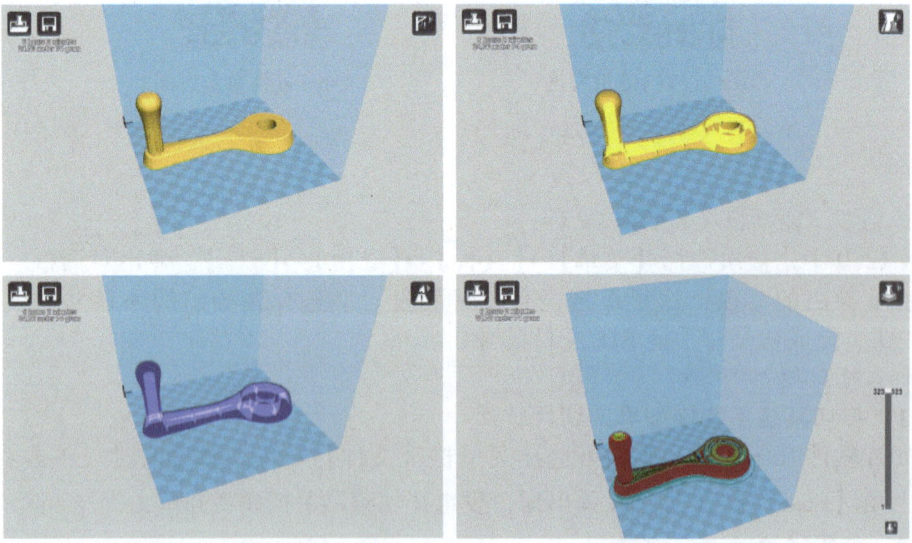

图 6-152　各种显示模式效果图

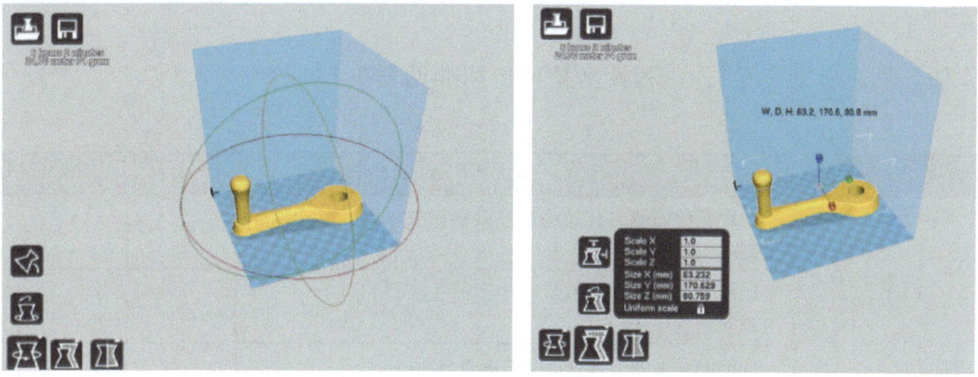

图 6-153　模型调整

步骤 2　填充参数设置（底层/顶层厚度、填充密度）

切菜器手柄模型【底层/顶层厚度（mm）】为 0.75，【填充密度（%）】为 50，填充参数设置如图 6-155 所示。

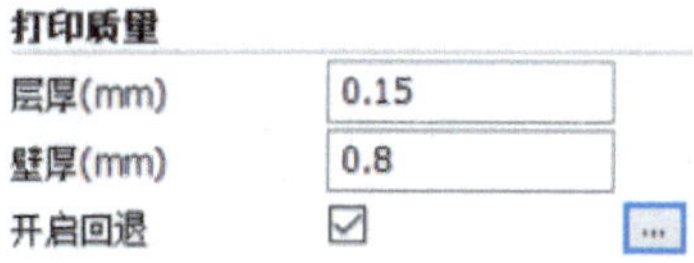

图 6-154　打印质量参数设置

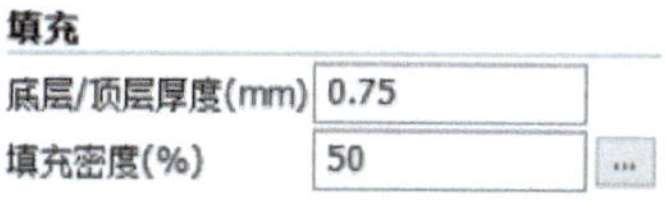

图 6-155　填充参数设置

步骤 3　速度和温度参数设置（打印速度、打印温度、热床温度）

切菜器手柄模型【打印速度（mm/s）】为 60，【打印温度（C）】为 210，【热床温度】为 70，速度和温度参数设置如图 6-156 所示。

步骤 4　支撑参数设置（支撑类型和粘附平台）

切菜器手柄模型【支撑类型】选择【所有悬空】，【粘附平台】选择【沿边】，支撑参数设置如图 6-157 所示。

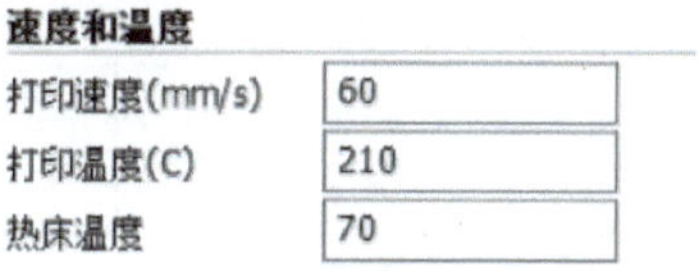

图 6-156　速度和温度参数设置

图 6-157　支撑参数设置

步骤 5　打印材料参数设置（直径、流量和喷嘴孔径）

切菜器手柄模型【直径（mm）】为 1.75，【流量（%）】为 100.0，【喷嘴孔径】为 0.4，打印材料参数设置如图 6-158 所示。

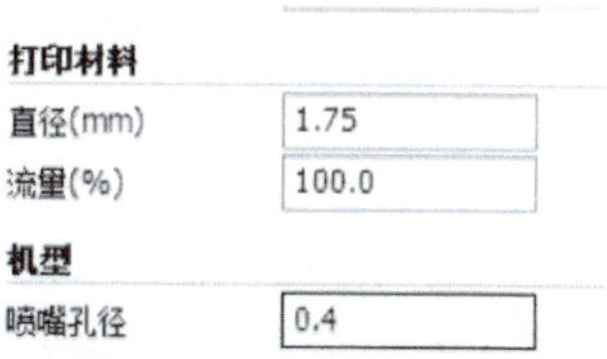

图 6-158　打印材料参数设置

四、输出 G-code 文件

切菜器手柄模型摆放姿态调整好、参数设置完成之后，就可以导出 G-code 文件了。选择菜单栏【文件】→【SaveGcode】，在弹出对话框中选择保存的路径，输入文件的名字，单击【确定】按钮，打印文件输出完毕。

【任务评价】

工作任务学习卡见表6-3，过程性考核评价标准见表6-4。

表6-3 工作任务学习卡

序号	考核评价项目		考核内容	学生自评	小组互评	教师总评	分值
1	过程性考核	素质目标	自我管理的能力：能够按照教师的要求自觉完成相关任务				10
2			产品质量意识：能够从整个产品生产过程考虑问题				5
3			一定的审美力，具有自己的审美判断力				5
4		知识目标	掌握确定三维模型摆放方向的方法				5
5			掌握切片软件参数的基本设置				25
6		能力目标	能够确定不同的三维模型打印方向				10
7			能够添加适当的支撑				10
8			能够利用切片软件完成合理的参数设置				20
9		其他方面	能够利用切片软件完成对三维模型的基本操作				10
小计							—
总评							

注：“总评”成绩计算按照“小计”中“学生自评”的20%，“小组互评”的30%，“教师总评”的50%进行综合计算。

表6-4 过程性考核评价标准

能合理运用知识点完成考核任务，具有自主学习、独立分析解决问题的能力，良好的产品质量意识，具有一定的审美力，团队协作能力强，有创新意识				A
能较好地完成考核任务，但自主学习、独立分析解决问题能力稍差，具有产品质量意识，具有一定审美力，团队成员沟通协作				B
基本完成考核任务，但自主学习、分析问题能力差，与团队成员沟通协作差				C
没有完成知识点的学习和考核工作任务，主观能动性差，与团队成员的沟通协作能力差				D
评价	班级		姓名	
	组号		组长签字	
	教师签字		日期	

任务3 切菜器手柄模型打印及后处理

【学习目标】

素质目标：

（1）具有一定的任务分析能力。

（2）具有自我管理的能力。

（3）具有产品的质量意识。

知识目标：

（1）掌握3D打印机的开关方法。

（2）掌握使用3D打印机导入打印数据的方法。

能力目标：

（1）能完成打印任务前的打印机调试工作。

（2）能够使用3D打印机，完成模型的3D打印工作。

（3）能够完成打印完毕模型的后处理工作。

（4）能够完成部件的组装工作。

【任务描述】

在之前的任务环节，已经完成了切菜器手柄模型设计工作，并在3D打印机配套的切片软件中完成了切菜器手柄模型的切片工作，本任务环节将进行实践打印。通过学习讨论，完成工作任务，并填写工作任务学习卡。

将之前任务完成切片的数据文件，导入3D打印机中，完成模型的3D打印工作。在模型打印之后，还需要进行后处理及部件组装。

【任务分析】

本任务给出一款切菜器手柄模型数据，并已经完成切片。本环节中，需要学习如何完成3D打印机的开关机、打印前的调试、切片数据文件导入打印机、打印件后处理、零部件装配等工作。打印中，还需要观察打印情况，适时调整打印机的参数设置，以保证模型高效完美地打印。

【任务实施】

一、模型3D打印

步骤1　开机检查设备

在打印之前，首先需要开机检查设备。打开3D打印机电源，待设备开机运行准备完毕后，首先根据打印机找到 X、Y、Z 轴回原点界面，将三轴回原点。过程中要注意打印机能否平稳运行，有无卡顿、异响或不能回到原点等异常问题。三轴回归原点后，根据打印机型号、打印件的难易程度等，决定是否需要涂抹打印机底面固定胶。

步骤2　切片数据文件导入

将之前完成任务获得的切片数据文件，导入3D打印机。

步骤3　打印并取出模型

在打印机执行打印程序后，需要观察打印机运行是否正常，打印程序执行是否正确，有无堵头、乱丝等现象，若有需要则马上采取解决措施，否则无法完成打印工作。直至打印机完成模型的打印，本任务中仅展示切菜器手柄模型的打印。完成后将模型取出，关闭打印机并清理。

二、打印件的后处理

步骤1　取出支撑

使用工具（铲刀、钳子等），先去除底垫等大块支撑。拆除支撑过程中需要注意安全，避免划伤，必要时可戴手套操作。

步骤2　打磨

使用工具拆除支撑，不可避免地会发生拆除不净、划痕等问题，需要再使用砂纸打磨。

步骤 3　装配

按照上面的流程，将所有打印好的模型后处理后装配即可。

【任务评价】

工作任务学习卡见表 6-5，过程性考核评价标准见表 6-6。

表 6-5　工作任务学习卡

<table>
<tr><th>序号</th><th colspan="2">考核评价项目</th><th>考核内容</th><th>学生自评</th><th>小组互评</th><th>教师总评</th><th>分值</th></tr>
<tr><td>1</td><td rowspan="9">过程性考核</td><td rowspan="3">素质目标</td><td>自我管理的能力：能够按照教师的要求自觉完成相关任务</td><td></td><td></td><td></td><td>10</td></tr>
<tr><td>2</td><td>产品质量意识：能够从整个产品生产过程考虑问题</td><td></td><td></td><td></td><td>5</td></tr>
<tr><td>3</td><td>一定的审美力，具有自己的审美判断力</td><td></td><td></td><td></td><td>5</td></tr>
<tr><td>4</td><td rowspan="2">知识目标</td><td>掌握 3D 打印机的开关方法</td><td></td><td></td><td></td><td>5</td></tr>
<tr><td>5</td><td>掌握 3D 打印机导入打印数据的方法</td><td></td><td></td><td></td><td>25</td></tr>
<tr><td>6</td><td rowspan="3">能力目标</td><td>能完成打印任务前的打印机调试工作</td><td></td><td></td><td></td><td>15</td></tr>
<tr><td>7</td><td>能够使用 3D 打印机，完成模型的 3D 打印工作</td><td></td><td></td><td></td><td>15</td></tr>
<tr><td>8</td><td>能够完成打印完毕模型的后处理工作</td><td></td><td></td><td></td><td>10</td></tr>
<tr><td>9</td><td>其他方面</td><td>能够完成部件的组装工作</td><td></td><td></td><td></td><td>10</td></tr>
<tr><td colspan="4">小计</td><td></td><td></td><td></td><td>—</td></tr>
<tr><td colspan="4">总评</td><td colspan="4"></td></tr>
</table>

注：“总评”成绩计算按照“小计”中“学生自评”的 20%，“小组互评”的 30%，“教师总评”的 50%进行综合计算。

表 6-6　过程性考核评价标准

<table>
<tr><td colspan="4">能合理运用知识点完成考核任务，具有自主学习、独立分析解决问题的能力，良好的产品质量意识，具有一定的任务分析能力，团队协作能力强，有创新意识</td><td>A</td></tr>
<tr><td colspan="4">能较好地完成考核任务，但自主学习、独立分析解决问题能力稍差，具有产品质量意识，具有一定任务分析能力，能很好地与团队成员沟通协作</td><td>B</td></tr>
<tr><td colspan="4">基本完成考核任务，但自主学习、分析问题能力差，与团队成员沟通协作差</td><td>C</td></tr>
<tr><td colspan="4">没有完成知识点的学习和考核工作任务，主观能动性差，与团队成员的沟通协作能力差</td><td>D</td></tr>
<tr><td rowspan="3">评价</td><td>班级</td><td></td><td>姓名</td><td></td></tr>
<tr><td>组号</td><td></td><td>组长签字</td><td></td></tr>
<tr><td>教师签字</td><td></td><td>日期</td><td></td></tr>
</table>

【知识广角】

新一代载人飞船试验船上搭载了一台“3D 打印机”——我国自主研制的“复合材料空间 3D 打印系统”，这是我国首次在太空中开展 3D 打印实验，也是国际上第一次在太空中开展连续纤维增强复合材料的 3D 打印实验。科研人员将这台“3D 打印机”安装在了试验船返回舱中，该系统在飞行期间自主完成了连续纤维增强复合材料的样件打印，并验证了微重力环境下复合材料 3D 打印的科学实验目标。连续纤维增强复合材料是当前国内外航天器结构的主要材料，其密度低、强度高。开展复合材料空间 3D 打印技术研究，对于未来空间站长期在轨运行、发展空间超大型结构在轨制造具有重要意义。

【COMET 职业能力测评】

COMET 职业能力测评评价表见表 6-7。

表 6-7　COMET 职业能力测评评价表

一级能力	二级能力	序号	考核内容评分项说明	完全不符	基本不符	基本符合	完全符合
功能性能力	直观性	1	是否与专业规范或技术标准相符合？				
	功能性	2	是否满足功能性要求？				
		3	是否达到“技术先进水平”？				
		4	是否可以实施？				
过程性能力	使用价值导向	5	是否考虑到功能扩展的可能性？				
		6	对于使用者来说，设计方案是否方便、易于使用？				
		7	是否具有使用价值？				
	经济性	8	实施设计方案的成本是否较低？				
	工作过程导向	9	是否考虑到生产流程？				
		10	是否考虑到超出本职工作范围内容？				
设计能力	社会接受度	11	多大程度上考虑到人性化设计？				
		12	是否考虑到健康保护方面？				
		13	是否考虑到人体工程学方面设计？				
	环保性	14	是否考虑到所用材料是否符合环境可持续发展？				
		15	是否考虑到节能和能量效率的控制？				

项目7　手摇转笔刀一体化设计

任务1　创建手摇转笔刀模型特征

【学习目标】

素质目标：

（1）具有一定的审美力。

（2）具有自我管理的能力。

（3）具有产品的质量意识。

知识目标：

（1）掌握零部件的结构特点，进行数字化设计。

（2）掌握根据零部件的结构，选择合适的造型方法的操作。

（3）掌握根据3D打印机的打印参数，选择零部件装配间隙的方法。

能力目标：

（1）能够使用NX 12.0【草图】命令，绘制零件截面图形。

（2）能够使用NX 12.0【拉伸】命令，绘制零件图形。

（3）能够使用NX 12.0【边倒圆】命令，进行零件倒圆角。

（4）能够使用NX 12.0【旋转】命令，绘制零件外形。

（5）能够使用NX 12.0【减去】命令，进行零件编辑。

（6）能够使用NX 12.0【镜像】命令，进行零件镜像。

（7）能够使用NX 12.0【阵列特征】命令，创建零件阵列特征。

【任务描述】

根据市场上大多数手摇转笔刀尺寸，设计出一款大人、适龄儿童都可使用的手摇转笔刀，要求体积适当，可以连续旋转；结构简单，外观较好，操作方便；稳定性好，强度足够，能削铅笔。通过学习讨论，完成工作任务，并填写工作任务学习卡。

设计的手摇转笔刀由主壳体、固定板、定位板、拨动板、前盖、紧固齿、笔屑盒、手柄、刀芯、旋转轮一体化零件等组成。本任务根据零部件结构选择合适的造型方法，绘制出数字模型，进行一体化设计，并根据3D打印机打印参数，选择合适的装配间隙。

【任务分析】

本任务要求设计的手摇转笔刀，主要应用了旋转机构、卡槽机构。设计时应考虑一体化设计，手柄刀芯转轮一体化零件结构具有旋转固定、手柄旋转、刀芯切削等功能。整个结构能够完成刀芯把手连续旋转，实现削铅笔功能，做到结构简单，操作方便，稳定性好。根据设计思路，选择了 NX 12.0 造型软件及拉伸造型方法，绘制出数字模型，根据所使用的 3D 打印机参数，选择合适的装配间隙。

【相关知识】

(1) NX 12.0【拉伸】命令的使用方法。
(2) FDM 型 3D 打印机打印参数说明。
(3) 识读手摇转笔刀模型图样。

【任务实施】

手摇转笔刀-工程图

这里仅介绍手摇转笔刀主体建模的过程。

步骤 1　创建“草图 1”

单击快捷菜单上的【草图】命令，【草图类型】选择【在平面上】，【平面方法】选择【自动判断】，选择 *XY* 平面如图 7-1 所示，然后单击【确定】按钮，进入草图编辑模式，单击【草图】工具【矩形】命令绘制长 73mm、宽 45mm 的矩形轮廓线，矩形的顶边距离 *X* 轴 26mm，利用【快速尺寸】命令标注相应的尺寸以约束草图，利用【设为对称】命令，使矩形的左、右两侧边线相对于 *Y* 轴对称，如图 7-2 所示，然后单击【完成草图】命令，退出草图绘制。

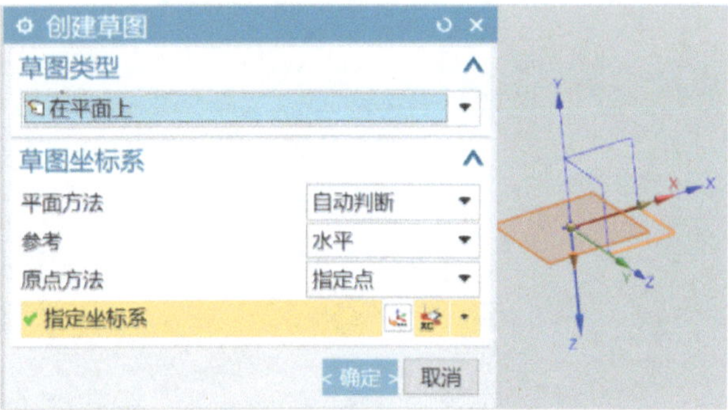

图 7-1　选择草图平面

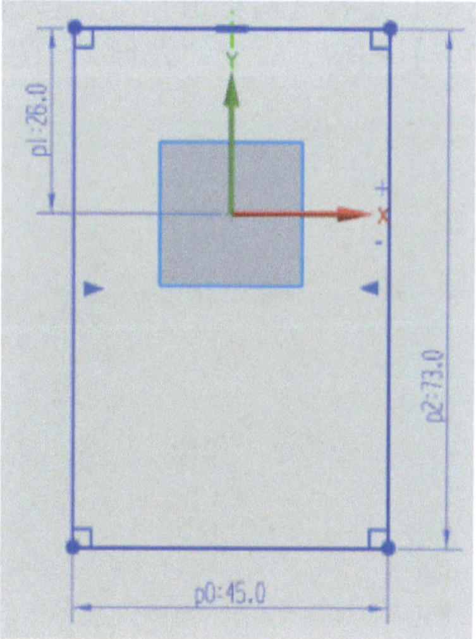

图 7-2　“草图 1”（部分）

步骤 2　创建“拉伸 1”

单击快捷菜单上的【拉伸】命令，【选择曲线】为“草图 1”，【方向】选择平面法向，【开始】和【结束】选择【值】，【距离】分别为 0mm 和 47mm，【布尔】选择【无】，其他默认设置。单击【确定】按钮，完成“拉伸 1”的创建，如图 7-3 所示。

步骤 3　创建“草图 2”

单击快捷菜单上的【草图】命令，【草图类型】选择【在平面上】，【平面方法】选择现有平面，选择 *YZ* 平面，如图 7-4 所示。然后单击【确定】按钮，进入草图编辑模式，利用【草图】工具【直线】命令绘制右侧轮廓线，利用【快速尺寸】命令标注相应的尺寸以约束草图，如图 7-5 所示。再使用【草图】工具【快速修剪】命令对多余线段进行修剪，使整个草图成为一个封闭的轮廓，然后单击【完成草图】命令，退出草图绘制。

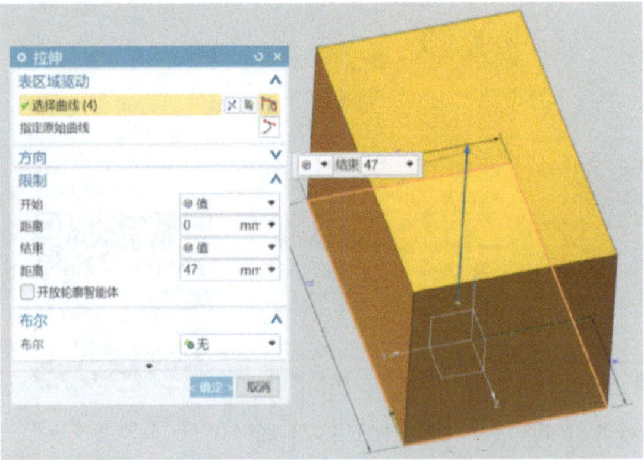

图 7-3　“拉伸 1”

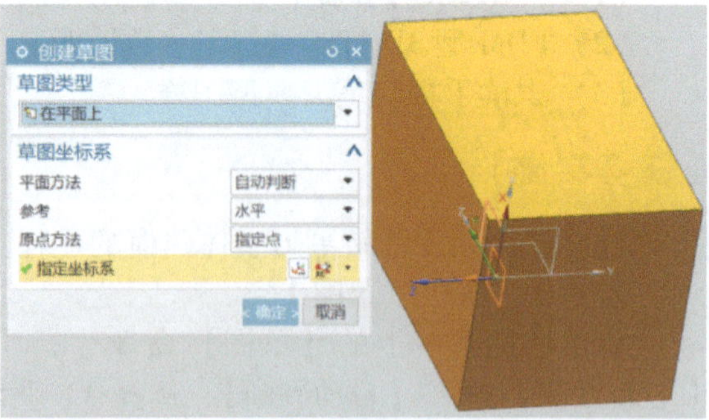

图 7-4　选择草图平面

步骤 4　创建“拉伸 2”

单击快捷菜单上的【拉伸】命令，【选择曲线】为“草图 2”，【方向】选择平面法向，【结束】选择【对称值】，【距离】为 26mm，【布尔】选择【减去】，其他默认设置，单击【确定】按钮，完成“拉伸 2”的创建，如图 7-6 所示。

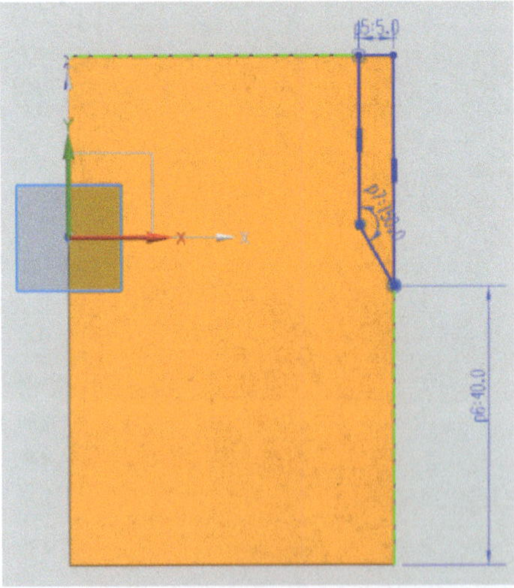

图 7-5　“草图 2”

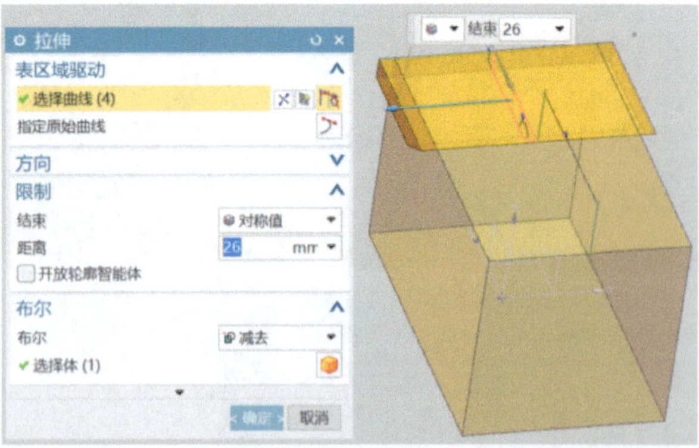

图 7-6　“拉伸 2”

步骤 5　边倒圆操作

单击快捷菜单上的【边倒圆】命令，【连续性】选择【G1（相切）】，选择需倒圆角的边，如图 7-7 所示，【形状】选择【圆形】，【半径 1】为 15mm，单击鼠标中键确认；重复【边倒圆】命令，选择需倒圆角的边，如图 7-8 所示，【半径 1】为 10mm，单击鼠标中键确认；继续使用【边倒圆】命令，选择需倒圆角的 4 条边，【半径 1】选择 5mm，单击鼠标中键确认，如图 7-9 所示。

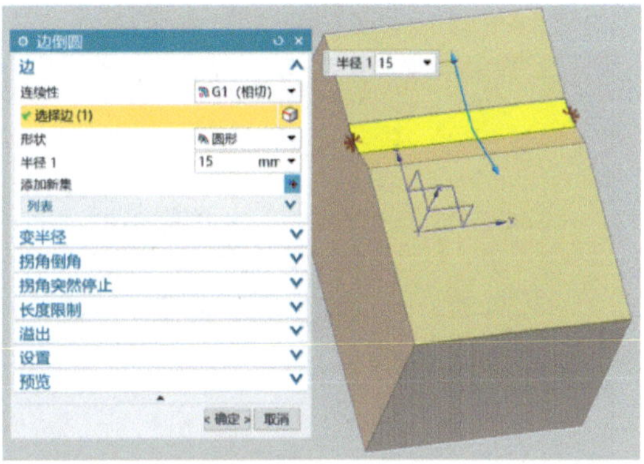

图 7-7　边倒圆 1

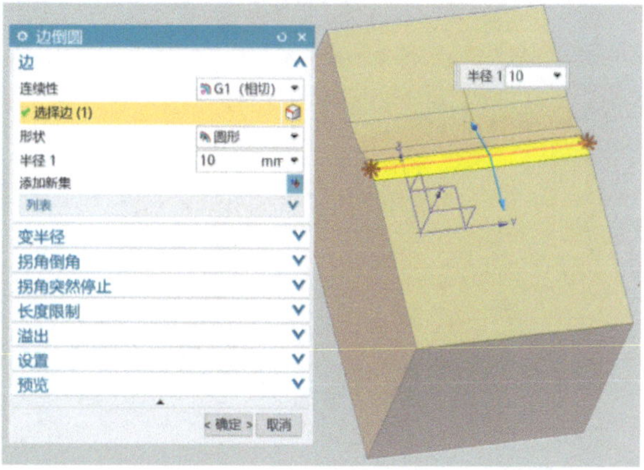

图 7-8　边倒圆 2

步骤 6　抽壳操作

单击快捷菜单上的【抽壳】命令，【类型】选择【移除面，然后抽壳】，选择主体模型上表面，【厚度】为 2，单击鼠标中键确认，如图 7-10 所示。

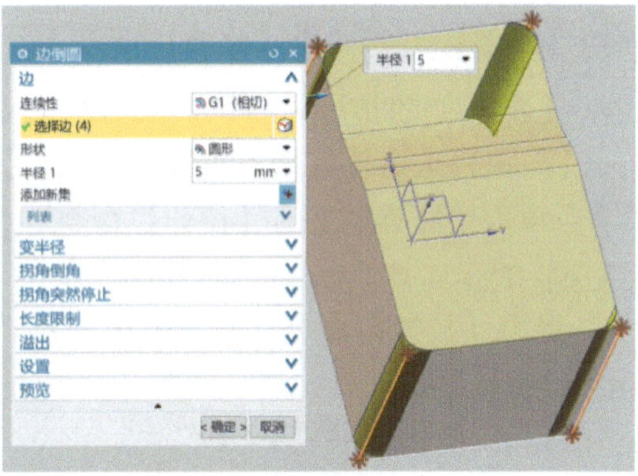

图 7-9　边倒圆 3

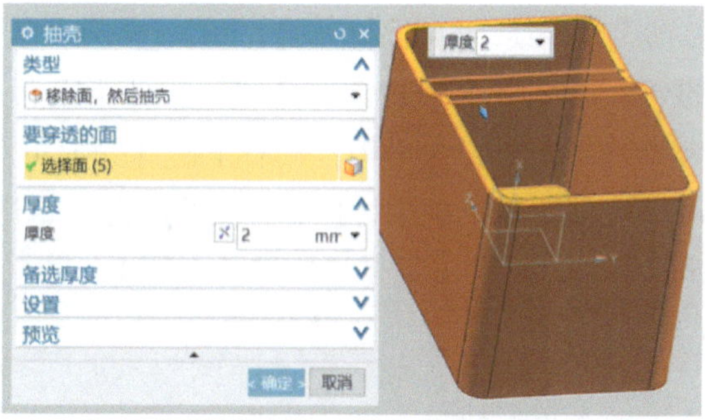

图 7-10　抽壳

步骤 7　创建“草图 3”和“拉伸 3”

单击快捷菜单上的【草图】绘制，【草图类型】选择【在平面上】，【平面方法】选择现有平面，选择 *XY* 平面，然后单击【确定】按钮，进入草图编辑模式，利用【草图】工具【圆】命令○，以坐标系原点为圆心，利用【快速尺寸】命令标注相应的直径尺寸 32mm，如图 7-11 所示，然后单击【完成草图】命令，退出草图绘制；单击快捷菜单上的【拉伸】命令，【限制-结束-距离】为 4mm，【布尔】选择【合并】，单击鼠标中键，退出【拉伸】命令，如图 7-12 所示。

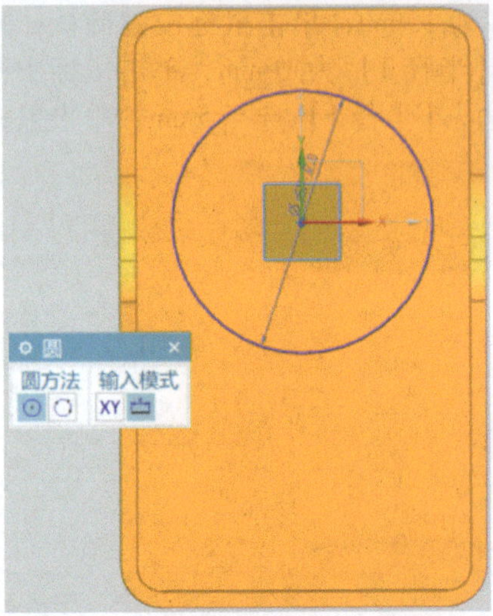

图 7-11 “草图 3”

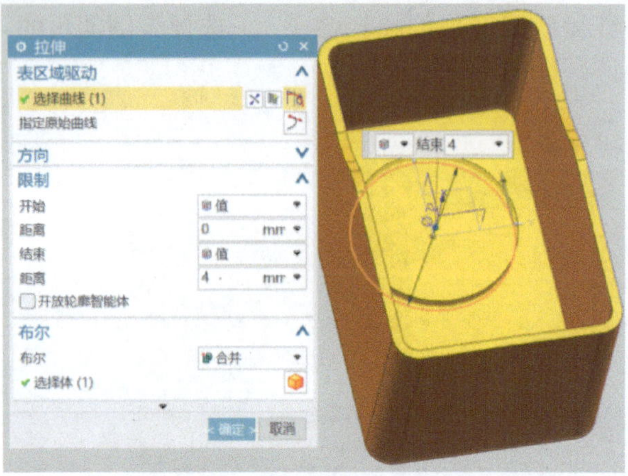

图 7-12 “拉伸 3”

步骤 8　创建“草图 4”和“拉伸 4”

单击快捷菜单上的【草图】命令，【草图类型】选择【在平面上】，【平面方法】选择现有平面，选择 *XY* 平面，然后单击【确定】按钮，进入草图编辑模式，利用【草图】工具【圆】命令○，以坐标系原点为圆心，利用【快速尺寸】命令标注相应的直径为 29mm，再次利用【草图】工具【圆】命令○，绘制直径为 32mm 的圆。利用【草图】工具【直线】命令自圆心绘制射线，利用【快速尺寸】命令标注射线与 *X* 轴的角度为 45°。利用【草图】工具【偏置曲线】命令，向两边各偏置 2.5mm；利用【草图】工具【快速修剪】命令，修剪多余曲线。单击【草图】工具【阵列曲线】命令，【要阵列的曲线】选择如图 7-13 所示的 3 条曲线，【布局】选择【圆形】，【指定点】为圆心，【间距】选择【数量和间隔】，【数量】为 2，【节距角】为 180°，然后单击【完成草图】命令；单击快捷菜单上的【拉伸】命令，在【拉伸】对话框中，【选择曲线】为“草图 4”，【限制-开始-距离】为 0mm，【限制-结束-距离】为 5mm，【布尔】选择【减去】，单击鼠标中键，退出【拉伸】命令，如图 7-14 所示。

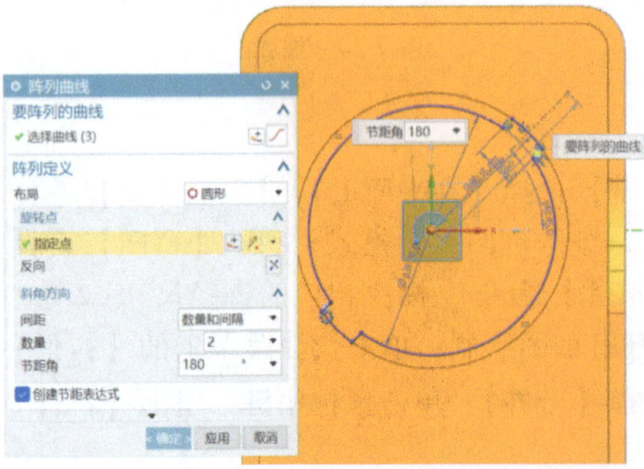

图 7-13 “草图 4”

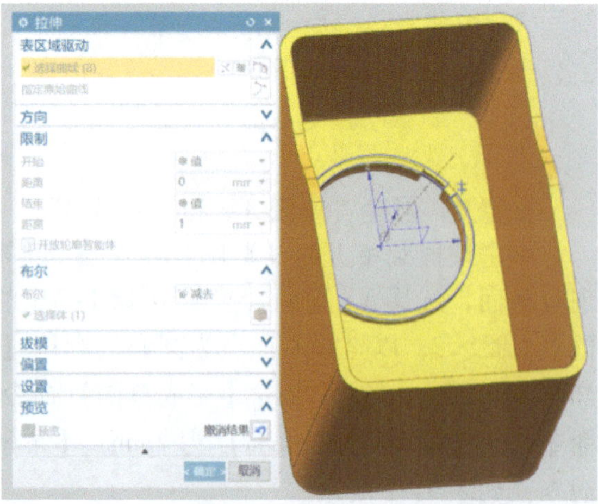

图 7-14 “拉伸 4”

步骤 9　创建“草图 5”和“拉伸 5”

单击快捷菜单上的【草图】命令，【草图类型】选择【在平面上】，【平面方法】选择【自动判断】，【指定平面】为凸台上表面，如图 7-15 所示【参考】选择【水平】，选择朝右箭头，草图原点指定圆心点，然后单击【确定】按钮，进入草图编辑模式，利用【草图】工具【圆】命令○，以坐标系原点为圆心，利用【快速尺寸】命令标注相应的直径尺寸为 29mm。利用【草图】工具【投影曲线】命令，【要投影的对象】选择外圆，单击鼠标中键，退出【投影曲线】对话框。利用【草图】工具【直线】命令自圆心绘制射线，利用【快速尺寸】命令标注射线与 X 轴的角度为 28°。利用【草图】工具【阵列曲线】命令，【要阵列的曲线】选择绘制的曲线和射线，【布局】选择【圆形】，【指定点】为圆心，【间距】为【数量和间隔】，【数量】为【2】，【节距角】为 180°，然后单击【确定】按钮，利用【草图】工具【快速修剪】命令，修剪多余曲线，如图 7-16 所示，然后单击【完成草图】命令。

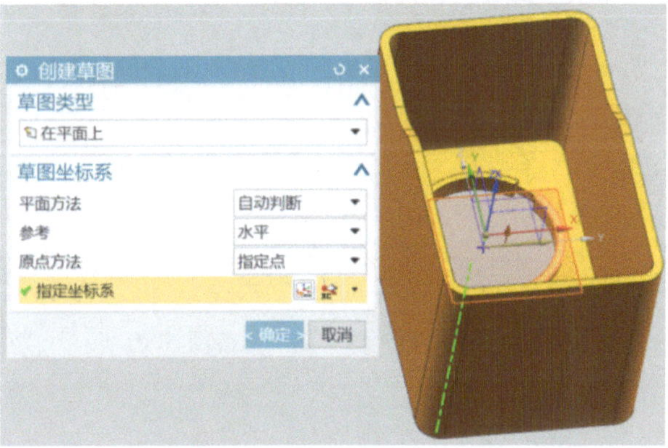

图 7-15　选择凸台上表面

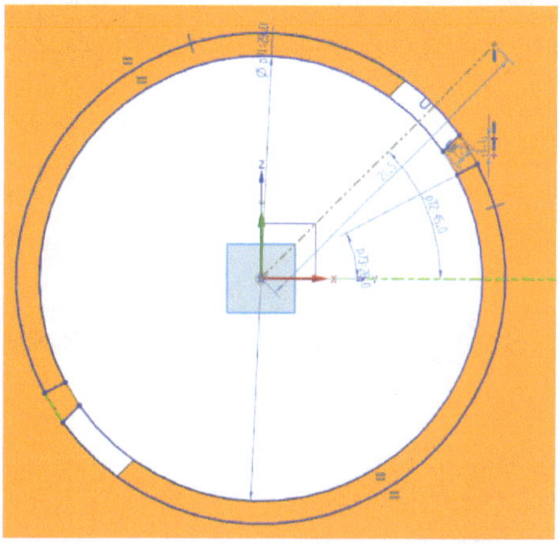

图 7-16　“草图 5”

单击快捷菜单上的【拉伸】命令，在【拉伸】对话框中，【选择曲线】为“草图 5”，【限制-开始距离】为 0mm，【限制-结束-距离】为 1mm，【布尔】选择【减去】，如图 7-17 所示，单击鼠标中键，退出【拉伸】命令，完成“拉伸 5”的创建，如图 7-18 所示。

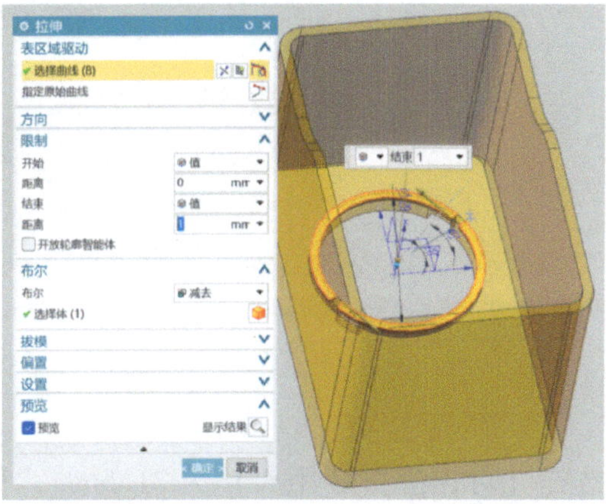

图 7-17　“拉伸 5”参数设置

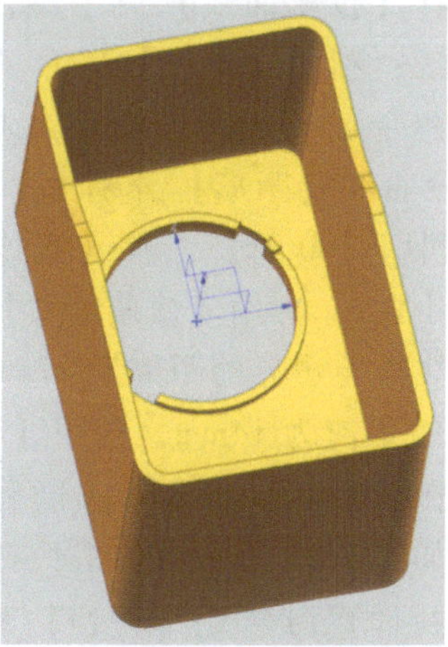

图 7-18　“拉伸 5”

步骤 10　创建“草图 6”和“拉伸 6”

单击【创建草图】命令，选择如图 7-19 所示的零件表面，其他默认设置，单击【确定】按钮，进入草图编辑模式，利用【草图】工具【偏置曲线】命令，向外偏置最大外轮廓线，【距离】为 1mm，其他默认设置，如图 7-20 所示。单击快捷菜单上的【拉伸】命令，【开始】和【结束】选择【值】，【距离】分别为 0mm 和 2mm，【布尔】选择【减去】，其他默认设置，单击【确定】，完成“拉伸 6”的创建，如图 7-21 所示。

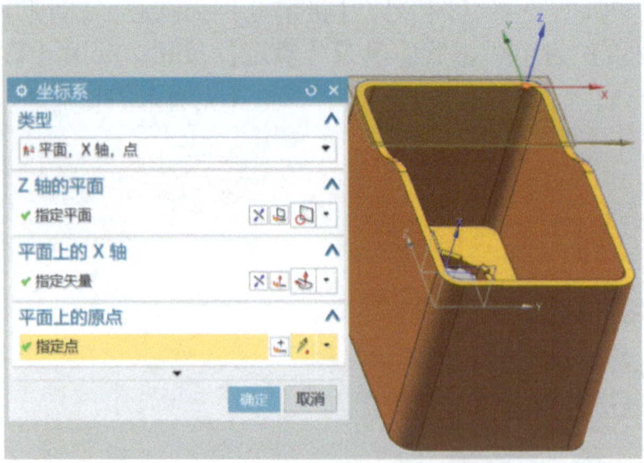

图 7-19　选择草图平面

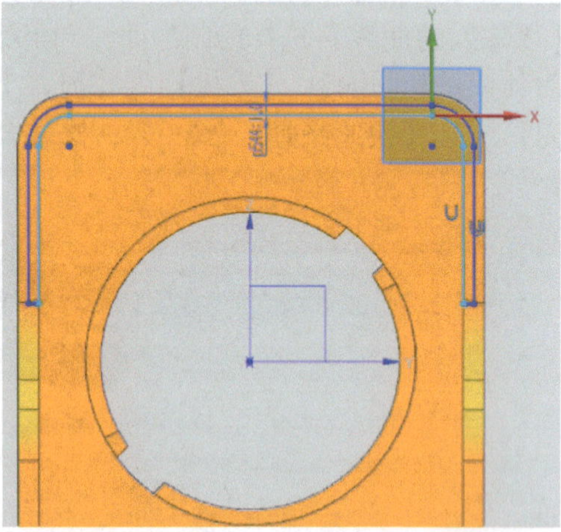

图 7-20　“草图 6”

步骤 11　创建“草图 7”和“拉伸 7”

单击【创建草图】命令，选择如图 7-22 所示的 *XZ* 平面，【参考】选择【竖直】，其他默认设置，单击【确定】按钮，进入草图编辑模式，利用【草图】工具【投影曲线】命令，投影选取曲线；利用【草图】工具【偏置曲线】命令，向外偏置最大外轮廓线，2 段曲线【距离】分别为 2mm 和 5mm，利用【草图】工具【直线】命令绘制线段，利用【快速尺寸】命令标注线段与边界的距离为 27mm，线段之间的距离为 14mm，利用【草图】工具【快速修剪】命令，修剪多余曲线，如图 7-23 所示，单击快捷菜单上的【拉伸】命令，【开始】和【结束】选择【对称值】，【距离】为 21.5mm，【布尔】选择【减去】，其他默认设置，单击【确定】按钮，完成“拉伸 7”的创建，如图 7-24 所示。

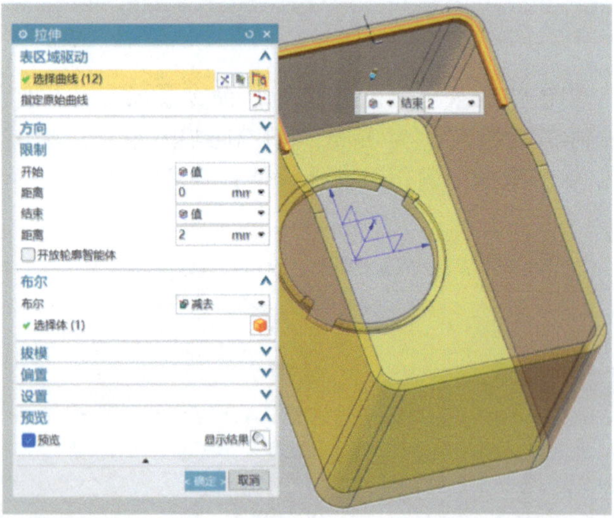

图 7-21　“拉伸 6”

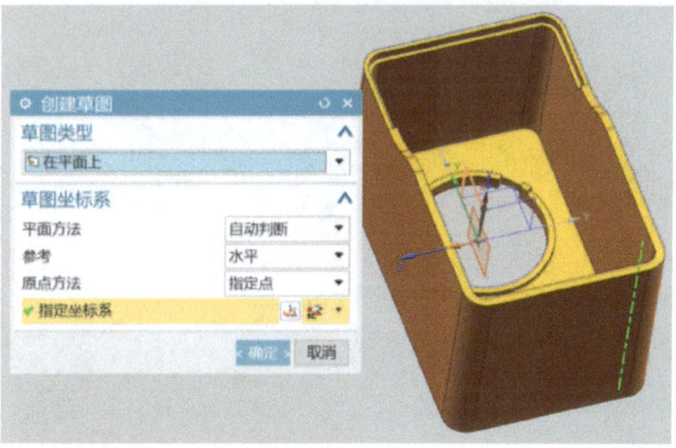

图 7-22　选择草图平面

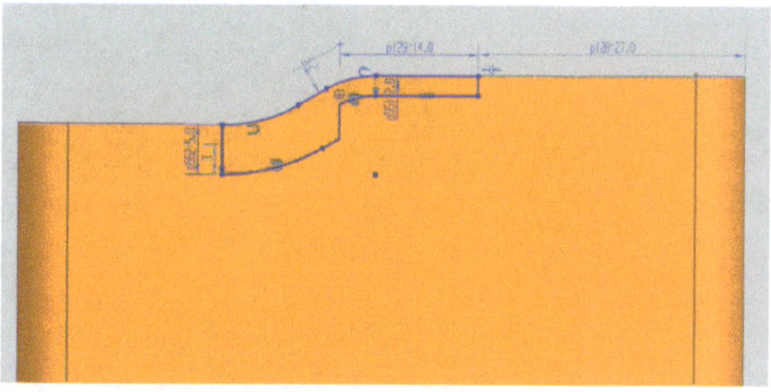

图 7-23　“草图 7”

步骤 12　创建“草图 8”和“拉伸 8”

单击【创建草图】命令，选择 *XY* 平面，其他默认设置，单击【确定】按钮，进入草图编辑模式，利用【草图】工具【圆】命令○，以坐标系原点为圆心，利用【快速尺寸】命令标注相应的直径尺寸为 10mm，利用【镜像】命令将绘制的圆相对于 *Y* 轴进行镜像，利用【快速尺寸】命令标注 2 个圆的圆心之间的距离为 29mm，圆心距离 *X* 轴的距离为 18mm，如图 7-25 所示。单击快捷菜单上的【拉伸】命令，【开始】和【结束】都选择【值】，【距离】分别设置为 0mm 和 39mm，【布尔】选择【合并】，其他默认设置，单击【确定】按钮，完成“拉伸 8”的创建，如图 7-26 所示。

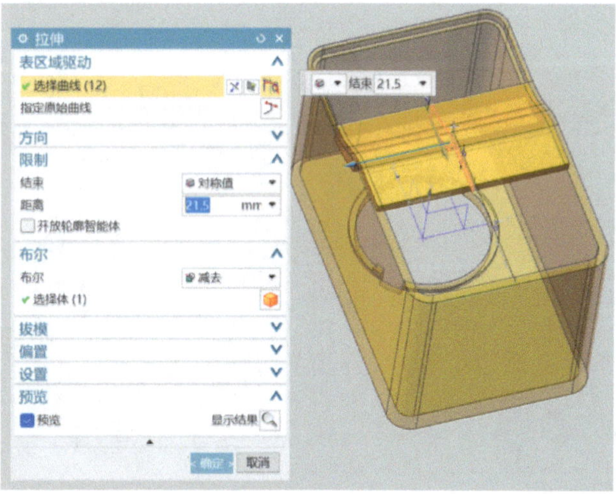

图 7-24　“拉伸 7”

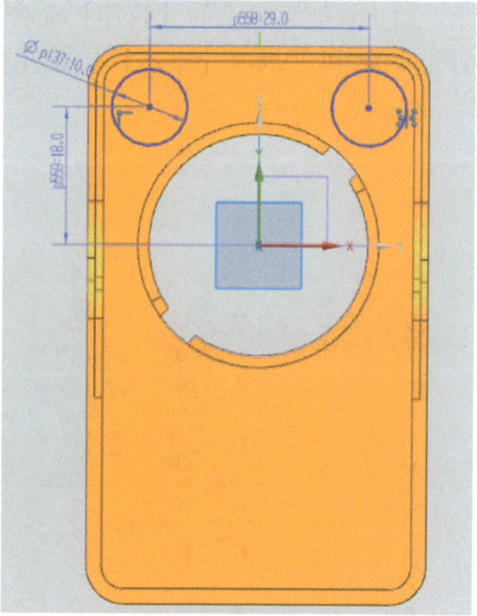

图 7-25　“草图 8”

步骤 13　创建孔特征

单击快捷菜单上的【孔】命令，【指定点】选择 2 个圆柱中心，【直径】为 8mm，【深度限制】选择【贯通体】，【布尔】选择【减去】，其他默认设置，单击【确定】按钮，完成孔特征的创建，如图 7-27 所示。

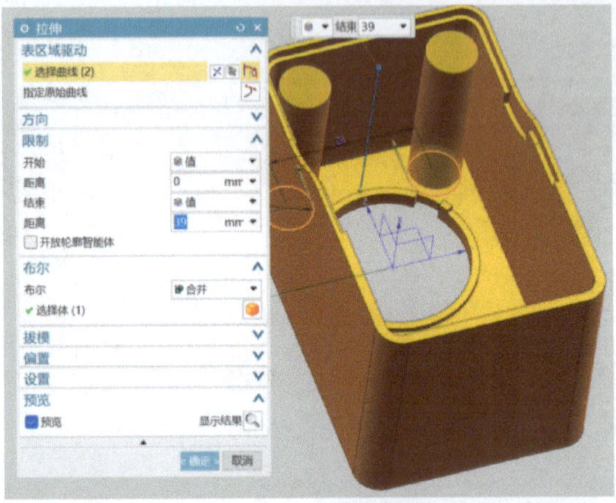

图 7-26 “拉伸 8”

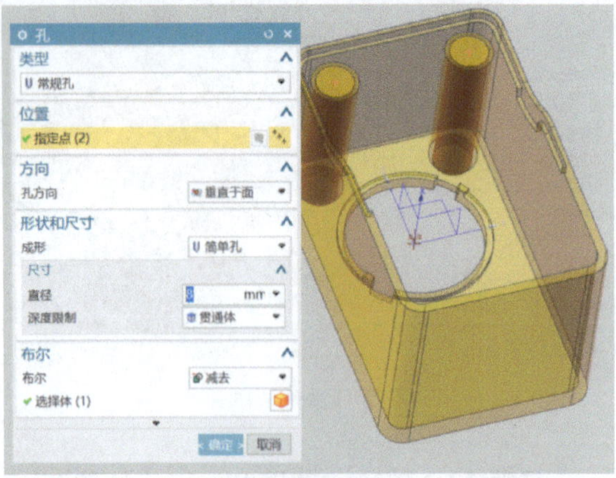

图 7-27 孔特征

步骤 14 创建“草图 9”和“拉伸 9”

单击【创建草图】命令，选择 *XY* 平面，其他默认设置，单击【确定】按钮，进入草图编辑模式，利用【草图】工具【圆】命令○，以坐标系原点为圆心，利用【快速尺寸】命令标注相应的直径尺寸为 8mm，利用【几何约束】命令，选择【点在直线上】，将圆心与 *Y* 轴重合，利用【快速尺寸】命令标注圆心与坐标 *X* 轴之间的距离为 42mm，如图 7-28 所示。单击快捷菜单上的【拉伸】命令，【开始】和【结束】都选择【值】，【距离】分别设置为 0mm 和 39mm，【布尔】选择【合并】，其他默认设置，单击【确定】按钮，完成“拉伸 9”的创建，如图 7-29 所示。

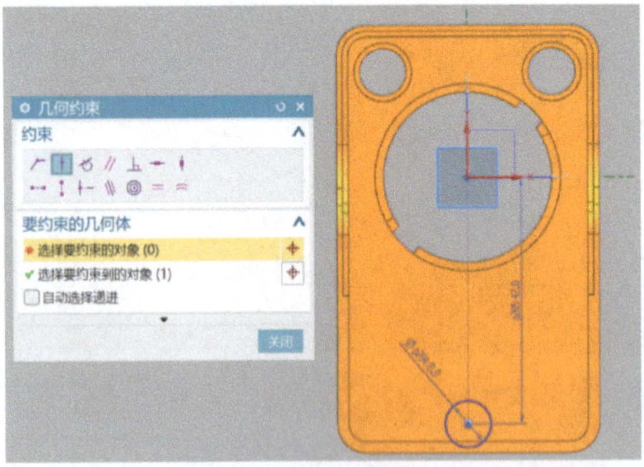

图 7-28 “草图 9”

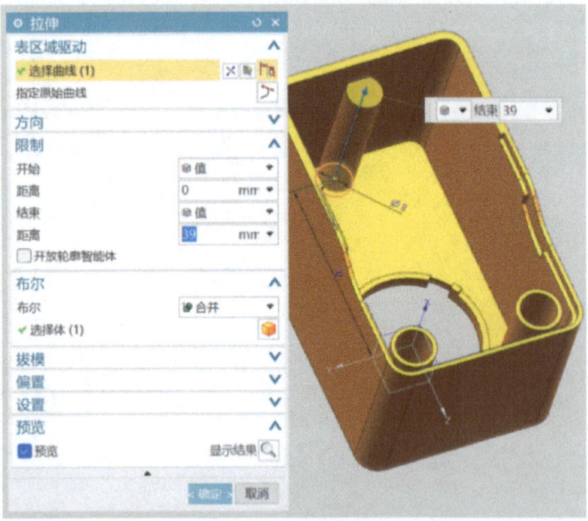

图 7-29 “拉伸 9”

步骤 15 创建孔特征

单击快捷菜单上的【孔】命令，【指定点】选择圆柱中心，【直径】为 6mm，【深度限制】选择【贯通体】，【布尔】选择【减去】，其他默认设置，单击【确定】，完成孔特征的创建，如图 7-30 所示。

步骤 16　创建“草图 10”和“拉伸 10”

单击【创建草图】命令，选择如图 7-31 所示平面，其他默认设置，单击【确定】按钮，进入草图编辑模式，利用【草图】工具【投影曲线】命令，投影外边界曲线；利用【草图】工具【偏置曲线】命令，向内偏置轮廓线，【距离】为 3，利用【草图】工具【直线】命令绘制连接线段，利用【快速尺寸】命令标注距离为 3mm，如图 7-32 所示。单击快捷菜单上的【拉伸】命令，【开始】和【结束】都选择【值】，【距离】分别为 0mm 和 1mm，【布尔】选择【合并】，其他默认设置，单击【确定】按钮，完成“拉伸 10”的创建，如图 7-33 所示。

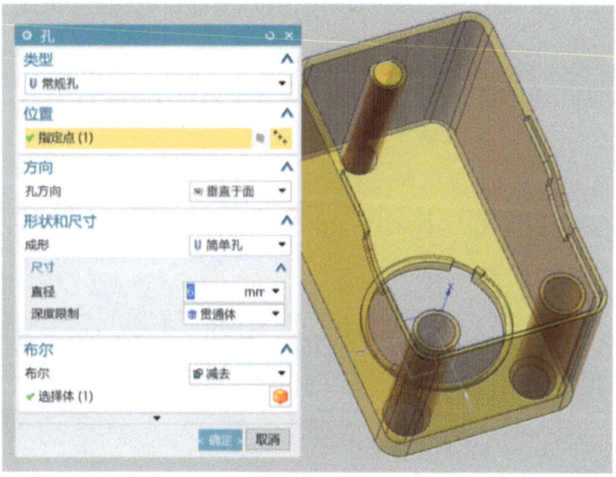

图 7-30　孔特征

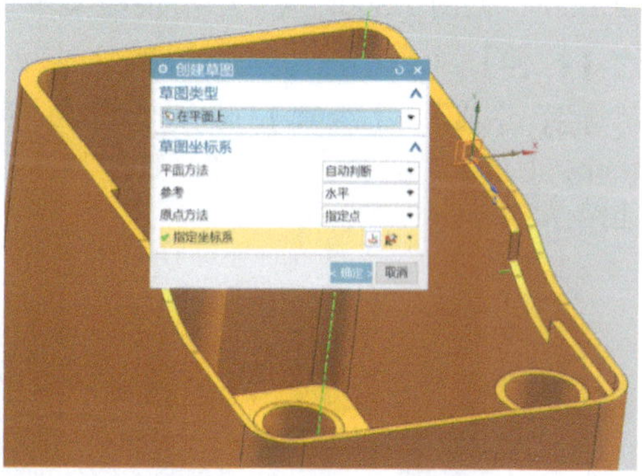

图 7-31　选择草图平面

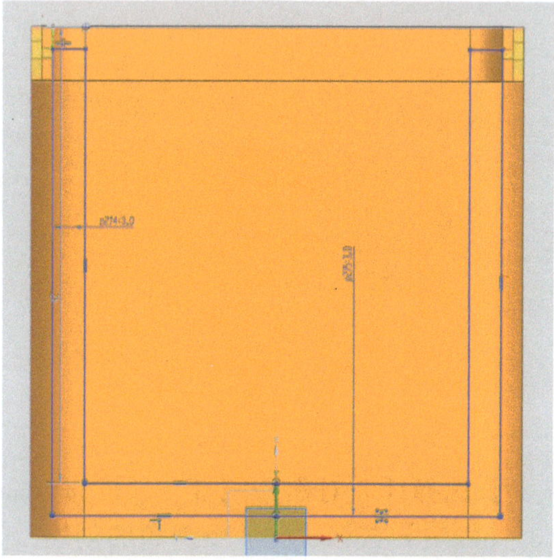

图 7-32　“草图 10”

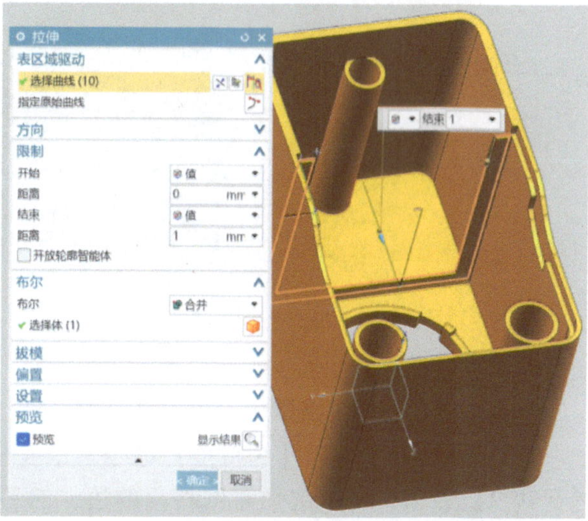

图 7-33　“拉伸 10”

步骤 17　边倒圆操作

单击快捷菜单上的【边倒圆】命令，【连续性】选择【G1（相切）】，选择需倒圆角的两条边，如图 7-34 所示，【形状】选择【圆形】，【半径 1】为 3mm，然后单击【确定】，完成边倒圆的创建。

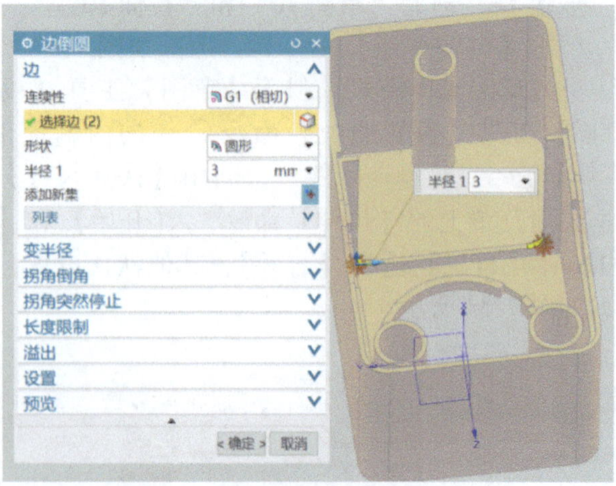

图 7-34　边倒圆

步骤 18　创建“草图 11”和“拉伸 11”

单击【创建草图】命令，选择如图 7-35 所示平面，其他默认设置，单击【确定】按钮，进入草图编辑模式，利用【草图】工具【矩形】命令绘制图形，利用【快速尺寸】命令标注距离 3mm 和 1mm，如图 7-36 所示。单击快捷菜单上的【拉伸】命令，【开始】和【结束】都选择【值】，【距离】分别为 0mm 和 1mm，【布尔】选择【减去】，其他默认设置，单击【确定】按钮，完成“拉伸 11”的创建，如图 7-37 所示。

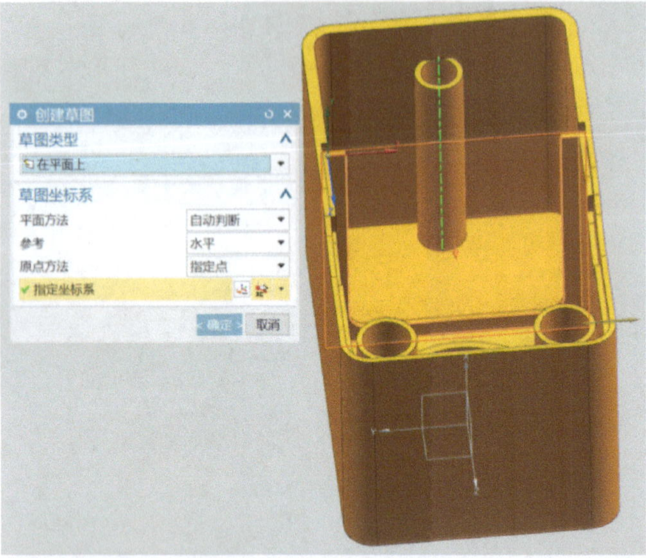

图 7-35　选择草图平面

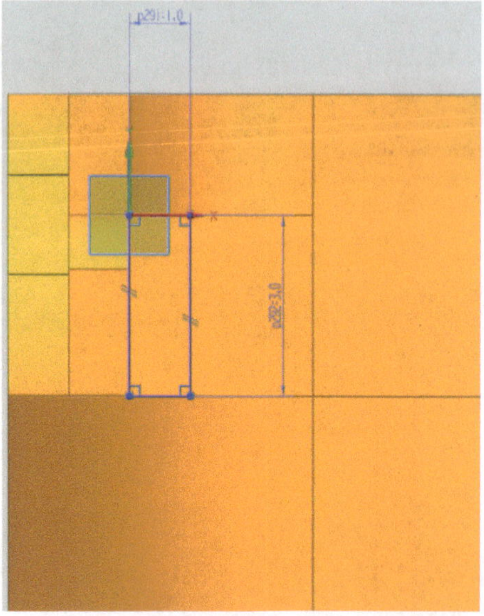
图 7-36　“草图 11”

步骤 19　倒斜角操作

单击快捷菜单上的【倒斜角】命令，【横截面】选择【非对称】，【距离 1】为 1mm，【距离 2】为 1.5mm，选择需倒斜角的边，然后单击【确定】按钮，完成倒斜角的创建，如图 7-38 所示。

步骤 20　镜像特征操作

单击快捷菜单上的【镜像特征】命令，选择前 2 个步骤创建的特征，【平面】选择 *XZ* 平面，如图 7-39 所示，单击【确定】按钮，镜像特征如图 7-40 所示。

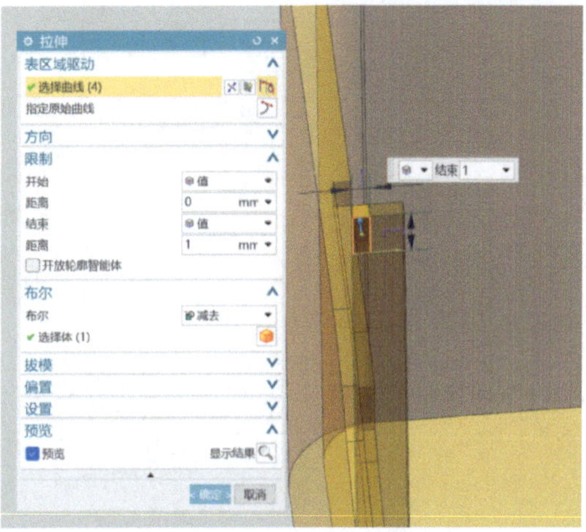

图 7-37　“拉伸 11”

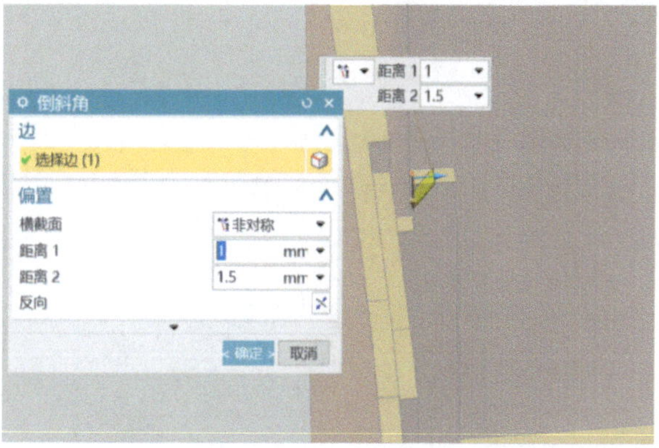

图 7-38　倒斜角

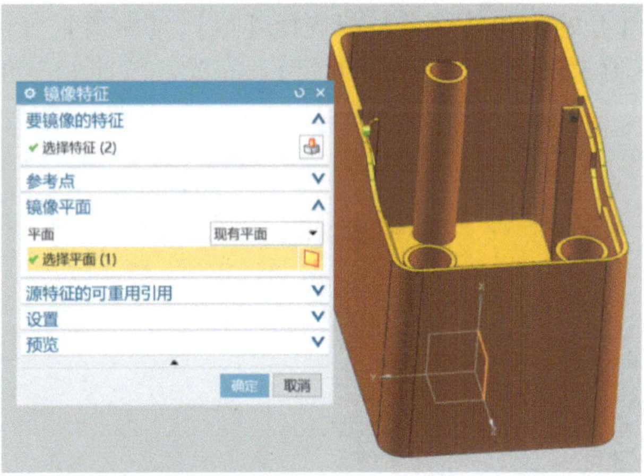

图 7-39　镜像特征参数设置

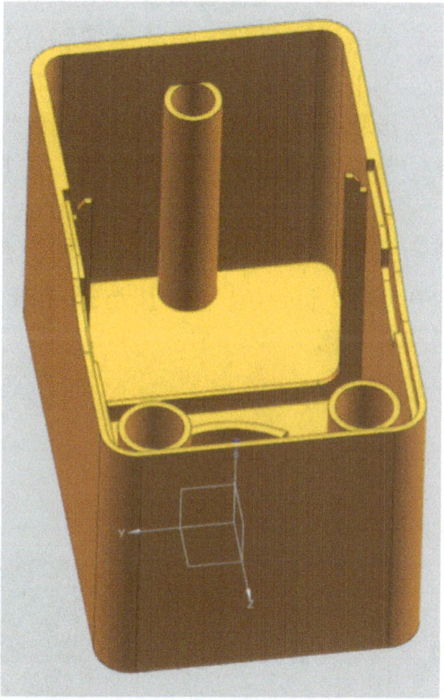

图 7-40　镜像特征

步骤 21　创建“草图 12”和“拉伸 12”

单击【创建草图】命令，选择 *XY* 平面，进入草图编辑模式，利用【草图】工具【矩形】命令绘制图形，利用【快速尺寸】命令标注距离为 2.5mm 和 0.5mm，如图 7-41 所示。单击快捷菜单上的【拉伸】命令，【开始】和【结束】都选择【值】，【距离】分别为 0mm 和 35mm，【布尔】选择【合并】，其他默认设置，单击【确定】按钮，完成“拉伸 12”的创建，如图 7-42 所示。

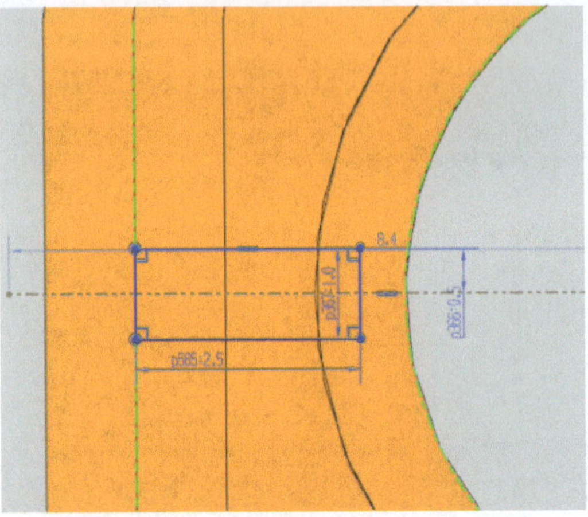

图 7-41 “草图 12”

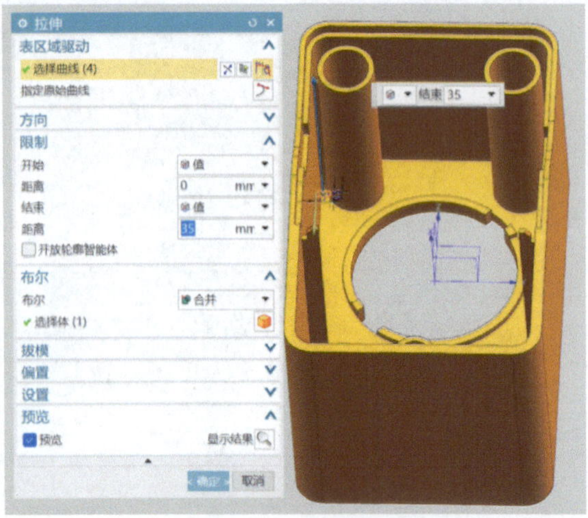

图 7-42 “拉伸 12”

步骤 22 镜像特征操作

单击快捷菜单上的【镜像特征】命令，选择上一步创建的特征，【平面】选择 *XZ* 平面，单击【确定】按钮，镜像特征如图 7-43 所示。

步骤 23 创建“草图 13”和“拉伸 13”

单击【创建草图】命令，选择如图 7-44 所示的草图平面，进入草图编辑模式，利用【草图】工具【矩形】命令绘制图形，利用【快速尺寸】命令标注距离 12mm，如图 7-45 所示，单击快捷菜单上的【拉伸】命令，【开始】和【结束】都选择【值】，【距离】分别为 0mm 和 3mm，【布尔】选择【减去】，其他默认设置，单击【确定】，完成“拉伸 13”的创建，如图 7-46 所示。

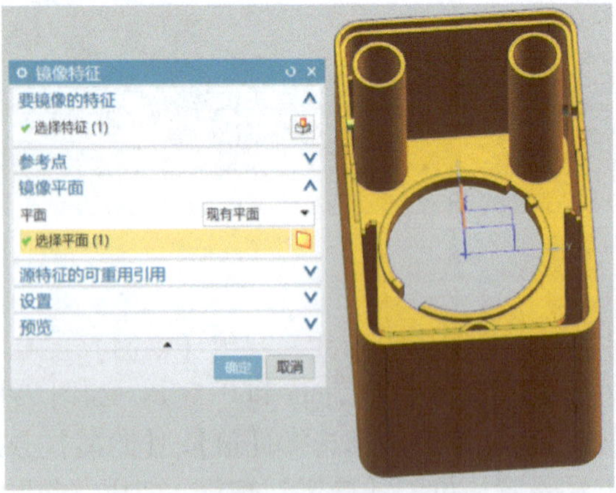

图 7-43 镜像特征

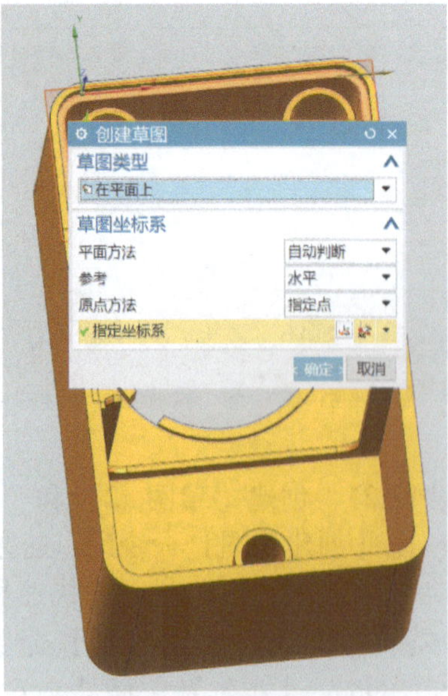

图 7-44 选择草图平面

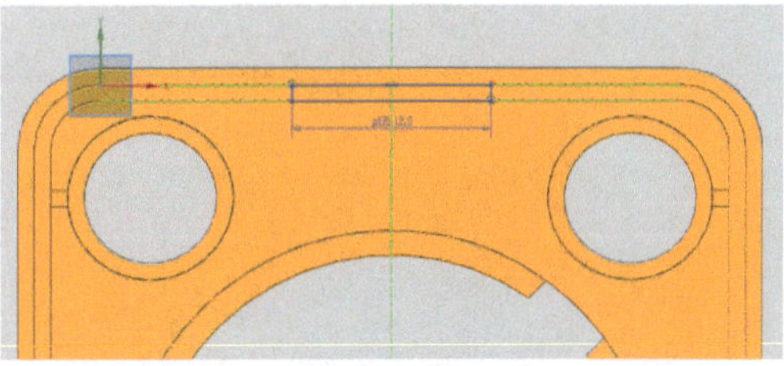

图 7-45　“草图 13”

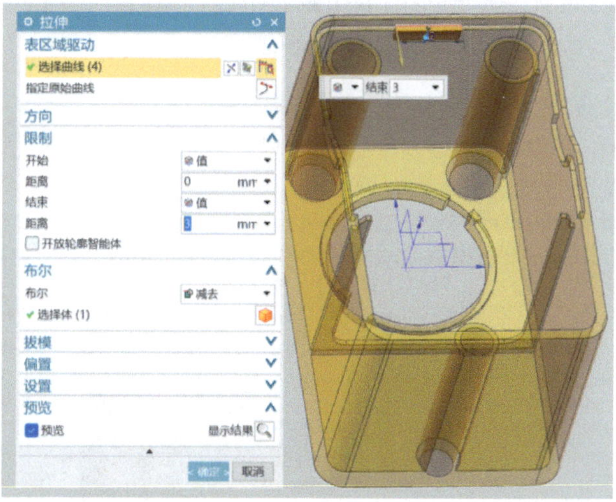

图 7-46　“拉伸 13”

步骤 24　创建“草图 14”（卡扣）

单击快捷菜单上的【草图】命令，【草图类型】选择【在平面上】，【平面方法】选择现有平面，选择草图平面如图 7-47 所示，然后单击【确定】按钮，进入草图编辑模式，视图模式切换至【带有淡化边的线框】，利用【草图】工具【投影曲线】命令投影所选曲线，利用【草图】工具【直线】命令绘制 2 条线段，利用【快速尺寸】命令标注至相应的边界，分别设置为 2mm 以约束草图，选中刚绘制的 2 条线段，利用【转换】为参考，如图 7-48 所示，然后单击【完成草图】命令，退出草图绘制。

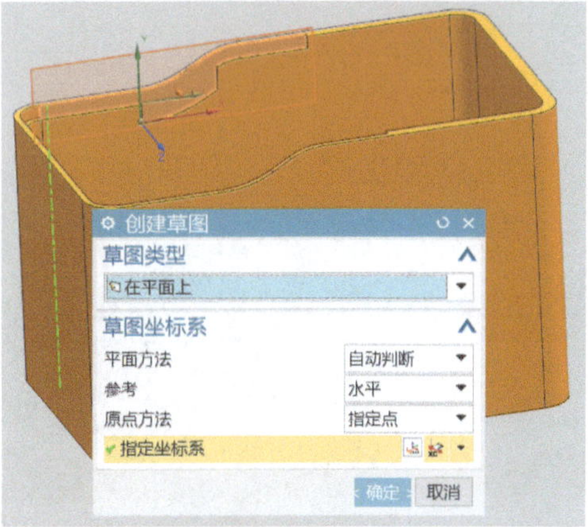

图 7-47　选择草图平面

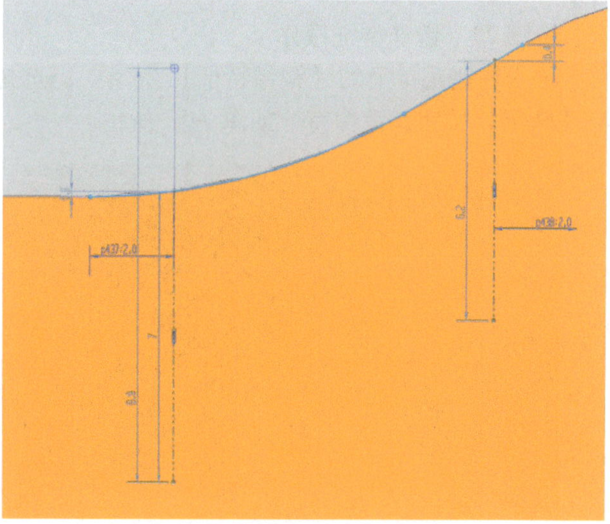

图 7-48　“草图 14”（卡扣）

步骤 25　创建“草图 15”

单击快捷菜单上的【基准平面】命令，【类型】选择【成一角度】，【指定点】选择参考线段的上端点，【角度】设置为 0，如图 7-49 所示。单击【草图】命令，【草图类型】选择【在平面上】，【平面方法】选择刚创建的基准平面，利用【草图】工具【直线】命令绘制如图 7-50 所示的卡扣截面图形，然后单击【确定】按钮，退出草图模式。

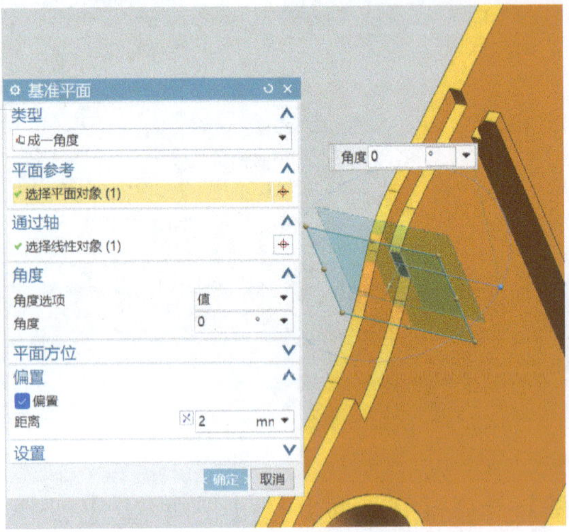

图 7-49　选择草图平面

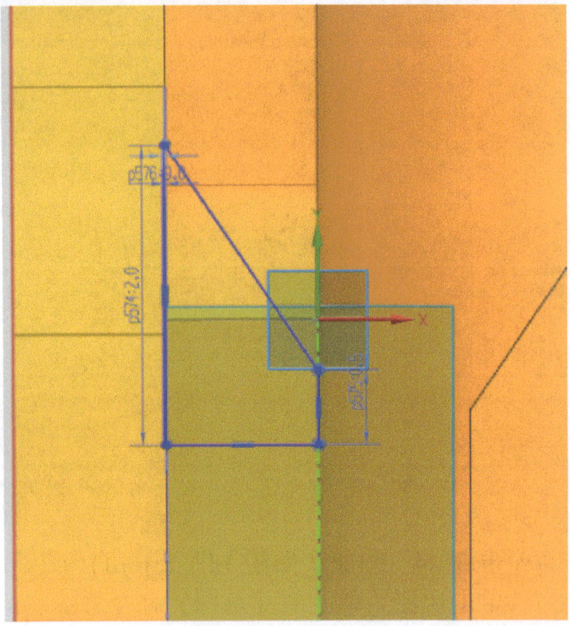

图 7-50　“草图 15”

步骤 26　扫掠操作

单击快捷菜单上的【扫掠】命令，【截面】选择“草图 15”，【引导线】选择“草图 14”，【体类型】选择【实体】，其他参数设置为默认，然后单击【确定】按钮，如图 7-51 所示。

步骤 27　镜像特征操作

单击快捷菜单上的【镜像特征】命令，选择扫掠特征，【镜像平面】选择 *XZ* 平面，单击【确定】按钮，镜像特征如图 7-52 所示。

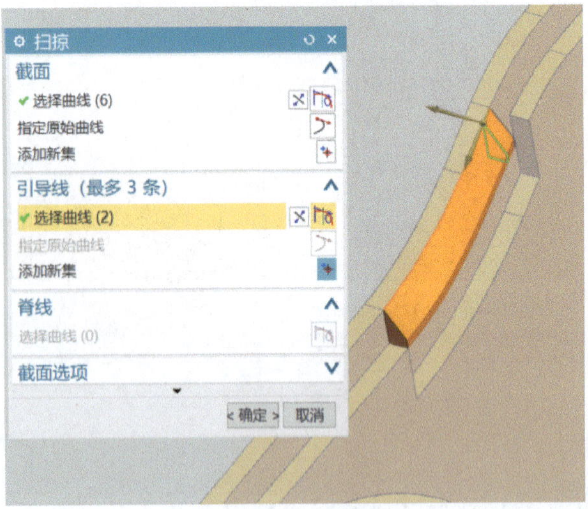

图 7-51　扫掠

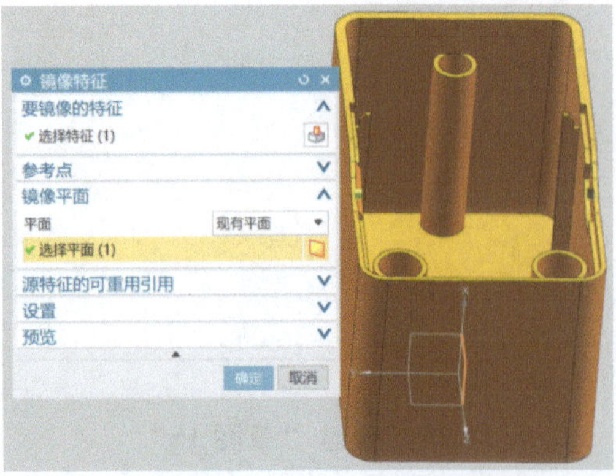

图 7-52　镜像特征

步骤 28 创建"草图 16"和"拉伸 15"

单击【创建草图】命令，选择如图 7-53 所示草图平面，其他默认设置，单击【确定】按钮，进入草图编辑模式，利用【草图】工具【直线】命令绘制连接线段，利用【快速尺寸】命令标注距离 2mm 和 0.8mm，【角度】为 30°，如图 7-54 所示，单击快捷菜单上的【拉伸】命令，【限制-开始-距离】为 2mm，【限制-结束-距离】为 10mm，【布尔】选择【合并】，其他默认设置，单击【确定】按钮，完成"拉伸 15"的创建，如图 7-55 所示。

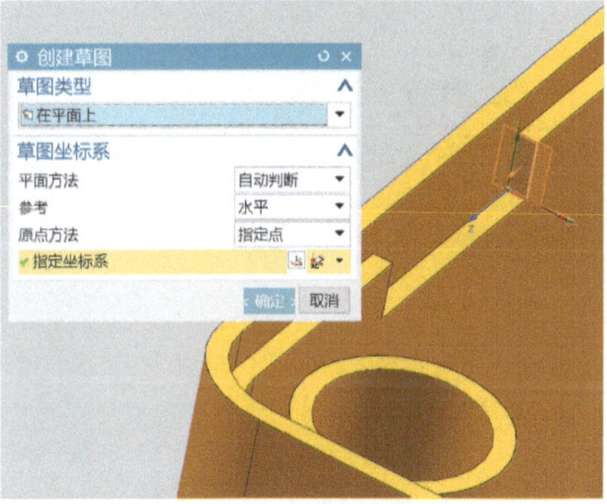

图 7-53 选择草图平面

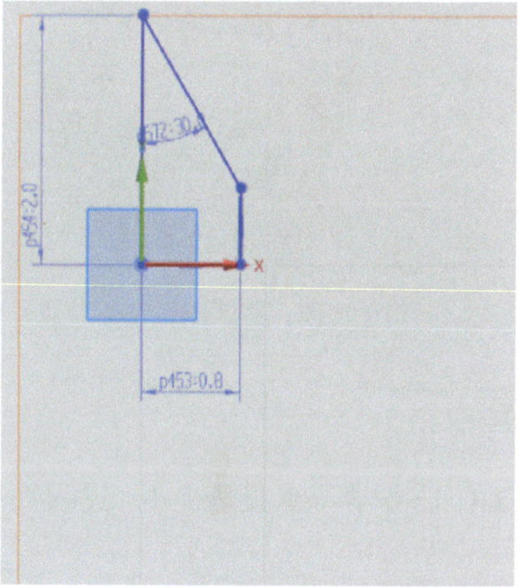

图 7-54 "草图 16"

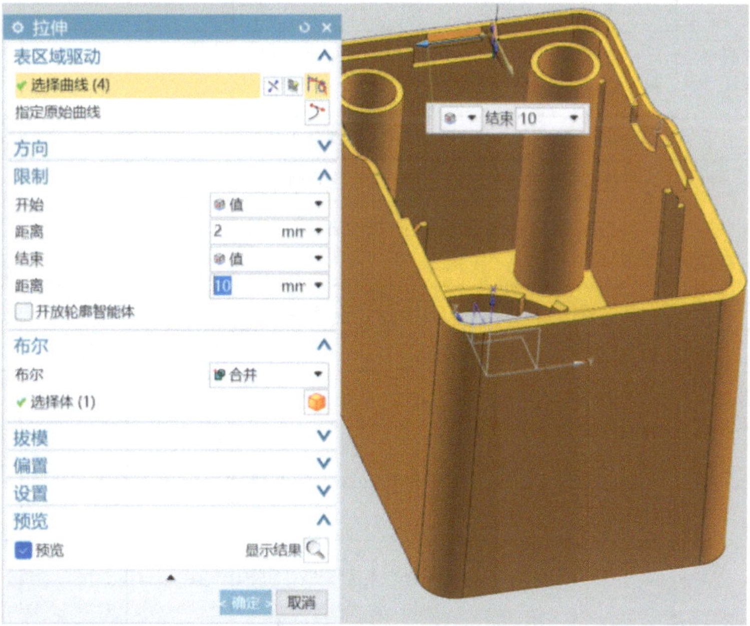

图 7-55 "拉伸 15"

步骤 29 合并操作

单击快捷菜单上的【合并】命令，将侧面卡扣和主体模型进行合并。

主体模型整体效果如图 7-56 所示。

手摇转笔刀模型如图 7-57 所示。

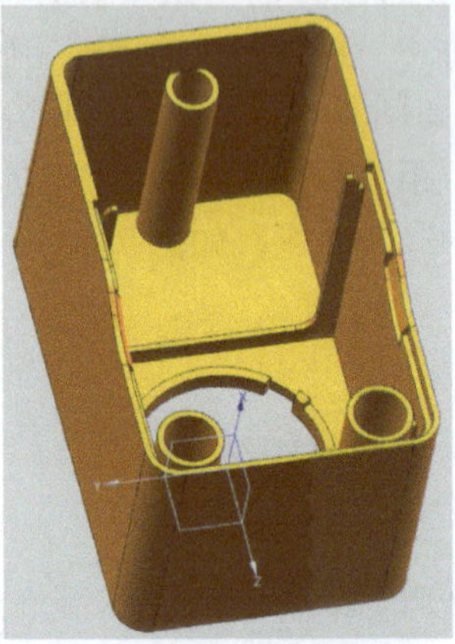

图 7-56　主体模型整体效果

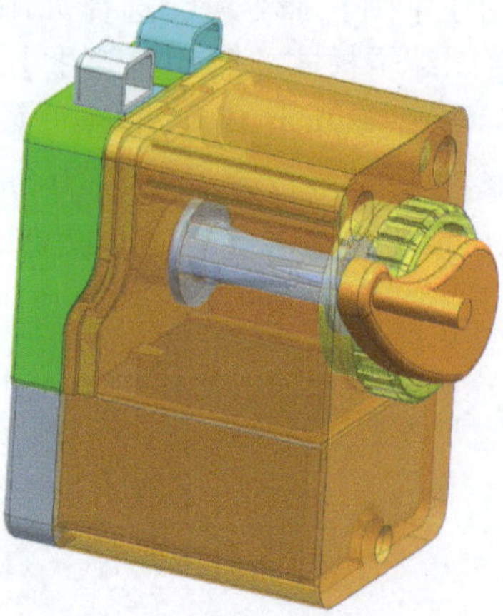

图 7-57　手摇转笔刀模型

【任务评价】

工作任务学习卡见表 7-1，过程性考核评价标准见表 7-2。

表 7-1　工作任务学习卡

序号	考核评价项目		考核内容	学生自评	小组互评	教师总评	分值
1	过程性考核	素质目标	自我管理的能力，能够按照教师的要求自觉完成相关任务				10
2			产品质量意识，能够从整个产品生产过程，考虑问题				5
3			一定的审美力，具有自己的审美判断力				5
4		知识目标	掌握零部件结构特点，进行数字化设计				5
5			掌握根据零部件结构，选择合适的造型方法				15
6			掌握根据 3D 打印机打印参数，选择零部件装配间隙				10
7		能力目标	能够使用 NX 12.0【草图】命令，绘制零件截面图形				20
8			能够使用 NX 12.0【拉伸】命令，绘制零件图形				10
9			能够使用 NX 12.0【边倒圆】命令，绘制零件圆角				10
10		其他方面	出勤、课堂纪律、回答问题、作业完成情况等				10
小计							—
总评							

注：“总评”成绩计算按照“小计”中“学生自评”的 20%，“小组互评”的 30%，“教师总评”的 50%进行综合计算。

表 7-2　过程性考核评价标准

能合理运用知识点完成考核任务，具有自主学习、独立分析解决问题的能力，良好的产品质量意识，具有一定的审美力，团队协作能力强，有创新意识				A
能较好地完成考核任务，但自主学习、独立分析解决问题能力稍差，具有产品质量意识，具有一定审美力，能很好地与团队成员沟通协作				B
基本完成考核任务，但自主学习、分析问题能力差，与团队成员沟通协作差				C
没有完成知识点的学习和考核工作任务，主观能动性差，与团队成员的沟通协作能力差				D
评价	班级		姓名	
	组号		组长签字	
	教师签字		日期	

任务2　手摇转笔刀主体模型的切片输出

【学习目标】

素质目标：

（1）具有一定的审美力。

（2）具有自我管理的能力。

（3）具有产品的质量意识。

知识目标：

（1）掌握确定三维模型摆放方向的方法。

（2）掌握切片软件的基本操作。

（3）掌握切片软件参数的基本设置方法。

能力目标：

（1）能够确定不同三维模型的打印方向。

（2）能够添加合理的支撑。

（3）能够利用切片软件完成合理的参数设置。

【任务描述】

前面已经完成了手摇转笔刀模型的一体化设计任务，下面根据手摇转笔刀主体模型特点，完成切片任务。通过学习讨论，完成工作任务，并填写工作任务学习卡。

【任务分析】

因为本项目任务 1 完成的手摇转笔刀主体模型为立体模型，所以让手摇转笔刀主体的底面接触打印板，这样可以减少支撑。打印参数按照实际需求进行设置。

【相关知识】

（1）Cura 软件的使用方法。
（2）Cura 软件参数说明。
（3）手摇转笔刀主体模型的导入。

Cura 软件的使用方法

Cura 软件参数说明

【任务实施】

一、导出手摇转笔刀主体模型 STL 文件

在 NX 12.0 中，依次选择【菜单】→【文件】→【导出】→【STL】，弹出对话框。在对话框中：①选择要导出的对象，这里框选全部实体特征；②选择要导出的路径并命名；③单击【确定】按钮，完成手摇转笔刀主体模型 STL 文件的导出。

二、导入手摇转笔刀主体模型

步骤 1　导入手摇转笔刀主体模型至切片软件

打开切片软件 Cura，导入模型可选择菜单栏【文件】→读取模型文件或单击右侧 3D 浏览窗口左上角【Load】按钮，在弹出窗口里选择手摇转笔刀主体模型并单击打开。导入手摇转笔刀主体模型到切片软件界面如图 7-58 所示。

图 7-58　导入手摇转笔刀主体模型到切片软件界面

步骤 2　查看初始进度条信息

模型载入后，可以立刻在主窗口内看到载入模型的 3D 图形。同时，在窗口的左上角标记红圈位置处，可以看到 1 个进度条在前进。当进度条达到 100%的时候，就会显示出时间、长度和克数，同时【保存】按钮变为可用状态。初始进度条信息如图 7-59 所示。

步骤 3　多种显示模式

在主窗口右上角，有一个观察模式菜单，这是一个高级的观察模式，多种显示模式菜单

如图 7-60 所示。各种显示模式效果图如图 7-61 所示。

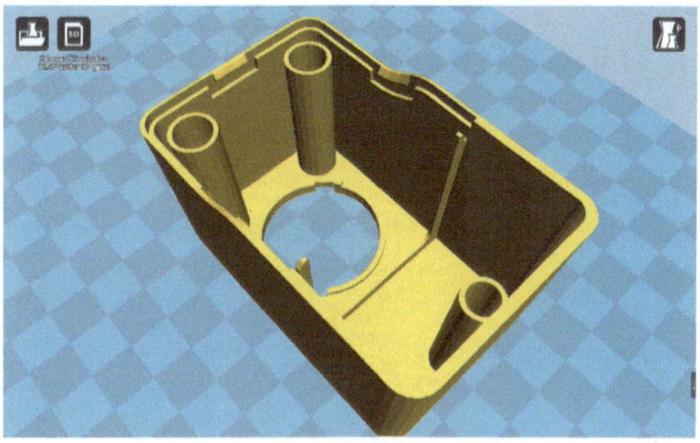

图 7-59　初始进度条信息

图 7-60　多种显示模式菜单

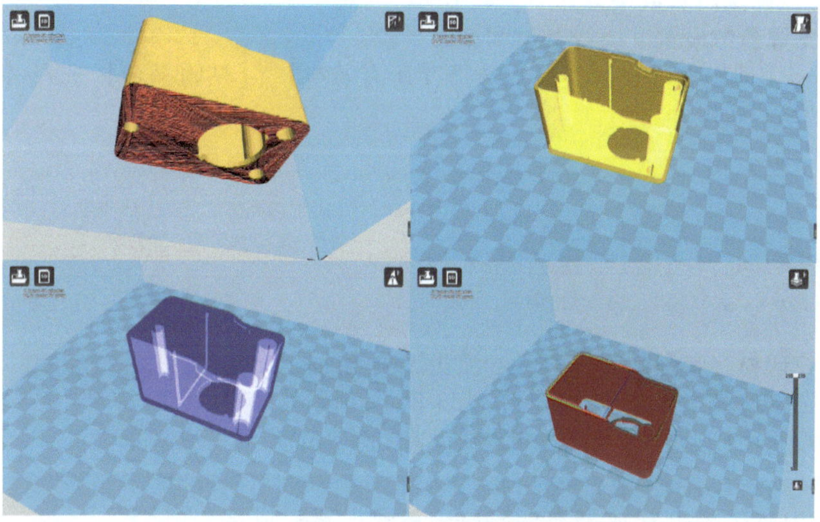

图 7-61　多种显示模式效果图

步骤 4　模型调整

模型调整如图 7-62 所示。

图 7-62　模型调整

三、切片参数设置

步骤 1　打印质量参数设置（层厚、壁厚、开启回退）

手摇转笔刀主体模型【层厚（mm）】为 0.2，【壁厚（mm）】为 0.8，选中【开启回退】，打印质量参数设置如图 7-63 所示。

步骤 2　填充参数设置（底层/顶层厚度，填充密度）

手摇转笔刀主体模型【底层/顶层厚度（mm）】为 0.8，【填充密度（%）】为 50，填充参数设置如图 7-64 所示。

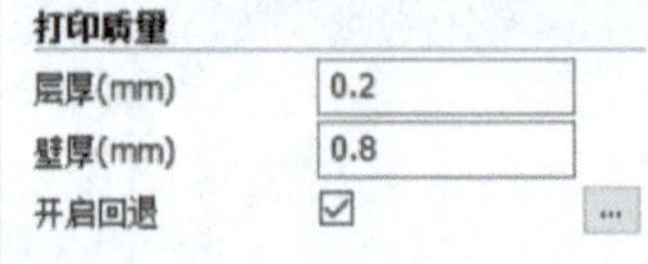

图 7-63　打印质量参数设置

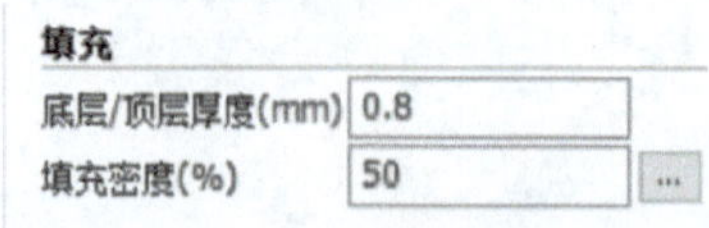

图 7-64　填充参数设置

步骤 3　速度和温度参数设置（打印速度、打印温度、热床温度）

手摇转笔刀主体模型【打印速度（mm/s）】为 60，【打印温度（C）】为 210，【热床温度】为 70，速度和温度参数设置如图 7-65 所示。

步骤 4　支撑参数设置（支撑类型和粘附平台）

手摇转笔刀主体模型【支撑类型】选择【所有悬空】，【粘附平台】选择【沿边】，支撑参数设置如图 7-66 所示。

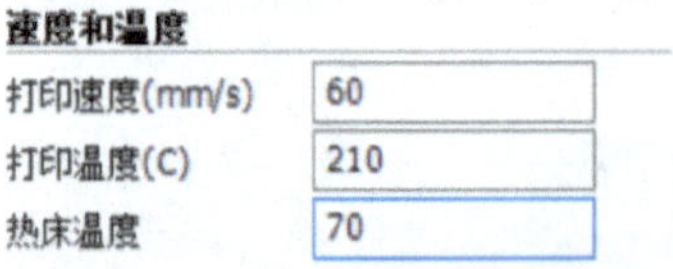

图 7-65　速度和温度参数设置

图 7-66　支撑参数设置

步骤 5　打印材料参数设置（直径、流量、喷嘴孔径）

手摇转笔刀主体模型【直径（mm）】为 2.85，【流量（%）】为 100.0，【喷嘴孔径】为 0.4，打印材料参数设置如图 7-67 所示。

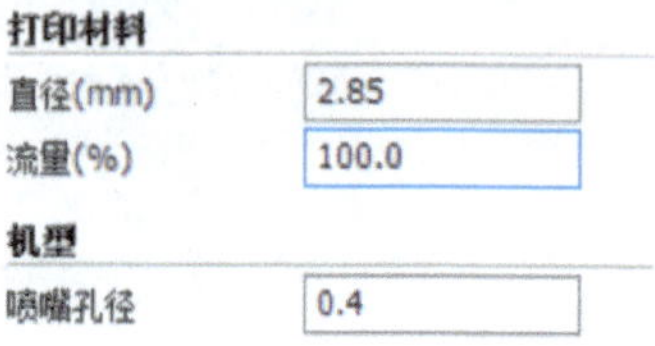

图 7-67　打印材料参数设置

四、输出 G-code 文件

手摇转笔刀主体模型摆放姿态调整好、参数设置完成之后，就可以导出 G-code 文件了。选择菜单栏【文件】→【SaveGcode】，在弹出对话框中选择保存的路径，输入文件的名字，单击【确定】按钮，打印文件输出完毕。

【任务评价】

工作任务学习卡见表 7-3，过程性考核评价标准见表 7-4。

表 7-3　工作任务学习卡

序号	考核评价项目		考核内容	学生自评	小组互评	教师总评	分值
1	过程性考核	素质目标	自我管理的能力，能够按照教师的要求自觉完成相关任务				15
2			产品质量意识，能够从整个产品生产过程考虑问题				5
3			一定的审美力：具有自己的审美判断力				5
4		知识目标	掌握确定三维模型摆放方向的方法				15
5			掌握切片软件参数的基本设置				15